亚当·斯密财富论丛
晏智杰◎主编

晏智杰 解读
《道德情操论》与《国富论》

晏智杰◎著

Zhijie Yan's Interpretation
of The Theory of Moral Sentiments
and The Wealth of Nations

华夏出版社

图书在版编目（CIP）数据

晏智杰解读《道德情操论》与《国富论》 / 晏智杰著. --北京：华夏出版社，2018.1

（亚当·斯密财富论丛）

ISBN 978-7-5080-9250-8

Ⅰ.①晏… Ⅱ.①晏… Ⅲ.①《道德情操论》－研究 ②《国富论》－研究 Ⅳ.①B82-095.61②F091.33

中国版本图书馆 CIP 数据核字（2017）第 184279 号

晏智杰解读《道德情操论》与《国富论》

作 者	晏智杰
责任编辑	李雪飞
出版发行	华夏出版社
经 销	新华书店
印 装	三河市少明印务有限公司
版 次	2018 年 1 月北京第 1 版 2018 年 1 月北京第 1 次印刷
开 本	710×1000　1/16 开
印 张	16.5
字 数	266 千字
定 价	58.00 元

华夏出版社　地址：北京市东直门外香河园北里 4 号　邮编：100028
　　　　　　　网址：www.hxph.com.cn　电话：(010) 64663331（转）

若发现本版图书有印装质量问题，请与我社营销中心联系调换。

《亚当·斯密财富论丛》总序

1759年，亚当·斯密以《道德情操论》跻身于苏格兰一流伦理学家之列，他的这部著作成为18世纪苏格兰启蒙运动在伦理学领域取得的一项重要成果；1776年，亚当·斯密又以《国民财富的性质和原因的研究》（简称《国富论》）扬名天下，为苏格兰启蒙运动在政治经济学领域增添了夺目的光彩。他由此被世人誉为"英国古典政治经济学的奠基人"和"现代经济学的开山祖师"。尽管斯密本人似乎更倾心于他在伦理学领域取得的成就，然而他作为经济学家的名声更为响亮，《国富论》的影响似乎远远超过了《道德情操论》。这不是不可理解的：《国富论》彻底清算了支配西欧各国长达两个多世纪的重商主义，为此后一个半世纪之久的经济自由主义奠定了理论基础。尽管20世纪30年代的世界性经济危机宣告了"自由放任"资本主义的破产，终结了斯密经济学的支配地位，并被凯恩斯主义的国家干预主义所取代，但凯恩斯主义与其说是对斯密经济学的否定，不如说是对斯密市场经济理论的核心原理的继承和发展，在可以预见的将来，亚当·斯密经济学的影响也不会终结。

然而，国情以及发展阶段的差异，注定了斯密学说在中国的命运不能不是另外一番景象。《国富论》在欧美各国独领风骚之时，它在我们这个东方封建国度还不为人所知，直到20世纪初才有幸被中国近代启蒙思想家严复以《原富》之名译介国内，算是开启了迈入中国之门的漫长历程。然而，来自西方的这个"舶来品"在当时的中国完全不可能落地生根，更谈不上被视为准星之作了。20世纪30年代，中国民主革命勃兴、资本主义有望发展之时，为资本立论的《国富论》似乎有了引领时代潮流的机会。可是，在中国特定的历史条件下，如同其他代表资本主义发展取向的思想学说的命运一样，在长达半个多世纪的思想激荡和较量中，它只能被代表中国前进新取向的社会主义和共产主义思潮视为批判和继承的对象。始自20世纪80年代的改革开放展现了中国社会发展的新道路和新前景，也使《国富论》在中国的命运有了转机。亚当·斯密著作热在中华大地悄然兴起，《国富论》首当其冲，且经久不衰。《道德情操论》过去很少引起中国学者的关注，现在也开始进入了人们的视野，20世纪90年代末该书中译本首次面世，为我国读者打开了探其究竟之门。读者们不久就发现，《道德情操论》同《国富论》一样精彩。

与"原始未开化社会"相对照的"现代文明社会"是亚当·斯密研究和著述的现实对象及历史前提，其基本特征是土地私有和资本积累，并以工场手工业为基本经济形态。《道德情操论》旨在为这个社会的"公民的幸福生活"确立道德规范，《国富论》则致力于为之构建一个"富国裕民"的经济体系。历史业已证明，亚当·斯密取得了巨大的成功。当今的世界和中国，与斯密时代相比，已经发生了翻天覆地的变化，断不可同日而语，然而，毋庸讳言，斯密当年所关注的发展经济和确立道德规范两大主题，仍是当今世界和中国面临的现实课题，何况现代社会从过去社会发展演变而来，两者之间既有巨大差距，也存在千丝万缕联系，这就使得重温亚当·斯密之学说并力求从中汲取思想营养，对我们来说既十分必要也非常现实。

现在华夏出版社重新组译并联袂推出亚当·斯密的这两部名著，可以说正当其时。所据埃德温·坎南编辑的《国富论》英文版，问世逾百年，早已传遍全世界，至今仍被公认为是一部具有权威性的优秀版本。在华夏出版社同仁和译者的共同努力下，我相信这个新译本定会受到专家学者和广大读者的重视和欢迎。

晏智杰

2016年12月15日于北京大学

目 录

致读者 ··· 1
引　论　亚当·斯密：时代与人生 ··· 1

《道德情操论》导读

绪　论　《道德情操论》的创作与出版 ······································ 3
第一卷　论行为的合宜性 ·· 12
第二卷　论优点和缺点，或报答和惩罚的对象 ·························· 28
第三卷　论我们判断自己的情感和行为的基础，兼论责任感 ······· 41
第四卷　论效用对赞同情感的作用 ·· 54
第五卷　习惯和风气对有关道德赞同或不赞同情感的影响 ·········· 58
第六卷　论有关美德的品质 ··· 63
第七卷　论道德哲学的体系 ··· 76

《国富论》导读

绪　论　《国富论》的创作与出版 ··· 101
专　论　《国富论》在中国 ··· 115
第一篇　第1—4章　分工论、交换论、货币论 ························ 125
第一篇　第5—7章　价值论、价格论、市场论 ························ 135

第一篇	第8—11章　收入分配论	151
第二篇	论资财的性质、积累及使用	165
第三篇	西欧各国经济发展的经验教训	177
第四篇	批判重商主义和重农主义	183
第五篇	论君主或国家的收入	203

《道德情操论》与《国富论》的关系
——驳所谓的"亚当·斯密问题"——

"亚当·斯密问题"? 217

结束语　亚当·斯密的遗产及其现实意义 232

致读者

当此"亚当·斯密著作热"在中华大地不断升温之时,我有幸应华夏出版社之邀,以此书同大家一起研读亚当·斯密的两部经典之作,希冀对读者有所帮助。《道德情操论》和《国富论》的科学价值早已被实践所证实,它们对今日中国之鉴之意义也日益彰显,因此,对我们中国读者来说,现在研读这两部著作,比以往任何时候都显得迫切和富有教益。

本书力求深入浅出地说明斯密著作的历史背景、基本框架和思路、主要论点和论据,以及历史或现实意义,等等。遇到一些难点或比较陌生的地方,不妨有所停留,多加一些解说。遇到历来或当下我以为对斯密观点发生误解之处,则努力据实予以澄清。我的解说未必见得完全妥当,敬请读者批评指正。

亚当·斯密学说体系内容丰富、博大精深。毋庸置疑,只有系统地通读这两部著作,方能比较全面地领会和把握其精神实质。如时间有限,也可按"阅读建议"选读其重点篇章,以得其要领。"两论"之中,哪本先读,哪本后读,倒没有一定之规。本书基本上是按照原著的篇章逐步推进的,故可参照原著目录寻阅相关内容。

引　论　亚当·斯密：时代与人生

时代的呼唤

英国资产阶级革命（亦称清教徒革命）从17世纪初期开始，几经复辟和反复辟的较量，终以辉格党人偕同托利党人达成1688年的"光荣革命"，建立起代表资产阶级和土地贵族利益的君主立宪政权而告终，自此，英国资本主义生产方式进入快速发展的时代。

到18世纪中叶，即亚当·斯密生活与著述的年代，在大地主土地所有制基础上建立起来的资本主义大租佃农场制度已经发展起来，英国农业已经实现了从小生产向资本主义生产的转型；以劳动分工为特点的资本主义工场手工业已经遍及毛纺织业、制盐、冶金、棉织、啤酒、丝绸等部门；生产发展和市场扩大促进了技术的创新和发明，后者又推动了生产效率的提升和交通运输业的大发展。这一时期的英国已处于以机器生产为特征的产业革命的前夜。

早在16世纪末和17世纪初，以东印度公司为代表的拥有特权的垄断贸易公司，从海外攫取了巨额财富和利润。17世纪中叶以后，英国通过同葡萄牙、西班牙、荷兰等国的战争，夺取了大量殖民地，建立了海上霸权。进入18世纪，英国又进一步加紧了海外扩张和殖民掠夺的步伐。通过一系列战争或其他掠夺手段，英国先后夺取了西班牙和法国在拉丁美洲、北美的殖民地。在对巴西和西属美洲的黄金掠夺、对以黑人奴隶劳动为基础的种植园经营以及对黑非洲的奴隶贸易中，英国也占有重要地位。除了东印度公司以外，英国还创立了南海公司、联合公司等拥有特权的海外公司。这一时期的英国已经成为名副其实的世界头号殖民大国和殖民强国。

英国社会的阶级关系和结构也随之发生了巨大而深刻的变化。17世纪中叶的英国资产阶级革命最终以资产阶级和封建贵族相妥协而告终。到了18世纪中叶，英国社会已经形成了地主阶级、资本家阶级和工人阶级等三大阶级。这一时期，新兴资产阶级与土地贵族的矛盾居于主导地位，政治斗争聚焦于选举法，资产阶级要求在议会中占有更多席位；经济斗争的焦点则是那些行之有年、早已严重妨碍资本主义发展的各项政策法令，诸如《谷物法》、行会制度、税收制度、货币制度等。

另一方面，随着自由竞争市场经济的发展，英国社会思潮和道德观念也在发生剧烈而深刻的变化。在漫长中世纪居于支配地位的君权神授、朕即国家一类观念早已被打破，适应小生产自给自足特点的保守主义也渐成过去。然而，声称以追求单纯利他为目的的传统仁慈美德观根深蒂固、影响深远，以反映和顺应市场经济需要而标榜的极端利己主义思潮此起彼伏、甚嚣尘上。介于这两者之间、带有历史传承特点的折中主义思潮，虽仍存在，但远未实现同现实市场经济环境的结合，更不消说进而成长为新时代的主流价值观了。

于是，论证和确立新社会经济制度及其道德规范，成为一个重大而迫切的时代课题，亚当·斯密的《道德情操论》和《国富论》就是对这种时代要求的回应。前者继承并发展了前人和同时代思想家的学说，将基于感情的道德伦理学说推向了一个新高峰；后者则集前人研究成果之大成，提出了完备的经济自由主义学说和政策主张，为英国古典政治经济学奠定了宏大而坚实的基础。亚当·斯密是18世纪苏格兰启蒙运动中涌现出的杰出的伦理学家和经济学家。

家乡小镇

亚当·斯密1723年6月5日生于苏格兰法夫郡的柯卡尔迪。他的父亲也叫亚当·斯密，是一个很有才干的律师，于1707年参加律师公会，不久即被授予那时新设立的军法官职位,次年又担任了苏格兰大臣劳登伯爵的私人秘书,1713 年劳登大臣卸任后,老斯密失去了这个职位,但又很快担任了柯卡尔迪的海关监督,同时兼任军法官,直到 1723 年去世。

苏格兰的军法官是在苏格兰与英格兰合并时设立的一个官职,是军法会议的书记兼法律顾问,责任相当重大,老斯密是第一个担任该职务的人。不过,该法庭不常开庭,老斯密也不用在这个职务上花费太多时间,他的主要工作(至少在最后十年)是海关方面的事务。1723 年春天,即斯密出生前的几个月,老斯密去世。亚当·斯密的母亲玛格丽特是该郡斯特拉森德利地方的大地主约翰·道格拉斯的女儿,她始终是斯密生活的中心。这位母亲在亲属的帮助下把斯密抚养成人,而斯密则终生极尽孝顺和侍奉母亲之责。

柯卡尔迪是个小镇,当时只有 1 500 人,却是个了解社会的最好的观测所。这里汇聚着各种人,从小市镇的贵妇人到当时仍然没有人身自由的贫穷的矿工和制盐工人,还有同波罗的海沿岸国家做交易的商人和海关官员。最值得一提的是,有一两家制钉作坊,斯密很可能就是在这里最早观察到分工对提高劳动生产率的作用的。

斯密在当地的一流中学开始学习拉丁语,到他离开这所学校时他至少学过四年古典作品,这为他后来进一步求学打下良好的基础。斯密勤奋好学、记忆力强,到 14 岁时就已在古典文学和数学等方面具备了进入格拉斯哥大学的能力。

少年大学生

1737 年 10 月,年方 14 的斯密进入格拉斯哥大学。当年的格拉斯哥,经济欣欣向荣,思想多元,教育先进。当时文科课程要 5 年才能读完,他只读了三年多便学完了拉丁语、希腊语、数学和伦理等课程。虽未读完取得学位所必需的全部课程,但这段学习却对他后来的成长产生了深远的影响,这主要得益于他在这里有幸受教于当时的几位名家,其中有讲授希腊语的邓洛普教授,他学识渊博,教学方法引人入胜。还有教授数学的西姆森教授,他是个行为古怪但创见颇多的天才,因古代几何学的复兴者而闻名欧洲。更有斯密说"永远不能让人忘记的哈奇森教授",他是个很有创见的思想家和无与伦比的讲课大师,他的讲课给人印象最深,不仅口才雄辩,而且思想新颖。与当时占支配地位的正统神学卫道士们不同,哈奇森向他的学生们灌输宗教上的乐观主义,他认为,道德上的善的标准在于增进他人的幸福;人们即使不知道上帝,或者在知道上帝之前,也能够识别善与恶。这些思想影响了斯密的一生。哈奇森宣扬的政治自由和宗教自由,也给斯密留下了深刻的印象。斯密关于财产权的论述就深受哈奇森的影响,甚至他的道德情操观点也是在哈奇森的启发下提出来的。哈奇森把政治经济学作为自然法学的一个分支进行了系统论述,在货币、劳动、价值和产业自由方面提出的一系列思想,都可以被看作斯密后来发展的经济自由主义思想的重要来源。还是这位哈奇森,注意到了斯密的天资,于是他把年轻的斯密介绍给了当时已经大名鼎鼎的哲学家大卫·休谟,从此,斯密开始了同这位智者的诚挚交往和深厚友谊。

牛津岁月

1740年春,经由格拉斯哥大学的选拔和推荐,斯密有幸获得斯内尔奖学金,得以提前结束在格拉斯哥大学的生活,首途英格兰牛津大学深造。该年6月,斯密骑马离开家乡苏格兰前往牛津,他深为英格兰优美的自然环境和发达的农牧业所吸引;7月7日,到牛津大学巴利奥尔学院报到。他在这里一待就是6年,直到1746年离开。

巴利奥尔学院的校舍比他的母校好多了,校图书馆在牛津大学首屈一指,但令斯密始料不及的是,牛津大学这个学术重镇整个来说还处在所谓的"黑暗时期":低劣的讲解和毫无意义的讨论充斥课堂,人们厌弃一切改革,不关心新的思想,禁读近代理性主义作品,包括斯密在内的当时来自苏格兰的8名学生甚至还遭到校方的歧视。这一切都使斯密深感失望和愤怒,他后来在《国富论》中曾对此有过详尽的揭露和批判。

不过,斯密并没有选择离开,他珍惜母校格拉斯哥大学给他这样一个难得的深造机会，尽力排除一切干扰和烦恼，利用这里良好的学习条件，广泛而深入地阅读许多学科和许多种语言的大量书籍，没有虚度光阴。他不再学习在母校格拉斯哥大学时爱上的数学，而是致力于拉丁语和希腊语的古典著作。他精通希腊语语法，能够流畅而准确地背诵希腊作家的作品。他还大量地阅读意大利诗歌，并能自由地加以引用。对希腊文学和拉丁文学精深而广博的了解，成为斯密整个一生的一大亮点。

1746年8月，斯密返回家乡苏格兰，此后他再也没有回到令他既感激又遗憾的牛津，而牛津似乎也对他不感兴趣，即使在斯密成名之后，它也并没有授予他名誉博士学位。

爱丁堡大学讲师

从牛津回到家乡以后，亚当·斯密有两年之久没有固定的工作。他很想去某个大学谋得教授职位，或者被聘去做某个富有的年轻贵族的家庭教师，但都未能如愿。不过，爱丁堡之行却给他带来了收获，为他此后从教打下了良好的基础。1748—1749年冬，斯密作为爱丁堡大学的讲师，非常成功地开设了英国文学课，又汇编了苏格兰著名诗人威廉·汉密尔顿的诗集。

英国文学这门课在当时还是很新潮的，之前没有人开过。可惜斯密的讲义在他临终前连同其他所有未完成的文稿一起烧掉了。不过，从别人的回忆文章或其他史料中，还是可以大体推测斯密的文学观点的。斯密崇尚古典派，贬抑浪漫派，认为后者不合现代人的口味；他认为衡量文学作品的美的标准或原则，应当是美的多少同要克服的困难成比例。斯密年轻时曾想当一名诗人，他对各种英文诗有广泛的涉略，其中不少还能背诵；他喜欢押韵诗，厌恶无韵诗。1750—1751年冬，斯密还讲授过经济学，提出了自由贸易学说和天赋自由思想。这正是他受教于格拉斯哥大学哈奇森教授、后来他又大力提倡的学说。当然，这只是一个开端。

格拉斯哥大学教授

1750年1月，格拉斯哥大学的逻辑学教授劳登先生去世，斯密受聘继任这一职位，从此便开始了他在格拉斯哥大学长达 13 年之久的教授生涯。

在讲授逻辑学期间，据说斯密修改了前任的教学计划，除了通常的逻辑学内容以外，他还引导学生去研究比经院式逻辑学和形而上学更有趣、更有用的本质问题，并加进了修辞学和文学的内容。

1752 年 4 月，斯密接替病逝的道德哲学教授克雷吉先生，改而讲授道德哲学。斯密把道德哲学这门课程分成四个部分：自然神学、伦理学、道德学、法学和政治学。有时他也讲授美学和哲学史。

斯密喜欢教学，也善于教学。逻辑学和道德哲学都是他早先在爱丁堡大学就曾教过的课程，如今他讲得更加得心应手。斯密口才极佳，生动活泼，引人入胜；他在课堂上很留意学生的反应，会根据不同的情况及时调整授课内容或讲授方式，课后他又乐于同学生交流，还不时邀请学生到家里聊天或讨论。

斯密在讲授法学和政治学时，从一开始就宣传自由贸易学说和天赋自由学说，这在当时属标新立异之举，必然引起奉行传统观念者的抵制和反对，可是却在青年学生中赢得了第一批信众。斯密的创新思想激发了青年学子们的探索精神，使他们学会了思考问题。斯密的主张成了人们议论的对象，他讲课的题目在这个城镇风行一时，富人子弟们虽然不打算学完大学的全部课程，但却为了听他的讲课而上大学。书店的橱窗里摆着斯密的半身塑像，人们竞相学他说话的声调。日内瓦的著名医生、伏尔泰的朋友、卢梭的敌人特朗钦，为了让他儿子"在斯密的门下学习"，特地把他送到格拉斯哥。作为一名教授，斯密的声望日益升高，格拉斯哥大学似乎出现了另一个哈奇森，一个更伟大的道德哲学教授。斯密自己多年后回首往事时，也认为这 13 年是他一生中"收获最大，因而也是过得最愉快、最体面的一段时期"。

除了胜任并愉快地履行教授职务之职责外，斯密还担负了不少行政事务，为格拉斯哥大学的建设和发展贡献良多。从 1758 年开始到 1764 年离开为止，斯密一直担任学校的财务总管，掌管图书馆基金和其他基金；1760 年到 1762 年期间，斯密还担任教务长一职；在同时担任这两个职务期间，斯密又于

1762年被聘为副校长，主持该大学的一些重要会议，参与决策并积极管理各方面的行政事务。在促进学科发展方面，斯密为该校做了许多实事和好事，例如，为瓦特修建了一个车间，让他为学校制造制图仪器；为福尔斯开办印刷所，鼓励他出版荷马和霍拉西的作品；为威尔逊修建铸造所和天文台，让他在这里观察太阳黑子，并为他自己和学校带来声誉。

格拉斯哥原先是一个仅有2.3万人口的小镇，这时已经转变为一个大型商业城市，这为斯密的观察和思考提供了难得的机会和良好的条件。在这里，工商业得到空前发展，炼铁、炼铜、炼锡、皮革加工、麻布印染等工厂相继出现，1750年还开办了第一家银行（船舶银行），1752年又开办了第二家银行（徽章银行）。在繁忙的商业交易之余，商人们和厂主们组建了各种俱乐部，也组织了各种讨论会，而斯密是这些俱乐部活动和讨论会的积极成员，经常参与讨论和发表演说，并进而成为一些著名商人和厂主的好朋友。这些活动十分有助于斯密深入了解当时社会工商业的发展状况，包括存在的问题和人们的不同看法。

在格拉斯哥期间，斯密同爱丁堡的朋友们始终保持着密切的联系，他同他们一起积极促进了苏格兰的许多进步文化、科学和社会事业的发展。在他的这些朋友中，有他的学生和支持者，有高官商贾，还有教授学者，而已经成名的哲学家大卫·休谟，则是他最好的朋友。在此期间，斯密参与创建并积极参加了几个学术团体及其活动，其中最值得一提的是1754年成立的"精英学会"，它在某种意义上是讨论国内外大事的民间团体，也是以促进苏格兰的艺术、科学和制造业为宗旨的爱国组织。该学会在筹办之初就得到斯密的衷心赞成，并在成立会议上受托说明了召集这次会议的目的以及准备建立的学会的性质。该学会成立后很快就取得了巨大的成功，会员人数从最初的15人增至130人，达官显贵和学者名流竞相参加。

该学会所讨论的问题大多数是经济问题，尤以农业问题居多。例如，畜牧业和谷物生产会给公众和国家带来什么利益？国家最值得鼓励的是什么产业？实行大规模农业生产有利还是搞小农经济有利？地主采取哪些措施最能促进其庄园的发展？等等。斯密经常参加该学会组织的讨论会，这为他提供了难得的了解苏格兰农业状况的机会。除了学术活动以外，这个学会在它存在的10年期间还做了一些促进苏格兰科学技术、制造业和农业发展的实事：设立奖励纯文学和科学成就的基金；奖励在创建各种实业、开放各种产品方面做出贡献的人；奖励各种有发展前途的商品，如羊皮手套、草帽、毡帽、肥皂、干酪、用苏格兰柳条编制的摇篮等；甚至奖励"能令它满意的改造冒黑烟的烟囱最多的人"。此外，斯密还积极参与创办了以促进苏格兰的文艺与科学为宗旨的杂志《爱丁堡评论》，但该杂志只出了两期（1755年7月第一期，1756年1月第二期）就停刊了。原因可能是该杂志对狂热鼓吹宗教的出版物的严厉批评招致宗教狂热分子的猛烈攻击，以致发行者"为了社会和自身的安宁而决定停刊"。

《道德情操论》问世

《道德情操论》问世（1759年）无疑是斯密在格拉斯哥大学期间最重要的学术成就，它立即使斯密跻身于一流伦理学家行列。该书新颖的见解、丰富有力的论证，赢得了社会各界人士普遍的承认和好评。这部伦理学专著的主旨在于：在新时代即市场经济条件下，人的美德或道德规范的标准，应是基于同情共感的合宜性。

法国之旅

1763年1月末，斯密在伦敦会见了他的学生巴克勒公爵，2月初他们启程前往法国，从此开始了为期两年零八个月的游学生活。汤申德给斯密的报酬是每年300镑，外加出国旅行费用，还有游学结束后，斯密可以终生领取的每年300镑的年金。这比斯密在格拉斯哥大学时的收入增加了一倍，但并没有超出当时担任这个职务的通常收入。斯密在离开格拉斯哥大学前，将当时那一学期已经收取的讲课费全部退还给了学生们，将事先领取的半年薪金转付给了代他授课的人。

斯密和巴克勒公爵在国外逗留期间，先后在巴黎十天，在图卢兹一年半，在法国南部旅行两个月，在日内瓦两个月，最后又在巴黎待了十个月。

在法国期间，斯密同巴克勒公爵一起应朋友之约游览名胜，拜访名流，经常出入各种文学沙龙和社交沙龙，结识了不少朋友，这使斯密得以有机会深入观察和了解法国社会以及上流社会及其知识分子的状况。其中，最值得注意的是斯密同魁奈、杜尔阁等法国重农主义学派学者的交往。当时正值该学派得势之时，在魁奈（时任路易十五的御医）周围集结了一批志同道合者，他们忧国忧民，对法国社会经济落后的现状及其救治之道有一定的共识，主张扶植和发展刚刚兴起的大农业经营，即以马拉犁为主要生产手段的资本主义经营模式；主张减轻赋税，稳定和提供谷物价格，以鼓励农业生产；还主张发展对外自由贸易，以提升和促进国内农业生产。这些观点和主张同斯密脑海中的经济自由主义思想不谋而合。

杜尔阁曾任利摩日省省长、海军大臣和财政总监，是重农主义学派后期的主要代表者，在省长任内力争实施重农主义关于发展农业生产、减轻赋税等主张。斯密同他经常会面，同这位伟大思想家和政治家的交往，给予他的满足感绝非其他人可以比拟。当时杜尔阁正忙于写作他的重要著作《关于财富的形成和分配的考察》，斯密也在构思并着手撰写他的《国富论》，他们之间可谈的话题很多，自由贸易应是其中之一。斯密回国后也未完全中断与杜尔阁的书信往来，斯密从杜尔阁那里得到了新近发布的《关于课税的备忘录》副本，他在《国富论》第五篇第2章中多处加以引用。斯密对杜尔阁作为一名政治家的纯朴、正直深表赞赏，同时又认为他对流行于世的抵制正当合理改革趋向的利己主义、愚昧和偏见，以及对既得权益者和根深蒂固的习惯势力给改革带来的阻力，往往估计不足。

文学泰斗伏尔泰是斯密最崇敬的在世的伟人，他们会面有五六次之多，斯密后来总是怀着激动的心情回忆同伏尔泰的会面。斯密最亲近的一位瑞士朋友是著名的博物学家、形而上学家查尔斯·邦尼特。斯密同法国著名启蒙思想家卢梭还可能见过几次面，虽彼此谈话的内容已经无从知晓，但斯密对当时发生在卢梭和休谟之间的著名争吵（据说起因于卢梭无端地怀疑休谟为他所做的一切的动机是否真诚）感到厌烦却是非常明确的。斯密向休谟明确表示了理解和支持，说卢梭是一个十足的无赖，并建议休谟暂不考虑将卢梭的蛮横无理的行为公之于众。"他拒绝接受您出于善意在他本人同意下请求发给他的年金，也许使您在宫廷和内阁面前多少受到了这种卑劣行为的嘲弄……我愿以生命发誓，不出三周，您就会明白，现在使您如此烦恼的这件小事，将使您得到很大的赞誉。如果尽力在公众面前揭露这个伪善的卖弄学问的人，您就要冒整个平静生活被打乱的风险……写信反驳那封信正是他梦寐以求的。他在英国有湮没无闻的危险，因此希望以激怒卓著声誉的敌手来引起人们对他的重视。"这封信流露了他对休谟这位年长的哲学家和多年密友的情深意切的关怀，也透露了斯密人生态度的特征：热爱安宁的生活，厌弃虚荣，不屑于各种怀揣不良动机的小题大做行为。

初到图卢兹时，斯密在给休谟的信（1764年7月5日）中说："我在格拉斯哥的生活比目前在这里的生活轻松愉快。为了消磨时光，我已开始写一本书。您可以相信，我简直无所事事。"斯密这里所说的开始写的书，就是后来的《国富论》。斯密到日内瓦和巴黎后显然顾不上写了，真正开始写《国富论》是在他回国以后。不过，法国之行极大地丰富了斯密的思想，为他后来最终完成这部巨著准备了条件。

近三年的法国之旅结束了。斯密的学生巴克勒公爵对老师始终抱着深切的感激之情。斯密去世后，这位公爵在写给格拉斯哥大学道德哲学教授、曾最早撰写亚当·斯密传记的杜洛尔德·斯图尔特的信中说："1766年10月我们回到伦敦，相处近三年，从未产生过丝毫的不和或隔阂。就我来说，在同这样的人物的交往中，我获得了所能期望的一切教益。在他去世以前，我们保持着始终不渝的友谊。我将永远记住，自己失去了这个不仅具有卓越才能而且具有一切个人美德因而令人敬爱的朋友。"这是对斯密在天之灵的最好慰藉。

《国富论》问世

1766年11月,斯密从法国回到英国,起初半年在伦敦,此后六年一直在家乡柯卡尔迪,接下来的三年又回到伦敦。在这十多年期间,斯密生活中最重大的事件,除了修订《道德情操论》外,就是《国富论》(1776年)的写作和出版。这部书的主旨在于批判重商主义,论证自由竞争市场经济的历史必然性和优越性。它的问世在英国引起了轰动,也奠定了作者作为经济自由主义大师的历史地位。

晚年岁月

1777年11月斯密被任命为苏格兰海关专员。海关的工作大部分是日常的简单事务,诸如审查商人对地方征税官员的上诉;任免官员;审批开发煤矿的报告书、修建灯塔的计划、葡萄酒进口商人和帆船主等的申请书;批阅奥克尼走私贸易增加和明奇海峡出现走私船等的文件;派遣军队制止某地酿酒厂的违法行为或监视沿海的可疑地区;编制年度收支报告,支付薪俸,向财政部送交收支决算,等等。对于这些事务斯密都异常勤勉地完成了,而且他从公务中获得了实际知识,获益匪浅。如果不担任公职,他肯定不会了解也不会相信实际知识对于全面理解政治经济学是多么重要。《国富论》第二版(1778年)中所作的大部分增补和订正都同公用事宜有关,就是一个明证。当然,也有人认为从事实际事务耗费了斯密大量的时间和精力,使他没有能够按照原计划写作那部法律和政治巨著,应是一个巨大的损失,但斯密本人没有这样说过。

除了有限的公职以外,斯密的晚年基本上是在轻松闲适的学者生涯中度过的。同母亲、朋友和书本在一起,是斯密的三大乐趣。1778年斯密定居于爱丁堡一处上流社会的居住区,在此度过了余生,并在这里去世。他把母亲和姨母道格拉斯小姐从家乡柯卡尔迪接来,数月后又把姨母最小的儿子道格拉斯接来,这名少年当时正打算升学当律师,后来成了斯密的继承人。斯密家以简朴和好客而闻名。

斯密藏书三千多册，内容之丰富，实属罕见。其中三分之一是法文书，三分之一是拉丁文、希腊文、意大利文书，剩下的三分之一强则是英文书。就内容来说，其中五分之一是文学艺术书籍，五分之一是希腊文、拉丁文的古典著作，五分之一是法律书、政治书和传记，五分之一是政治经济学著作和历史书，剩下的五分之一则是科学和哲学书籍。没有神学和散文小说。

《国富论》问世当年（1776年）8月25日，斯密的伟大朋友大卫·休谟病逝。在休谟重病期间和过世之后，斯密为他的这位终生的年长挚友做了他应该做的一切，包括是否应当立即发表休谟的极易引起争论的《自然宗教对话录》，是否要做休谟遗著管理人，等等，斯密都秉持着一个知心好友的感情发表了他自己的意见。

在斯密的整个晚年，布莱克和赫顿是他最为亲密的朋友，这种友情虽然没有他同休谟的友情那么有名，但也同样值得书写。他们三人各自创立了一门学问，或者是为各自科学的创立做出了超过其他任何人的贡献。可以说，斯密是经济学之父，布莱克是近代化学之父，赫顿是近代地质学之父。他们各自对社会做出那样大的贡献，但这三人都那么质朴和平易近人。他们都是"牡蛎俱乐部"的成员，这个俱乐部常就科学和学术问题发表意见、交换看法，气氛总是平和、友好、充满生机和兴味盎然。

1781年，斯密修改了《道德情操论》中不够完美的细节，出版了该书第五版。1784年5月23日，斯密的母亲病逝，享年九十岁。母亲在斯密的生活和心目中始终是第一位的，母子二人六十年来虽然有过短暂分离，但大体上一直住在一起。斯密对其母亲怀有非常深厚的感情，孝顺一生。母亲去世以后，极度的悲痛使斯密的健康状况明显恶化，不到两年他的身体完全垮了。1786年至1787年冬季，威廉·罗伯逊写信告知吉本，慢性肠疾使斯密卧床不起，病得很重，危在旦夕，一直到来年春天才有好转。斯密曾在1787年3月6日致友人的信中说："今年是我的大劫之年，总是在健康状况很坏的情况下过日子。但是现在日渐好转。我想，只要很好地调理，我是可以度过人生的这个危险关头的。但愿度过这个关头之后,能够平静地度过余生。"

1787年4月斯密赴伦敦看病。在这次停留伦敦不到一年的时间里,斯密仍周旋于社交界,同新老朋友交往,并且受到大臣们的欢迎,使他亲身感受到了他的自由贸易理论正在被政界要人所接受。尤其是威廉·皮特——斯密1777年来伦敦时,皮特还是坦普尔法学院的学生,但现在已是英国历史上权力最大的首相之一——正在根据《国富论》中的理论改革国家财政。皮特此前(1782年)曾任财政大臣,接着被任命为首相,但由于未获得议会的支持,只好解散议会重新选举,结果大获全胜。他曾两度出任英国首相,共执政十七年。他经常说自己是斯密最忠实的信徒。在他执政的最初几年,迎来了自由贸易的黎明。他取消了对爱尔兰的贸易限制,同法国签订了通商条约,还根据斯密的建议,通过了简化征收和管理财政的法律。现在(1787年)他又颁布了著名的《合并法案》,旨在整顿混乱的关税和国内货物税。皮特曾同斯密多次见面,对斯密极为尊敬。斯密也完全被皮特吸引住了,斯密对友人说:"皮特太了不起了,他比我更能理解我的思想。"

斯密身体有所复原,便于1787年秋回到爱丁堡,不久即被选为母校格拉斯哥大学的名誉校长,他的功绩再次受到赞扬。该校的名誉校长是一项享有崇高荣誉的职位,由教授和学生共同推选,任期一到两年。斯密得到了教授们和学生们的一致赞成,连任两年(1787年11月到1789年11月)。那分明是在他奋斗一生接近终点之时,当初把他送上社会的母校师长们和因他的辉煌成就而受益的学子们,在向他表达最崇高的敬意,斯密对此"实感光荣之至",并以感激和喜悦的心情表示接受。他说:"任何晋升都没有使我感到这样真正的满足。任何人从某一团体中得到的好处,都没有我从格拉斯哥大学得到的好处多。该大学教育了我,把我送到牛津,我回到苏格兰不久又将我选为评议会委员,后来又让我接替名垂史册的哈奇森博士的职位,哈奇森以他的才能和美德充分说明了这一职位的重要性。在我的记忆中,作为这所大学的一员度过的十三年,是我一生中最有益因而也是最幸福、最感到荣幸的一段时间。今天,在离开学校二十三年后,老朋友们和保护过我的人仍对我怀有如此深厚的情谊，使我感到由衷的高兴，这种心情是无法用语言表达的……"

此时的斯密真的走进了暮年，身体状况时好时坏，极不稳定。1788年秋，与斯密母子长期住在一起的姨母的病逝，使斯密又失去了一位非常重要的亲人，斯密的家庭生活更平添了几分冷清。

继续修订《道德情操论》和《国富论》是斯密晚年生活的重要内容。到1782年年底之前，他对《国富论》作了大量增补，打算把它们加入到第三版中。主要是对下卷的三四个地方加进了有关英国所有贸易公司的历史。虽然它们的历史都写得很简短，但斯密确信它是很完整的。这些增补于1783年以四开本的形式另册出版，而包括增补部分的新版在1784年年底以八开本的形式分三册出版，价格一几尼。增补的主要部分是他受当时政治潮流影响而进行研究的成果。例如，他较为详细地叙述了苏格兰实行的渔业奖励制度，这正是议会当时正在调查的文体，而斯密作为海关专员对这个问题了解得很精确。他还详细考察了特许公司和非特许公司，特别是东印度公司，当时该公司对那个巨大的东方属国的管理是一个亟待解决的问题。福克斯颁布的《印度法案》导致了1783年联合内阁的垮台，1784年皮特创立了管理局。

1786年斯密为《国富论》增写了"导论及全书设计"置于卷首，出版了该书第四版。斯密在该书前言中特别对阿姆斯特丹银行家亨利·霍普先生深表感激，因为此人为他提供了"关于阿姆斯特丹银行这一极为有趣而重要的问题的最准确、最丰富的资料"。1789年，斯密抱病出版了《国富论》第五版。在他生命的最后一年，斯密对《道德情操论》作了一次规模最大的也最具实质意义的修订，增加了题为"论由钦佩富人和大人物、轻视或怠慢穷人和小人物的这种倾向所引起的道德情操的败坏"一章，改写了关于人的良心的影响和权威、有关美德的品质，以及对合宜性美德论体系的评述，还增加了关于诚实和欺骗的论述，等等。大约于1789年12月修订完毕，次年出了第六版，几个月后斯密就去世了，这个最终版《道德情操论》成为斯密留给世人的绝笔。

当斯密预感自己不久于人世时，除两三篇他认为已经写好可以出版的手稿外，他急切地要把其余所有手稿都毁掉。由于身体非常虚弱，自己动不了手，他一次又一次地恳求他的朋友布莱克和赫顿帮他把手稿毁掉。斯密说："我原打算写更多的东西，我的原稿中有很多可以利用的材料，但现在已经不可能了。"布莱克和赫顿一直未答应斯密的要求，盼望他能恢复健康或是改变想法。但临终的前一个星期，斯密特意把两人叫来，要他们当着他的面立即把十六册手稿销毁。两人不知道手稿写的是什么，知道再劝阻也没有用，于是便照办了。看着销毁了的手稿，斯密似乎大大松了一口气。几天以后，也即1790年7月17日，斯密病逝，终年67岁。他被葬在当地教堂的墓地，墓前立有一块简朴的墓碑，上面写着："《国富论》的作者亚当·斯密长眠于此"。

《道德情操论》导读

绪　论　《道德情操论》的创作与出版

亚当·斯密的《道德情操论》初版于1759年，他当时在任格拉斯哥大学道德哲学教授。1761年增订再版时他仍在该校；1764年初斯密离开格拉斯哥大学。该书第三版（1767年）、第四版（1774年）和第五版（1781年）与第二版并没有多大区别。第六版于1790年斯密去世前不久问世，这一版包含了大量增补和其他一些重要改动的内容。

在格拉斯哥大学讲授逻辑学和道德哲学

亚当·斯密1751年应聘格拉斯哥大学逻辑学教授一职。1752年，在哈奇森博士的直接继承者托马斯·克雷吉教授患病离职后，斯密接替克雷吉教授的席位，讲授自然法理学和政治学，随后改为讲授道德哲学。他在这个职位上干了十三年，他后来回忆说，这是他一生中最幸福、最有成果的岁月。

关于斯密在格拉斯哥大学讲授逻辑学和道德哲学的内容和特点，斯密的挚友、爱丁堡大学数学教授（1772年）和道德哲学教授（1785—1820年）杜格尔德·斯图尔特在《亚当·斯密的生平和著作》中，转述了斯密的另一位学生和好友、格拉斯哥大学法学教授约翰·米勒所作的说明，这些说明是迄今人们对斯密这段经历所能知晓的最权威和最详细的记述了，这些叙述表明，斯密的《道德情操论》和《国富论》都是来自他的道德哲学讲义，我们不妨全文引述如下：

"斯密在这所大学先是担任逻辑学教授，不久他就发觉有必要很好地修改他的前任所执行的教学计划，引导学生去研究比经院式的逻辑学和形而上学更有趣、更有用的本质问题。因此，在概括论述了人脑的机能，以及尽量详细地介绍了古代逻辑学以满足学生对这种人为推理方法（以前的学者往往把全部精力都用于这方面的研究）的好奇心以后，他把剩下的时间都用来教授修辞学和文学。解释和说明人类各种精神力量的最好方法——形而上学的最有用的部分——来源于用语言来交换我们思想的几种方式的考察，来源于对那些能加强信念和增添风趣的文学创作的各种原理的关注。有了这些艺术，我们所察觉和感觉到的一切事物，我们精神上的一切活动，都可以清晰地用加以区别和牢记的方式表达和描述出来。同时，对初次接触哲学的青年人来说，再也没有哪一种学问比这更适合于他们去掌握自己的兴趣和感情了。

"非常遗憾的是，斯密在这门学科上的演讲稿在他去世前被毁掉了。第一部分，就结构而言，是非常完善的，全篇显露出斯密强烈的兴趣特征和创新性的天才。由于答应学生做笔记，因此这些讲稿中的许多言论和见解，要么在分散的论文中加以详述，要么在后来问世的全部文集内占有一定的篇幅。但是，可以料到，那些笔记往往被掺杂其间的大量的老生常谈弄得面目全非，已经丧失了原作者所具有的独创性风格和特色。

"大约在当逻辑学教授一年之后，斯密被选任为道德哲学讲座教授。他把这门课分为四个部分：第一部分是自然神学。在这里，他考察了上帝存在的证据和上帝的特征，并考察了作为宗教基础的人类大脑活动所必须遵行的各项原则。第二部分严格地讲是伦理学，其主要内容是他后来发表在《道德情操论》中的一些学说。在第三部分，他较为详细地论述了与正义有关的那部分道德学。这部分道德学可以得出明白而精确的法则，因而能够进行全面而细致的论述。

"在这个题目上，他似乎遵循了孟德斯鸠提出的方法。在公法和私法两方面，从野蛮时期一直到文明时代，他竭力追溯法律的逐渐演进过程，指出这些法律在有助于社会运行和促进财富积累方面的影响，以及如何相应地引起法律和政府的改善和演变。他曾打算把他在这方面花了很大力气研究出来的成果公之于众，这个意图，在《道德情操论》的结尾部分也曾提到，但是他没有来得及实现。

"在他教课的最后部分，他考察了那些并不建立在正义原则上的、而是以权宜原则为基础的行政法令，并考察了那些以促进国家的富裕、强盛和繁荣为目的的行政法令。他从这种观点出发，考察了与商业、财政、宗教和军事建制有关的各种政治制度。他在这个题目上讲授的内容包含着后来以《国富论》为题出版的著作中的主要思想。

"最能发挥斯密先生才能的工作，也许就是教书。他讲课时，完全是靠即兴发挥自己的口才的。举止虽然说不上优雅，但是很平易，不矫揉造作。由于他总是抱着很大的热情去讲课，所以学生们总是听得很有兴趣。一堂课通常分成若干命题来讲，依次加以论证和说明。这些命题在泛泛地加以论证时，由于内容过于宽泛，常常表现出自相矛盾的性质。斯密阐述它们时，开头总是有点脱离主题，说话也有些结巴。但是，越往下讲，他的情绪越高涨、越激昂，口齿也越清楚、越流利。在有不同看法的地方，你可以感觉到他暗中为自己树立了对立面，为了证明自己的观点，倾注全力激烈地加以论证。通过列举各种各样的实例，而不是令人厌烦地重复某些观点，要说明的问题在他手里逐渐展开，学生的注意力被他紧紧地抓住了。他论证的方法是先旁征博引，从各个侧面举例提供佐证，然后再一步步地上溯到要论证的命题或要说明的普遍真理。学生们既从中受到了教育，又享受到了无穷的乐趣。

"他当教授的名声越来越大，很多远地的学生慕名来到格拉斯哥。他所教的学科在当地变成时髦的学问，他的见解也成了一些俱乐部和文学社团所讨论的主题，甚至他的发音和谈吐方式上微小的特点也往往成为学生们模仿的对象。"①

《道德情操论》的创作

亚当·斯密的道德伦理学说深受其老师弗朗西斯·哈奇森和挚友大卫·休谟的影响。哈奇森对人性本质问题持折中立场，他不认同托马斯·霍布斯（《利维坦》，1650年）和伯纳德·曼德维尔（《蜜蜂的寓言》，1714年）所极力主张的"人性本质是自私的"观点；他批评普芬道夫等人的人性自私论，也批评了道德伦理学中的理性主义理论。他强调人的合群本性，认为人的自然状态就是一种鼓励建设性地使用身体、情感以及智力等各种力量的状态，认为"我们有一个内在的美的感官和相类似的道德感官，前者负责对我们思考对象的'规律、秩序、和谐'做出回应，而后者则由'具有德行的理性主体的智慧、行为或个性'所激活。在这一系列的论证中，哈奇森加入了神学的要素，将美学和伦理学连接到了一起。他详细地说明了'造物主''赋予了美德惹人怜爱的形式，既刺激我们去追求美德，也赋予我们强烈的正面情感的取向，

---

① 杜格尔德·斯图尔特著、蒋自强等译：《亚当·斯密的生平和著作》，商务印书馆，1983年，第8—11页。

以让我们成为每个具有德行行为的发起者'"。① 哈奇森的这些观点给斯密留下了深刻的启发,但他不同意哈奇森将道德赞同与不赞同理解为一种特殊的"道德感"。

斯密又从休谟的"人的科学"中获得了一些修正和更多的洞见,连同一些与休谟截然不同的看法。休谟认为,道德判断仅仅由情感来决定,也就是说,它只与人类的天性和人类生活相关,他说:"一切概然推理都不过是一种感觉。不但在诗歌和音乐中,而且在哲学中,我们也得遵循我们的爱好和情趣。"② 而且,在休谟看来,道德的真正来源并不是哈奇森所说的特殊的道德感官,而是"同情的本性和力量"。斯密在《道德情操论》中对这种同情原则进行了扩展和精细化,构成了他自己道德情操论的基础与核心。

休谟在《人性论》中对同情这一概念展开了描述性和比喻性的阐述。他指出,所有人的情感及运行都具有相似性,而且会彼此传递和相互影响,这就是人类的同情共感的天性。他还指出,这一天性对我们关于美的趣味有巨大影响,并从中产生了人们在所有人为的德行中的情感,例如正义、忠诚、国家法律、谦虚和良好的举止。在休谟看来,所有这些都是为社会利益服务而做出的人类的发明。之后,他又说,做出这些发明的人主要考虑的是他们自己的利益。但是,我们对这些最为遥远国度和年代中的这些发明表示赞同,即使这些与我们的利益毫不相干。这种观点也是斯密思想的特色之一。斯密将所有这些作为了自己研究人类天性及其展开写作计划的根基。

斯密还受到他以前的保护人凯姆斯思想的启发。凯姆斯在《论道德和自然宗教原则》(1751年)中深入扩展了休谟的某些观点,同时也反驳了休谟的另一些观点。他认同休谟关于同情共感是人类社会的伟大黏合剂的观点,但他不认为道德感可以完全从同情共感的角度得以解释;他拒绝接受休谟在《人性论》中所表达的一种观点,即正义是一种人为的而非自然的德行,他认为正义感是一种天生的特殊的情感,应当是自然法的基础。斯密接受凯姆斯的这些观点,并用来阐述自己的伦理学体系。

古希腊哲学家柏拉图和亚里士多德,以及以芝诺为创始人的斯多葛学派的道德伦理学,对斯密思想的形成也产生了深刻的影响。斯密赞同柏拉图和

---

① 伊安·罗斯著、张亚萍译:《亚当·斯密传》,浙江大学出版社,2013年,第90页。
② 休谟著、关文运译:《人性论》(上册),商务印书馆,1983年,第123页。

亚里士多德认为的美德存在于行为的合宜性或感情的恰如其分之中的基本观点；他指出，在柏拉图的体系中，存在谨慎这种基本的美德，它表现为公正和清晰的洞察力，以及对各种行为的目的和手段的全面而科学的认识；在此理性指导下，在不同条件下，它们分别构成坚忍不拔和宽宏大量，以及自我克制和正义等重要美德。

亚当·斯密认为，亚里士多德的美德论同他自己对行为合宜与不合宜所作的说明是完全一致的，也就是说，美德应是处于两个相反的邪恶之间的某种中间状态；坚忍不拔或勇气就处于胆小怕事和急躁冒进这两个相反的缺点之间的中间状态；节俭这种美德处于贪财吝啬和挥霍浪费这两个恶癖之间的中间状态；高尚处于过度傲慢和缺乏胆量这两者之间的中间状态，等等。亚当·斯密指出，柏拉图的美德论似乎满足于对合宜动机的判断和认识，而亚里士多德则强调说，美德与其说是存在于那些适度的和恰当的感情之中，还不如说是存在于这种适度的习性之中。也就是说，美德不在于一时一事的偶然之举，而在于习惯之中。这就把柏拉图的认识向前推进了一步。

斯密在创建其道德伦理学的过程中，吸收了斯多葛学派的思想，形成了自己关于宇宙是一个根据自然法理和谐运行的"巨大的和相互联系的系统"的观念，并在这一框架下设想仿佛有"一只看不见的手"确立人类的道德规范，以及通过市场调节人类经济活动的思想。斯密还认为，斯多葛派所说的始终如一的生活，即按照天性、自然或造物主给我们的行为规定的那些法则和指令去生活的观点，关于合宜性和美德的观念，同亚里士多德和古代逍遥学派学者的有关思想相差不远，有其可取之处。然而，斯密对斯多葛学派所宣扬的那种消极无为、逆来顺受、听天由命的哲学持批判态度，他所倡导的是积极向上、奋发有为、适应和改造现实的创造性精神。

斯密的哲学观念和研究方法的确立，同他在格拉斯哥大学期间接触到的牛顿物理学不无关系。斯密认为，牛顿哲学是"人类曾经做出的最伟大的贡献"。牛顿揭示了宇宙万物在运动、引力、能量守恒的自然法则作用下达到均衡的机制。牛顿研究方法获得的巨大成功，深刻地影响着斯密时代的思潮，学者们致力于寻找与自然秩序相一致的社会秩序或规律。斯密对此有深刻的理解，并将牛顿的方法同亚里士多德的方法相区别。斯密说："关于自然科学或者那一类的所有学问，遵循亚里士多德的方法，在各种各样的领域，按照它们的发生顺序进行认真调查，可以对所有现象提出一个通常是新的原理。

或者按照艾萨克·牛顿先生的方法，提示几个已知的或已被证明的原理，并从此出发说明各种现象，这些现象可以用同一条线索连在一起。后者不妨叫作牛顿式方法，它无疑是最哲学的方法，用于道德或者自然哲学等各种学问，都远比前者的方法富有创意，也因而更加有魅力。我们认为最不可能说明的各种现象，可以从某个原理（通常是众所周知的原理）出发进行演绎，当我们看到所有的一切都被一条线连在一起时，我们感到的欣喜比从那种没有一贯性的做法——所有的现象相互没有关系，分别被说明——中感觉到的要强烈得多。"①

在吸收和进一步发展上述各种科学方法的基础上，斯密终于创作出了他的《道德情操论》和《国富论》，前者阐明了道德世界的和谐与秩序，后者则将世界是一个和谐而有秩序的理念扩展到政治经济学领域。

《道德情操论》的出版和发行

第一版，1759 年，4 月（八开本，12 页序言，551 页正文），1 000 本。

第二版，1761 年 1 月 21 日，750 本。

第三版，1767 年 5 月 5 日，750 本。

第四版，1774 年 10 月，500 本。

第五版，1781 年 9 月，750 本。

第六版，1790 年 4 月，1 000 本。

斯密著作的印刷商威廉·斯特拉恩和他的儿子安德鲁（1785 年继承了其父亲的事业）出版了斯密在世时《道德情操论》的六版共 4 750 本八开本，其中，早先的 3 750 本是一卷本的，后来的 1 000 本则是两卷本的。在斯密离世后 10 年左右，他们又出版了《道德情操论》两卷本系列的三个版本 3 000 本。这使得在法定版权的保护下，《道德情操论》的印刷的总数达到 7 750 本。从 1759 年开始，《道德情操论》的销售量一直稳定，到斯密离世时（1790 年），《道德情操论》成了一部更为令人赞叹的著作。②

---

① 亚当·斯密著、朱卫红译：《修辞学与文学讲义》，上海三联书店，2013 年，第 150 页。
② 伊安·罗斯著、张亚萍译：《亚当·斯密传》，浙江大学出版社，2013 年，第 260 页注⑤。

《道德情操论》之框架结构

除了简短的"告读者"外,全书正文共七卷:前三卷分别阐述了评判他人和评判自己言行的起点和基础,构成全书的主体和重心,这些应当是阅读的重点。第四卷和第五卷分别研究了效用和习惯风俗等外部因素对感情的影响;第六卷则阐述了个人品质对自己的和对别人的幸福的影响;第七卷是道德理论史评论。具体如下:

第一卷　论行为的合宜性。从个人感情与其原因和对象的关系的角度,研究评判他人感情和行为的起点及基础,得出了合宜美德论。

第二卷　论优点和缺点,或报答和惩罚的对象。从个人感情同其结果的关系的角度,研究评判他人感情和行为的起点及基础,得出了优点与缺点(或报答与惩罚的对象)理论。

第三卷　论我们评判自己的情感和行为的基础,兼论责任感。研究评判自己的感情和行为的起点及基础,得出了是否应当自我赞同的原理。

第四卷　论效用对赞同情感的作用。

第五卷　习惯和风气对有关道德赞同和不赞同情感的影响。

第六卷　论有关美德的品质。

第七卷　论道德哲学体系。

早期评论

1759年4月12日,即《道德情操论》刚问世不久,休谟致信斯密说:"承赐大作,谨表谢忱。"还告知他拟将手中所存的若干册送给一些优秀的评论家和为此书传播声誉的人。休谟在信中还提到:"米勒(斯密著作的出版商)眼看这部书已经销出三分之二,成功已有把握,使他欢欣鼓舞。"[①] 米勒在4月26日给斯密的信中说,他将在"下星期"发行一个新版本,"不久将销售一空"。[②]

1759年7月28日休谟在致斯密信中,描述了《道德情操论》所受到的好评,提到一些名人或有身份的人士对该书的着迷。休谟还发表了对《道德情

---

① 莫斯纳等编、林国夫等译:《亚当·斯密通信集》,商务印书馆,1992年,第63—64页。
② 同①,第71页。

操论》的书评。

1759年6月4日，威廉·罗伯逊从爱丁堡致信斯密说："两天以前，我们的朋友约翰·霍姆从伦敦来到这里。我敢说您已听到《道德情操论》问世以后受到各界人士的欢迎，我觉得必须将霍姆带来的消息告诉您。他向我保证说，此书在知识界已经人手一册，由于其内容和文体都使人满意，因此受到广泛赞扬。谈这样严肃的主题的任何著作不可能得到人们更亲切的接纳。人们听到您出身于牛津大学，使英格兰人深感安慰，他们认为您今日能获此成就部分原因即在于此……"①

1759年9月10日，埃德蒙·伯克（作家和政治家，休谟称其为在议会和哲学界冉冉上升的新星，一位爱尔兰的绅士）致信斯密说："拜读此书的确非常值得，而且收获丰富，我不仅为您书中的富有独创的见解感到喜悦，而且深信书中所说的都是真情实理……像您这样建立在永久不变的人性基础上的理论会长期存在下去……我承认我特别喜欢您从日常生活和生活方式的角度来归纳那些轻松愉快的说明，这种说明在您的大作中比我所读过的其他作品都多得多……在您的大作中除了许多有力的推理外，还有许多对生活方式和人的情感方面的优雅描绘，这方面的描绘本身即具有莫大的价值。文章风格到处显得活泼明畅，而且还有我认为的在这种作品中同样重要的文体的巧妙变化。文体显得庄重，特别是在接近第一部分结束处谈到斯多葛派哲学的那部分，写得雄伟壮丽，给人以富丽堂皇的幻觉……"②

与伦敦的这些知识分子的赞扬不同，一位来自苏格兰乡村的牧师乔治·里德帕斯在其日记中对斯密著作的内容和文体表达了截然不同的看法，说书中的创新之处本身没有什么重大意义，而且过度的慷慨陈词和渲染修饰使作者偏离了对精准和清晰要求的追求，甚至指责斯密对自己到处卖弄口才的放纵，使得原本只要二十页就可以说清楚的东西却花了整整四百多页的文字。在他看来，只有该书最后对道德哲学不同体系的评论才是最有价值的部分，尽管也并非完全没有上述缺点。③ 这位乡村牧师眼光之偏狭、苛刻与无理，实属罕见。

---

① 莫斯纳等编、林国夫等译：《亚当·斯密通信集》，商务印书馆，1992年，第72—73页。
② 同①，第80—81页。
③ 伊安·罗斯著、张亚萍译：《亚当·斯密传》，浙江大学出版社，2013年，第299—300页。

最初和早期的外文译本

法文译本：1764 年，1774—1775 年，1798 年。
德文译本：1770 年，1795 年，1926 年，1949 年。
俄文译本：1868 年。
西班牙文译本：1941 年。
日文译本：1948—1949 年。
中文译本：1905 年，1933 年。

阅读建议（重点）

第一卷第一、二篇；
第二卷第一、二篇；
第三卷；
第六卷。

第一卷　论行为的合宜性

亚当·斯密认为，人的各种行为和决定来自于人的内心的善恶感情（情感），研究这种感情，可以从两个不同的方面或两种不同的关系来进行。首先，可以从感情同激起它的原因（或引起它的动机）之间的关系来研究。研究这种感情相对于激起它的原因或对象来说是否恰当、是否相称，从而决定了相应的行为是否合宜，即是庄重有礼还是粗野鄙俗。其次，可以从感情意欲产生的结果或同它往往产生的结果之间的关系来研究。研究这些结果有益或有害的性质，从而决定了它所引起的行为的功过得失，并决定它是值得奖励还是应该受到惩罚。

本卷就是从感情与其原因之间的关系来研究的。其中第一篇研究合宜性，第二篇研究不同程度的各种激情，第三篇研究幸运和不幸对人们判断各种行为的合宜性的影响。

第一篇　论合宜感

这一篇的主题是人的感情的合宜性。其要点主要有三：一同情或怜悯是人固有的感情；二感情的合宜性的含义和条件；三由感情合宜性确立的美德。

第1章　论同情

亚当·斯密指出："无论人们会认为某人怎样自私，这个人的天赋中总是明显地存在着这样一些本性，这些本性使他关心别人的命运，把别人的幸福看成是自己的事情，虽然他除了看到别人幸福而感到高兴以外一无所得。这种本性就是怜悯或同情，就是当我们看到或逼真地想象到他人的不幸遭遇时所产生的感情。"① 这就是说，同情之心人皆有之。这是斯密论述感情合宜性的起点，也是这部著作的起点。

这里有几个问题值得探讨。第一，研究道德规范，也就是研究人的行为举止是否适宜的标准或尺度，为什么要将人内心的感情作为研究的起点？这是因为，在斯密看来，人的行为举止产生于人的感情，有什么样的感情或动机，就会有什么样的行为举止。

第二，人的感情有善恶之分，为什么要从同情或怜悯之心开始，而不是相反？我以为，这同斯密相信"人之初，性本善"有关，更同他向往建立一个美满和谐的社会相关，这反映了那个时代先进阶级的心声和要求。

第三，从同情（怜悯）之心开始，是否意味着利他主义就是斯密所说的人性的全部内涵？回答是否定的。他说："这种（同情或怜悯）感情同人性中所有其他的原始感情一样，绝不只是品行高尚的人才具备，虽然他们在这方面的感受可能最敏锐。最大的恶棍、极其严重地违犯社会法律的人，也不会全然丧失同情心。"（第5页）这段话的本意是强化论证同情或怜悯之心是人的本性，然而他也指出了人性中还有"其他的原始感情"。这些原始感情是什么，这里没有说，但后来的论述表明，那是指人的利己之心。鉴于人们往往忽略这一点，以致误以为利他主义就是斯密塑造的所谓"道德人"的本质，所以有必要记住这一点：在斯密看来，人的内心还有"其他的原始感情"。

同情或怜悯意味着知道别人的感受，可是如斯密所说，由于我们对别人的感受没有直接经验，那又该怎么知道别人的感受呢？斯密说"除了设身处地的想象外"，别无他法。这就是通常所谓的感同身受，即如果身临其境的话，那我们将会有什么感觉。这一点不难理解，因而不一定在斯密为此所举的许多例证上多费心思，重要的是注意到他由此得出一个初步结论：在人的内心可能受到影响的各种激情之中，旁观者的情绪总是同他通过设身处地地想象认为应该是受难者的情感的东西相一致的。亚当·斯密还指出，这种感情可能是喜悦和赞赏，也可能是痛苦和反感；这种感情的酝酿和形成还会有一个过程，等等。

---

① 亚当·斯密著、蒋自强等译：《道德情操论》，商务印书馆，1997年，第5页（以下凡引用该书，只在引文后括弧内注明页码。译文恕有改动，均据：The theory of Moral Sentiments, ed. By D. D. Raphael and A. L. Macfie, Liberty Fund, Indianapolis, 1984）。

第 2 章 论相互同情的愉快

斯密对人们相互之间的同情的愉快之感作了一番分析，指出人们之间感情的"共振"往往可以起到强化和检验当事人感情的作用，这是对同情心分析的延伸和补充。这两章的论述为他下一步提出感情合宜性论打下了基础。

第 3 章 论通过别人的感情同我们自己的感情是否一致，来判断它们是否合宜的方式

接下来就该说明感情合宜性的含义和判断方式了。斯密的回答是："在当事人的原始激情同旁观者表示同情的情绪完全一致时，它在后者看来必然是正确而又合宜的，并且符合它们的客观对象；相反，当后者设身处地地发现前者的原始激情并不符合自己的感受时，那么，这些感情在他看来必然是不正确而又不合宜的，并且同激起这些感情的原因不相适应。因此，赞同别人的激情符合它们的客观对象，就是说我们完全同情它们；同样，不如此赞同它们，就是说我们完全不同情它们。"（第 14—15 页）斯密列举了各种可能的场合，说明旁观者的感情是判断当事者感情的标准和尺度。

斯密指出，这种标准和尺度，或者涉及感情同其原因或对象的关系，以此判断相应的感情和行为是否合宜，或者涉及感情同其结果的关系，以此判断行为的功过得失，并决定对之报答还是惩罚。前者是第一卷的研究对象，后者是第二卷的研究对象。他还指出，这种判断他人官能的尺度就是我自己的官能，我用我的视觉、听觉、理智、愤恨和爱来判断你的视觉、听觉、理智、愤恨和爱。事实上，人们没有也不可能有任何其他的办法来判断它们。

斯密进一步指出，尽管当事者与旁观者对某事物（对象）的情感一致是检验当事者的言行是否合宜的标准和尺度，但是这种尺度在不同情况下所引起的效果不尽相同。一种情况是，所涉客观对象与当事者和旁观者并没有特殊的关系，另一种是同其中一方有特殊关系。斯密说，在前一种情况下，当事者和旁观者会以相同的观点来观察这种客观对象，双方对其容易达成一致，当事者会认为没有必要为这种一致而对旁观者表示钦佩；然而，如果旁观者的感觉和认识有独到之处，显得比自己（当事者）的认识或感觉更深刻、更高明，那么他就会禁不住对同伴表示钦佩和赞扬，这当然比一般的合宜显得更进了一步。

在后一种情况下，要保持这种和谐一致会很困难，但同时又极为重要。因为事件（对象）与其中一方有特殊关系，例如，当事者是某种行为的直接受害者，他对事件的反应和感受当然就会更深刻、更强烈。旁观者尽管也会感同身受，但因为不是直接受害人，因而其感受的程度就不会与当事者完全一样，即其感受毕竟是间接的，是想象的结果。当事者对此通常是宽容的和理解的。但如果旁观者的感受与当事者不一致，甚至对当事者的不幸既不表示同情和义愤，也不分担其悲伤和愤恨，那么当事者就显得不能容忍了。在这种情况下，斯密说，保持宁静至关重要，交际和谈话则是恢复平静的最有效的药物，同样也是宁静和愉快心情的最好的保护剂。

第4章　论和蔼可亲和令人尊敬的美德

关于确立美德，斯密说，在当事者和旁观者情感一致的基础上，确立了两种不同的美德：在旁观者努力的基础上，确立了温柔、有礼、和蔼可亲的美德，确立了公正、谦让和宽容仁慈的美德；而崇高、庄重、令人尊敬的美德，自我克制、自我控制和控制各种激情的美德，则产生于当事者的努力之中。

随后，斯密对这些美德的意义分别作了诠释。特别对和蔼可亲和自我克制，以及高尚和大度的憎恨（而不是蛮横无理和狂暴的愤怒）作了解说，指出这些美德所体现的克制自私和乐善好施的感情，构成了尽善尽美的人性，并且认为唯有这样才能使人与人之间的感情和激情协调一致。斯密对世俗的一般品德同美德作了区分，指出后者是卓越的、决非寻常的高尚美好的品德，远远高于前者。例如，仁爱这种和蔼可亲的美德确实需要一种远比粗俗的人所具有的优越的情感；宽宏大量这种崇高的美德，毫无疑问也需要更高程度的自我控制，它远非凡人的菲薄力量所能做到。

他还指出，在应该得到钦佩和赞扬的品行与只应该得到赞同的品行之间也存在很大差别，前者比后者显得层次和要求更高。相反，在那些并不是最合适的行为中往往会存在一种值得注意的美德，因为这些行为在一些场合可能比人们合理期望的更加接近于尽善尽美，在这些场合，要达到尽善尽美是极其困难的；在需要竭尽全力进行自我控制的那些场合，就常出现这种情况。

这里存在两个标准：一个是完全合宜和尽善尽美的标准，即人类的行为从来不曾或不可能达到这个标准；另一个是大部分人的行为通常能达到的标准。这两个不同层次的判断标准，在评价艺术品时也常常能体现出来。在斯密看来，这两个标准都有其存在的理由和用处。

可以看出，在斯密看来，所谓感情合宜就是当事者的行为与表现和旁观者的感受或看法相一致，一致便是合宜，不一致便是不合宜。至于旁观者的感受和看法是否正确、是否合乎实际，则未予考虑，这可能是斯密的感情道德论的一种局限性。根据唯物主义原理，思想感情属于上层建筑范畴，它是反映并服务于社会经济基础的。因此，思想感情的来源和正误，归根结底要由社会经济基础来说明。不过，无论如何，斯密对于合宜性及相应的品德和美德的诠释仍然抱有其全部价值。

第二篇 论各种不同激情的适宜程度

本篇旨在说明，性质和来源各不相同的激情是否合宜，完全是同人们意欲对其表示或多或少的同情成比例的。这当然是其合宜论的具体运用。

斯密分别考察了五种激情的适宜程度：一从肉体产生的各种激情；二由想象的某种特殊倾向或习惯所产生的各种激情；三不友好的激情；四友好的激情；五自私的激情。

第1章 论从肉体产生的各种激情

对此，斯密强调两点：第一，对于这类激情，任何人作任何强烈的表示都是不适当的，因为旁观者并不具有相同的意向，不能指望他们对这类激情表示同情。例如，正常的食欲是可以理解的，但是强烈的食欲、暴食通常被看作是一种不良习惯，难得博得别人的同情。又如，"造物主使得两性结合起来的情欲也是如此。虽然这是天生最炽热的激情，但是它在任何场合都强烈地表现出来却是不适当的，即使是在人和神的一切法律都认为尽情放纵是绝对无罪的两个人之间也是如此"（第29页）。也就是说，由人的肉体所产生的各种激情，只要是在正常限度内，就会得到别人的理解和同情，但超过一定限度，就会招致别人的反感，令人恶心和讨厌。节制的美德存在于对人们对肉体欲望的控制之中，把这些欲望约束在健康和财产所规定的范围内，是审慎的职责；把它们限制在情理、礼貌、体贴和谦逊所需要的界限内，则是节制的功能。

第二，当事者肉体的疼痛通常会引起别人深刻的同情，但是他的反应不能过分，无论怎样不可忍受，大喊大叫总是显得缺乏男子气概和有失体面。然而，对那些从想象中产生的感情来说，则完全是另外一种情况。出于想象而引起的同情，则可能更多、更持久。例如，旁观者对于失恋者或者雄心未酬者所表示的同情就是如此，这些同情都是来自于想象。同样道理，倾家荡产使当事者感到的痛苦多半来自旁观者的想象，这种想象向他描述了很快即将袭来的尊严的丧失、朋友的怠慢，敌人的蔑视，从属依赖、贫困、匮乏和悲惨处境，等等。原因在于，最先使旁观者心烦的不是感觉的对象，而是想象的概念。由于引起旁观者同情的是概念，所以直到时间和其他偶然的事情在某种程度上把它从旁观者的记忆中抹去之前，因想到它而产生的想象将持续不断地使旁观者感到烦恼和忧虑。

斯密还举出其他例证说明了这一点，例如，疼痛如果不带有危险性，就绝不会获得别人极其强烈的同情，但是别人会对当事者的害怕表示同情，害怕是一种完全来自于想象的激情，这种想象以一种增加旁观者忧虑的变化无常的、捉摸不定的方式，展现旁观者并未真正感受到但今后却有可能体验到的东西。根据这些道理，斯密对一些希腊悲剧企图通过表现人的肉体上的巨大痛苦而引起人们同情的做法不表欣赏和赞同，而对那些忍受痛苦时的坚韧和克制则赞赏有加，认为这些才是合宜性美德的体现。

第2章 论由于想象的某种特殊倾向或习惯而产生的那些激情

斯密在论述由人的肉体所产生的激情时已经提及，由人的肉体感受所引起的想象的激情总是比肉体本身所产生的激情要强烈和持久得多。现在他则指出，由想象所产生的各种激情，即产生于某种特殊倾向或习惯的激情，虽然可以被认为是完全自然的，但也几乎是得不到别人的同情的。人类的想象不具备特殊的倾向，是不可能体谅它们的；这种激情，虽然在人的一部分生活中几乎是不可避免的，但总有几分是可笑的。两性之间长期的倾心爱慕自然而然地产生的那种强烈的依恋之情，就属于这种情况。

斯密的这段文字很是费解的，原因在于论述的主体发生了几次转换，使读者搞不清楚他究竟在说什么。其实，这里所谓的"由想象的某种特殊倾向或习惯而产生的那些激情"，不是指当事者（例如爱恋双方）自身的激情，而是指旁观者对于爱恋双方的恋情所产生的看法、感受或激情。旁观者不是当事者，他们对当事者的行为举止所产生的感受或激情当然是来自于想象，而不是像爱恋双方那样来自于他们本身。由于这种想象不具有特殊倾向或习惯，也就是说，旁观者并不确知甚至更不能真实地感受到当事者双方的依恋之情，因此，旁观者对于爱恋当事者的言行举止往往不能体谅，甚至仅认为有些可笑。

顺着这个思路，斯密指出，人们的想象没有按爱恋中的一方的思路发展，所以不能体谅他的急切心情。如果我们的朋友受到伤害，我们就容易同情他的愤恨，并对他所愤怒的人产生愤怒。如果他得到某种恩惠，我们就容易体谅他的感激之情，并充分意识到其恩人的优点。但是，如果他坠入情网，虽然我们可以认为他的激情正如任何一种激情一样合理，但绝不会认为自己一定要怀有这种激情，更不会去爱他所爱的人……爱情虽然在一定的年龄是可原谅的，因为我们知道这是自然的，但总是会被人取笑，因为我们不能体谅它……问题的症结在于，旁观者不具有"某种特殊的倾向或习惯"，也就是说，他不是爱恋者本身，他对爱恋双方的言行的看法是想象的。

但是，斯密又说，虽然我们对这种依恋之情不抱有真正的同情，虽然我们在想象中也从来没有做到对那对情人怀有某种激情，然而由于我们已经或准备设想这种相同的激情，所以我们容易体谅那些从它的喜悦之中滋生出来的对幸福的很大希望，以及担心失恋的极度痛苦。它不是作为一种激情，而是作为产生吸引我们的其他一些激情——希望、害怕以及各种痛苦——的一种处境……虽然我们没有恰当地体谅那对情人的依恋之情，但我们却容易赞同他们从这种依恋之情中产生的对罗曼蒂克幸福的期待。

斯密指出，尽管人们对爱恋故事有各不相同的感受和看法，特别是对爱情悲剧给予更多的同情，然而，在同客观对象的价值极不相称的一切激情中，爱情是唯一显得既优雅又使人愉快的一种激情，甚至对非常软弱的人来说也是如此。首先，就爱情本身来说，虽然它或许显得可笑，但它并不天然地令人讨厌；虽然其结果经常是不幸的和可怕的，但其目的并不有害。其次，虽然这种激情本身几乎不存在合宜性，但随同爱情产生的那些激情却存在许多合宜性。爱情之中混杂着大量的人道、宽容、仁慈、友谊和尊敬；对所有这类激情，我们都给予很大的同情，即使我们意识到这些激情有点过分也是如此……

斯密得出的结论似乎是：由于同样的理由，我们谈论自己的朋友、自己的学习、自己的职业时，如同谈论别人的爱情时一样，必须有一定的节制；缺乏这种节制，容易自我设限，不善与人交往，满足于小圈圈；懂得这种节制，才是实现合宜的生活之道。

第3章 论不友好的激情

怎样对待不友好的激情，特别是如何对待各种不同形式的憎恶和愤恨之情才是合宜的，这是斯密要回答的问题。

不过，首先要明确，这里斯密说的不是我们自己对别人或者别人对我们自己的不友好激情，而是说我们如何对待他人之间的不友好激情。这里的我们是第三者，是旁观者，而不是当事者，当事者是发生不友好激情的其他人。

斯密指出，我们对这类激情的同情会为双方所分享，也就是说，憎恨的双方都觉得我们对他们是同情的。由于这两者的利益直接对立，所以我们的同情会唤起一方的希望，却导致另一方的担心。但是，他们两者都是人，我们对两者都应该表示关心。由于我们对其中一方可能遭受的痛苦的担心，减弱了对另一方已经遭受的痛苦的愤怒，因此，我们对受到挑衅的人的同情，必定达不到他自然激发的激情的地步，特别是因为我们还对其中的另一方也给予同情。因此，必须使愤恨所自然达到的程度低于几乎一切其他的激情，才能变得合乎情理并使人同意。这就是斯密的结论。

斯密往下的论述进一步强化了这一点。他注意到，人们对于别人所受的伤害具有一种非常强烈的感受能力。他也承认，憎恨之情是人类天性中不可缺少的组成部分。一个逆来顺受之人会被人看不起，我们不能体谅其冷漠和迟钝，把他的行为称为精神萎靡，并且如同被他的敌手的侮辱所激怒一样，我们也真的会被他的这种冷漠和迟钝所激怒。斯密这里说的仍然是我们如何对待他人之间的憎恨之情。然而，他接着指出，对任何人表示的愤怒，如果超出我们所感受到的受虐待的程度，那么这就不仅会被人们看作是对那个人的一种侮辱，而且还会被看成是对所有同伴的粗暴无礼。对同伴的尊敬，应该使我们有所克制，从而不为一种狂暴而令人生厌的情绪所左右。斯密这里说的已经不是我们如何对待他人之间的不友好感情，而是我们自己对同伴的不友好激情了。不过，无论在哪种场合，斯密都认为合宜美德在于保持克制，不要过分。斯密这里提出了区分憎恨与愤恨之类的不友好激情的直接效果和间接效果的问题，这就是说，就憎恨和愤恨的直接效果来说，它们都是不好的，因为它们都对别人造成了伤害；可是，如果能够正确对待，保持克制，则可能得到令人愉快的结果，这是其所引起的间接效果。

斯密将这种区分及其意义普及化。他指出，监狱的直接效果（监禁不幸的人）是令人不快的，它越是适合预期的目的，就越是如此。但是其间接效果却是令人愉快的（维持社会秩序）。相反，一座宫殿就其直接效果（住在里面的人所享受的舒适、欢乐和华丽都是令人愉快的，并使人们产生无数美好的想法）来说是令人愉快的，可是它的间接效果却可能常常不利于公众，它可能助长奢华之风，并树立腐朽生活方式的榜样。外科手术器械总是比农具擦得更为铮亮，并且通常比农具更好地适用于其预期的目的，它的间接效果（病人的健康）是令人愉快的；但由于它的直接效果是令人疼痛和受苦的，所以见到它，总使我们感到不快。武器是令人愉快的，虽然它的直接效果似乎是同样令人疼痛和受苦的，然而，这是令我们的敌人的疼痛和痛苦，对此我们毫不表示同情。人的思想品质也是如此。古代斯多葛哲学的信奉者认为：由于世界被一个无所不知、无所不能和心地善良的神全面地统治着，而每一单独的事物都是宇宙安排中的一个必要组成部分，并且有助于促进宇宙整体的秩序和幸福，因此，人类的罪恶和愚蠢就像他们的智慧或美德一样，成为这个安排中的一个必要组成部分，并且通过从邪恶中引出善良的那种永恒的技艺，使其同样有助于伟大的自然体系的繁荣和完美……我们正在研究的这些（不友好）激情也属相同的情况，它们的直接效果是令人不快的，但是，在大家了解事情原委并都能采取克制态度时，就会收到令人愉快的（间接）效果。

第4章 论友好的激情

亚当·斯密对友好激情的表现以及人们对待这种激情的态度作了生动而深刻的描述，通篇充满了对美好感情的肯定和称颂，以及对卑劣感情的不屑和谴责。他说："宽宏、人道、善良、怜悯、相互之间的友谊和尊敬，所有友好的和仁慈的感情……几乎在所有场合都会博得中立的旁观者的好感……它们在各个方面似乎都使我们感到愉快……还有什么人比以在朋友间挑拨离间并把亲切的友爱转变成仇恨更为可恶呢？如此令人憎恨的伤害……它的罪恶在于使他们不能享受朋友之间的友谊，在于使他们丧失相互之间的感情……在于扰乱了他们内心的平静，并且中止了原本存在于他们之间的愉快交往。"

(第44—45页)

斯密对爱这种感情的表现及其作用作了这样的论述，他说："爱的情感本身对于感受到它的人来说是合乎心意的，它抚慰心灵，似乎有利于维持生命的活动，并且促进人体的健康；它因意识到所爱的对象必然会产生的感激和满足心情而变得更加令人愉快。他们的相互关心使得彼此幸福，而对这种相互关心的同情，又使得他们同其他任何人保持一致。"（第44—45页）他对家庭生活中所体现的爱的生动写照，包括父母对子女的爱抚，子女对父母的孝顺，以及兄弟姐妹之间的和睦相处，读来让人深感温馨。

斯密指出，那些和蔼可亲的感情，即使人们认为过分，也绝不会使人感到厌恶。甚至在友善和仁慈的弱点中，也有一些令人愉快的东西。过分温柔的母亲和过分迁就的父亲，过分宽宏和痴情的朋友，有时人们可能由于他们天性软弱而以一种怜悯的心情去看待他们，然而，在怜悯之中混合着一种热爱……我们总是带着关心、同情和善意去责备他们过度依恋……憎恶和愤恨则完全相反。那些可憎的激情的过分强烈的发泄，会把人们变成普遍叫人害怕和厌恶的客观对象，我们认为应当把这种人像野兽那样驱逐出文明社会。

第5章 论自私的激情

斯密说，这种激情介于友好和不友好两种激情之间，它既不像前者那样优雅合度，也不像后者那样令人讨厌。人们由于个人交好运或运气不好而抱有的高兴和悲伤的情绪，构成了这第三种激情。

斯密告诫交好运者，应当力戒骄傲，坚持不懈地采取谦逊态度，这才是最可取的。在斯密看来，最幸福的是这样一种人：他逐渐提升到高贵的地位，此前很久公众就预料到他的每一步升迁，因此，高贵地位落到他身上，不会使他过分高兴，并且这合乎情理地既不会在他所超过的那些人中间引起任何对他的妒忌，也不会在他所忘记的人中引起任何对他的猜忌。斯密的这个分析是中肯的。

斯密告诫说，在极大的成功之中做到谦逊是得体的；但是，在日常生活的所有小事中，在我们与之度过昨夜黄昏的同伴中，在我们看表演中，在过去说过和做过的事情中，在谈论的一切小事中，在所有那些消磨人生的无关紧要的琐事中，则无论多么喜形于色也不过分。再也没有什么东西比经常保持愉快心情更为优雅合度了。斯密显然是在提倡一种宁静达观的生活态度。

斯密指出，悲伤则与此完全不同。小小的苦恼激不起人们的同情，而剧烈的痛苦却能唤起人们极大的同情。高兴是一种令人愉快的情绪，只要有一点理由，我们也乐于沉湎于此，但是悲伤是一种痛苦的情绪，甚至我们自己不幸产生这种情绪时，内心也自然而然地会抵制它和避开它。具有极其普通的良好教养的人，会掩饰任何小事使他们受到的痛苦，而熟谙社会人情世故的那些人，则会主动地把这种小事变成善意的嘲笑，因为他知道同伴们会这样做。

斯密接着说，相反，我们对深重痛苦的同情是非常强烈和真诚的，因此，如果你因任何重大灾难而苦恼，如果你因某一异常的不幸而陷入贫困、疾病、耻辱和失望之中，那么，即使这也许部分地是自己的过失所造成的，一般说来，你还是可以信赖自己所有朋友的极其真诚的同情，并且在利益和荣誉许可的范围内，你也可以信赖他们极为厚道的帮助。但是，如果你的不幸并不如此可怕，如果你只是在野心上小有挫折，如果你只是被一个情妇所遗弃，或者只是受老婆管制，那么，你就等待你所有的熟人来嘲笑吧！

第三篇　论幸运和不幸运对人们判断行为合宜性的影响，以及为什么在一种情况下比在另一种情况下更容易获得人们的赞同

前面两篇分别论述了人们言行举止合宜性的基本原则及其确立的美德，以及各种不同类型的激情的合宜程度，本篇将合宜性研究推向更深层次，研究人们的不同处境（幸运与否）和不同心态（是否怀抱野心以及嫌贫爱富之类等）对判断合宜性的影响。斯密从日常生活普遍存在的现象中提炼出了这些问题，并且对之分别作了生动、深刻和精辟的分析。

第1章　虽然我们对悲伤的同情一般是一种比我们对快乐的同情更为强烈的感情，但是它通常远远不如当事人自然感受到的强烈

在斯密看来，同情和怜悯是用不着证明的人类天性的一种本能。同样，人们同情悲伤一般比同情快乐更为强烈，但它通常远不及当事者自己感受到

的那样强烈，这也是没有必要去证明其缘由的人类本性和本能。斯密给自己确定的任务，看来就是尽可能详尽和准确地描述这些现象，并从中引出是否合宜的结论。

斯密说，我们对悲伤的同情在某种意义上比对快乐的同情更为普遍。这表现在：虽然悲伤太过分，但我们还是会对它产生某些同感，尽管在这种情况下我们所感到的不是完全的同情，也不等于构成感情的完美、和谐与一致。我们知道，受难者需要做出巨大的努力才能把自己的情绪降低到同旁观者的情绪完全协调一致的程度上，因此，如果他没有成功地做到这一点，我们多半还是会原谅他的。可是，如果我们完全不谅解和不赞同另一个人的快乐，或者换句话说，这种快乐过了头，我们就不会对其抱有某种关心或同情。这是因为，我们认为，把它降低到我们能够完全同情的程度，并不需要做出如此巨大的努力。所以，在斯密看来，处于最大不幸之中而又能控制自己悲伤的人，应该得到人们最大的钦佩；但是诸事顺遂而同样能够控制自己快乐的人，却好像几乎不能得到任何赞扬。本章的核心观点就是这样。

除此以外，斯密还指出了以下各点：第一，无论是人们心灵上的还是肉体上的痛苦，都是比愉快更具有刺激性的感情。因此，对悲伤表示同情的倾向必定非常强烈，对快乐表示同情的倾向必定极其微弱。第二，对于一个身体健康、没有债务、问心无愧的幸福之人来说，所有增加的幸运都是多余的，但如果他因此而兴高采烈，这就是极为轻率的表现。不过，人们虽然不能为这种状况再增加什么，但能从中得到很多（幸福）。他已经接近实现人类最大的幸福，而远离人类最小的不幸。所以，旁观者一定会发现，完全同情别人的悲伤并使自己的感情同它完全协调一致，比完全同情他的快乐更为困难。正是因为这样，虽然我们对悲伤的同情同对快乐的同情相比，前者常常是一种更富有刺激性的感情，但是它总是远远不如当事人自然产生的感情强烈。第三，对快乐表示同情是令人愉快的，同情悲伤却是令人痛苦的。由于人们总是对别人的痛苦感觉迟钝，因此，人们在他人巨大痛苦之中的高尚行为总是显得非常优雅合度。当然，为了使那些在自己的处境中必然激动不已的人的剧烈情绪平复下来，需要做出巨大的努力。我们看到他能完全控制自己，而且他的坚定和我们的冷漠完全一致，因此他的行为极为合宜。总之，在斯密看来，无论在什么情况下，自我克制总是一个不可多得的宝贵美德。

第2章 论野心的根源，兼论社会阶层的区别

从斯密的论述看，他在本章所要探讨的野心根源问题，比人们通常对"野心"一词的理解要宽泛和深刻得多，它实际上涉及的是人生观及其相关问题。斯密提出了这些问题，并逐一给出了答案。

人们为什么喜欢炫耀自己的财富而隐瞒自己的贫穷？就是因为人们倾向于同情他人的快乐而不是悲伤。如果我们不得不在公众面前暴露自己的贫穷，并感到自己的处境虽然在公众面前暴露无遗，但是受到的痛苦却很少获得他人的同情，那这对我们来说，再也没有什么比这更为耻辱的了。我们追求财富而避免贫困，主要就是出于这种对人类情感的关心。

这个世界上人们所有的辛苦和劳碌是为了什么呢？贪婪和野心，追求财富、权力和优越地位，等等，目的又是什么呢？如果仅仅是为了获得生活上的必需品，那么最低级的劳动者的工资就足以应对了，人们显然还有其他精神上的追求：即使普通劳动者也常常会在满足生活必需品以外，将工资花在奢侈品上，甚至还会为了虚荣而捐赠一些东西；至于上层阶层人士，对最低生活需求更是不屑一顾。

斯密接着问道，那么，遍及所有地位不同的人的那种竞争是什么原因引起的呢？按照我们所说的人生的伟大目标，即为改善我们的条件而谋求的利益又是什么呢？他回答说，引人注目、被人关心、获得同情、自满自得和博得赞许，都是我们根据这个目标所能谋求的利益。吸引我们的是虚荣，而不是舒适或快乐。不过，虚荣总是建立在我们相信自己是被关心和被赞同的对象的基础上的。富人因富有而洋洋得意，穷人因贫穷而感到羞辱，皆出自某种感情；前者会觉得因富有而引人注目、博得世人赞同，后者会觉得因贫穷而被人瞧不起、忽视和不为人所赞同。

斯密说，那些享有很高地位和荣誉的人，即使要付出种种的辛苦和失去闲暇的代价，也会热衷于追求一呼百应、万众瞩目的效果，希望成为令人羡慕的对象。另一方面，民众也往往会对君主或领袖寄予特殊的同情，将一切美好的感情倾注在他们身上，甚至呼出"伟大的国王万寿无疆"这样荒谬的口号。论述到此，斯密提出了一个重要的观点，这个观点也是用来回答社会阶层之间的区别这个问题的，他说："等级差别和社会秩序的基础，便是人们同富者、强者的一切激情发生共鸣的这一倾向。"（第63页）

斯密指出，民众赋予大人物的感情和为此做出的贡献往往高过他们能从大人物那里得到的恩赐。于是他发出了发人深省的一问：大人物是否意识到，他们是以低廉的代价获得公众的敬佩的？或者是否想过，对他们来说，这必须同别人一样用汗水和鲜血才能换取？年轻的贵族是靠什么重大才能来维护他那一阶层的尊严，从而使自己得到高于同胞的那种优越地位的呢？是靠学问、勤劳、坚韧和无私？还是靠某种美德？

斯密指出，法国路易十四是一个负面典型。在路易十四统治的大部分期间，他不仅在法国，而且在全欧洲都被看成是一个伟大君主的最完美的典型。然而，斯密问道：他是靠了什么才能和美德才获得这种巨大的声誉的呢？是靠他的全部事业的无懈可击、一以贯之的正义吗？是靠随之而来的巨大危险和困难，或者靠推行他的事业时所作的不屈不挠和坚持不懈的努力吗？是靠广博的学问、精确的判断或英雄般的豪迈气概吗？斯密回答说，都不是，他靠的是作为欧洲最有权势的君主所拥有的地位，无疑也靠某种程度的、似乎并不比一般人高明多少的才能和美德推行的某些微不足道的伎俩（凭声势和口才唬人之类）。相比之下，学问、勤勉、勇气和仁慈等美德都大为逊色，并失去了全部尊严。

斯密指出，一般人自然不能依靠权力和地位使自己出名，光靠礼貌也是不够的，装腔作势、模仿大人物们的举止和冒充显贵也只能适得其反。他说，最完美的谦逊和质朴，加上与对同伴的尊敬一致的不拘小节，应该是一个平民的行为的主要特征。如果某人强烈地希望自己出名，那他就必须依靠更重要的美德：具有较广的专业知识，十分勤勉地做好自己的工作，必须吃苦耐劳，面对危险坚定不移，在痛苦中毫不动摇。他还必须通过事业的艰难和重要程度、对事业的良好判断，以及通过经营事业所需付出的刻苦和不懈的勤奋努力，来使公众看到他自己的这些才能。显然，斯密在这里谈及的对一般人的思想修养和社会实践的种种要求，即使在今天也没有失去其积极意义。

斯密在本章最后还谈及其他一些并非不重要的观点，例如，野心这种东西一旦形成，它就比爱情还要自私，既容不下竞争者，也容不下继任者；除了满足野心，其他一切愉快的事情都失去了魅力；一旦失败，疯狂就会转化为心灰意冷，一切都了无兴趣。斯密奉劝人们切勿投身于具有野心的集团，不要崇尚和羡慕那些一时光鲜却缺乏美德之人，老实本分才是正道。又如，追求地位一旦成为一些人生活的目标，它也就成了一切骚乱、忙乱、劫掠和不义的根源，给世界带来贪婪和野心。斯密指出，谁也不会轻视地位、荣誉和杰出，但这毕竟不是做人的更高标准。无论如何，在斯密看来，做人最重要的就是要有自己的尊严，对别人富有同情之心，同时又能赢得别人的同情和关爱、尊敬和钦佩。与这些人生目标相比，其他一切痛苦和不幸，贫穷和危险，甚至生死抉择，都变得无足轻重、都能处之泰然了。斯密所倡导的这种精神境界该是何等高尚和纯洁。

第3章　论由钦佩富人和大人物、轻视或怠慢穷人和小人物的这种倾向所引起的道德情操的败坏

斯密认为，钦佩富人和大人物，轻视或怠慢穷人和小人物，这种倾向是道德情操败坏的一个重要而又最普遍的原因。他不无遗憾地指出，人们一来到这个世界，就很快发现智慧和美德并不是唯一受到尊敬的对象，罪恶和愚蠢也不是唯一受到轻视的对象。富裕和有地位的人会赢得世人的高度尊敬，而具有智慧和美德的人却并非如此。强者的罪恶和愚蠢较少受到人们的轻视，而无罪者的贫困和软弱却并非如此。他还指出，几乎所有的人对富人和大人物的尊敬都超过对穷人和小人物的尊敬。绝大部分人对前者的傲慢和自负的钦佩甚于对后者的真诚和可靠的钦佩。他还指出，财富和地位几乎是不断地获得人们尊敬的，在某些情况下它们会被人们当作表示尊敬的自然对象；而上流社会人士的放荡行为遭到人们轻视和厌恶的程度比小人物的同样行为所遭到的要低得多，如此等等。

这究竟是为什么？斯密没有予以深究。他既然承认这种倾向"为建立和维持等级差别制度所必需"，自然也就取消了深究其社会制度根源的任务。不过，他准确地刻画和揭示了这些现象，并对之表达了高度的憎恨和些许无奈，已经是很宝贵的了。当然，斯密也注意到，不同社会群体在取得美德和获取财富的途径上具有不同的特点，从而深化了对此社会现象本质的认识。

他说，在社会中等和低等的阶层中，取得美德的路径和获取财富的路径在大多数情况下是极其相近的。真正的、扎实的能力加上谨慎的、正直的、坚定而有节制的行为，大多会使一些人取得成功；而厚颜无耻、不讲道义、怯懦软弱或放荡不羁，总会损害甚至有时会彻底损毁一些人的卓越职业才能，好在法律通常能约束他们，使他们至少对更为重要的公正法则表示某种尊重。此外，一些人的成功也几乎总是依赖邻人和同他们地位同等的人的支持和好

评，因此"诚实是最好的策略"这句有益的古老谚语，在这种情况下差不多也总是全然适用的。总之，人们总指望这个阶层的人在获取财富的同时，也能具有一种令人注目的美德。事实上也确是如此。

斯密指出，不幸的是，在较高的社会阶层中情况往往并非如此。在宫廷里，在大人物的客厅里，成功和提升并不依靠对博学多才、见闻广博的同自己地位同等的人的尊敬，而是依靠无知、专横和傲慢的上司们的怪诞及愚蠢的偏心；阿谀奉承和虚伪欺诈也经常比美德和才能更有用。在这种社会里，取悦于他人的本领比有用之才更受重视。一切伟大的、令人尊敬的美德，一切既适用于市政议会和国会的美德，同时也适用于村野的美德，都受到了那些粗野可鄙的马屁精们的极端蔑视和嘲笑，久而久之，追求财富的人也都放弃通往美德之路，最终，他们获得了财富，却丢掉了道德，并由此引发了种种不良表现和后果。

斯密不无根据地指出，对于这种社会不良风气的形成，一般民众实际上也有负有一份责任。他所说的这份责任就是人们对富人和大人物们的行为举止的模仿及追捧，而这种做法和品质玷污并贬低了他们自己。斯密的这些深刻的论述和告诫的确发人深省。

第二卷　论优点和缺点，或报答和惩罚的对象

本卷研究的对象与第一卷一样，仍然是人的感情，但研究的角度有所不同。第一卷是从感情与激起这种感情的原因的关系入手来研究的，说明这种感情是否合宜、是否恰当，以及由此确立的美德；本卷则是从感情同其结果的关系角度来研究的，涉及相关言谈举止的功与过、奖与罚。

第一篇　论对优点和缺点的感觉

第 1 章　任何表现为合宜的感激对象的行为，显然应该得到报答；同样，任何表现为合宜的愤恨对象的行为，显然应该受到惩罚

哪些行为应受到奖励，哪些行为应受到惩罚？斯密的回答很明确：让人感激的行为应该得到奖励，让人感到愤恨的行为应该受到惩罚。前者是以德报德，后者则是以恶报恶。斯密又说，所谓感激，是立即或直接促使我们去报答的情感，而愤恨则是立即或直接促使我们去惩罚的情感。这种解释有点循环论证甚至同义反复的意味。

斯密指出，除了感激和愤恨之外，还有一些激情，它们引起我们对别人的幸福或痛苦的关心；但是，这些激情不会像感激或愤恨那样，直接促使我们为之操劳。例如，人们由于彼此相识和关系融洽所产生的爱和尊敬就是如此。这种感情使我们对某人的幸运表示高兴，并愿为促成这种幸运而助一臂之力。然而，即使他没有我们的帮助而得到了这种幸运，我们的爱也会得到充分的满足。但是，这种方式并不能使感激之情得到满足，只有直接或立即给予报答，这种方式才能使我们的感激之情得到满足，否则难免使人感到有

欠于人。

同样，通常的不满所产生的憎恨和厌恶，经常导致我们对某人的不幸持幸灾乐祸的态度，然而这种不满没有严重到令我们愤恨的程度，还不至于希望他受到惩罚。但是，愤恨则与此相反：如果某人极大地伤害了我们，不久之后他死于一场热病，甚或因其他罪名而被送上断头台，那么，这虽然可以平息我们的仇恨，但是不会完全消除我们的愤恨。愤恨不仅会使我们渴望他受到惩罚，而且还因为他对我们所做的特殊伤害而渴望亲手处置他。

做出这些区别之后，斯密说，感激和愤恨是一种立即并直接引起报答和惩罚的情感。所以，对我们来说，谁表现为感激的恰当的和公认的对象，谁就值得报答；谁表现为愤恨的恰当而又公认的对象，谁就应该受到惩罚。这就是他的结论。

第2章 论合宜的感激对象和愤恨对象

那么，究竟什么样的对象才是合宜的感激对象或愤恨对象呢？斯密说，那必然是看上去恰当的而又获得公认的对象。斯密又补充说，那一定是得到每一个公正的旁观者的充分同情、得到每一个没有利害关系的旁观者的充分理解和赞成的时候，才显得是恰当的，并能得到别人的赞同。也就是说，只有所有的旁观者都觉得对某人应该感激或者愤恨时，此人才应该获得奖励或受到惩罚。显然，这里的关键是每一个旁观者的感觉一致、态度相同。

斯密由此进一步推论说，对同伴的同情，会使我们与同伴的感受共进退。同伴爱什么，我们也爱什么；同伴恨什么，我们也恨什么；同伴有所失，我们也会感到遗憾；同伴快乐，我们会觉得得意或满足；同伴感激某人，某人就会以非常迷人或亲切的形象出现在我们面前；同样，在对奖惩对象的看法上，我们与同伴也会完全一致。

斯密的这番细致入微的论述表明，所谓旁观者与当事者感情的一致，从而达成对某人、某事奖励或惩罚的公认，不是静态的孤单的现象，而应该是动态的群体的现象。

第3章 不赞同施恩者的行为，就几乎不会同情受益者的感激；相反，对损人者的动机表示赞同，对受难者的愤恨就不会有一点同情

本章意在说明，人们对相关行为的感情是一致的。道理显而易见，施恩者和受益者，损人者和受难者，本来就是两对直接的利益相关方，而且前后两者有因果关系，因此出现相关的感情反馈是理所当然的。

在说明对第一对（施恩者与受益者）关系的感情时，斯密指出，只要我们不同情施恩者的感情，或者只要影响其行为的动机看来并不合宜，我们就难以同情受益者所表示的感激之情。斯密举例说，出于最普通的动机而给予别人极大的恩惠，例如，仅仅因为某人的族姓和爵位称号恰好与那些赠与者的族姓和爵位称号相同，就把一宗财产赠与该人，这种愚蠢而又过分的慷慨似乎只应得到很轻微的报答，对其恩人似乎不值得表示感激。事实上，当我们置身于感激者的处境时，感到对这样一个恩人不会怀有高度的尊敬，在很大程度上可能会消除对他的谦恭的敬意和尊重。斯密又说，假如他总是仁慈而又人道地对待自己懦弱的朋友，我们就不会对他表示过多的尊重和敬意；那些对自己中意的人毫无节制地滥施财富、权力和荣誉的君主，很少会引起他人同样程度的对他们本人的依恋之情。

斯密在说明人们对第二对（损人者和受益者）关系的感情时指出，只要我们对行为者的动机和感情抱有充分的同情和赞同，那么，不论落到受难者身上的灾难有多大，我们也不会对其愤恨表示一点同情。例如，当两个人争吵时，我们偏袒其中一方并完全赞同他的愤恨时，就不可能体谅另一方的愤恨。我们同情那个动机为自己所赞成的人，因此认为他是正确的，并且必然会无情地反对另一个人，不会对他表示任何同情。当一个残忍的凶手被推上断头台时，虽然我们有点可怜他的不幸，但是如果他竟然如此狂妄以致对检举他的人或法官表现出任何对抗，那么我们就不会对他的愤恨表示丝毫的同情。

第4章 对前面几章的扼要重述

斯密紧接着前面的论述，进一步强调了对别人行为抱谨慎态度的必要性，即不仅要看到行为的结果，而且还要考虑行为的动机，要把行为的结果和动

机都考虑在内，如此采取的态度才是恰当的、可靠的。

第一，对一个人仅仅因为别人给他带来好运而表示感激，我们并不充分和真诚地表示同情，除非后者是出于一种我们完全赞同的动机。我们必须在心坎里接受行为者的原则和赞同影响他行为的全部感情，才能完全同情因这种行为而受益的人的感激之情并同它一致。如果施恩者的行为看来并不合宜，则无论其后果如何有益，似乎并不需要或不一定需要给予任何相应的报答。如果我们完全同情和赞同产生这种行为的感情，那我们就一定会赞同这种报答行为，并且把被报答的人看成合宜的和恰当的报答对象。

第二，仅仅因为一个人给某人带来不幸，我们对后者对前者的愤恨也不能表示同情，除非前者造成的不幸是出于一种我们不能谅解的动机。在我们能够体谅受难者的愤恨之前，一定不赞同行为者的动机，并在心坎里拒绝对影响他行为的那些感情表示任何同情。如果这些感情和动机并不显得不合宜，那么不论他们对那些受难者的行为的倾向如何有害，这些行为看来都不应该得到任何惩罚或者不应成为任何合宜的愤恨对象。当我们完全同情从而赞成要求给予惩罚的那种感情时，这个罪人才看来必然成为合宜的惩罚对象。

第5章 对优点和缺点感觉的分析

本章的宗旨在于分析优缺点感觉的内涵和特点，属于对相关感情的更深层次的观察。

第一，我们对行为优缺点（功与过）的感觉或感情是混合的，它由两种截然不同的感情组成：一种是对行为者情感的直接同情；另一种是对从他的行为中受益的那些人所表示的感激之情的间接同情。前者形成合宜性感觉，后者则形成优缺点的感觉。

斯密指出，在我们对某一特定品质或行为应该得到好报的感觉中，就可以清楚地区分这两种不同的感情。既感觉那种行为是合宜的、恰当的，又觉得它应该得到肯定和奖励。我们会把自己想象成那个施救者，又会将自己幻想为受益者。我们的情感就是这样既直接同情施救者，又间接同情和体谅受益者的感激之情。我们会像他们那样去拥抱他们的恩人。我们认为，对他们来说给予自己的恩人任何荣誉和报答都不会过分。如果从他们的行为中看出他们似乎对自己受到的恩惠几乎不理会，我们就会震惊万分。这是对前述基本观点的重申，它教导人们要有知恩图报之心。

第二，同对优点的感觉一样，对缺点的感觉看来也是一种复合的感情。它也由两种不同的感情组成：一种是对行为者感情表示的直接反感；另一种是对受难者的愤恨表示的间接同情。我们也能在许多不同的场合清楚地区分出这两种掺杂在一起的不同感情。此即所谓认同"善有善报，恶有恶报"这一原则。我们对暴行的恶报，对恰当地落在犯有暴行的人身上的灾难，以及使他也感到痛苦的全部感觉和感情，都来自旁观者心中自然激起的富于同情的愤慨。无论何时，旁观者对受难者的情况都了如指掌。

斯密在这里加了一个篇幅很长的脚注，其用意在于强调指出，恶有恶报是可以理解的，但是也不要过分，还是要控制在与其他旁观者的感受相一致的限度之内，否则就会招致他们的反感和憎恨。自我控制，在任何场合都不要做出超出常人感觉的言行，这是斯密一贯的主张和看法，即使是在认可恶有恶报的场合也不例外。让人印象深刻的是，斯密不仅重申了"恶有恶报"要恰如其分这一观点，而且还照例指出，这种品质是造物主赋予人的一种本性。

在结束这个注解时，斯密还提到了对行为合宜性所表示的赞同和对优点或善行所表示的赞同之间的一个差异。对于合宜性所表示的赞同，不仅需要我们对行为者的完全同情，而且还需要我们发现他和我们之间在情感上完全一致。相反，在对善行报答表示赞同时，例如，当我们听到另一个人得到某种恩惠并使施惠者受到感动时，如果我们体谅受惠者的处境，内心升起感激之情，那我们就必定会赞同他的恩人的行为，并认为他的行为是值得称赞的，是合适的报答对象。显然，受惠者是否抱有感激的想法丝毫不会改变我们对施惠者的优点所抱有的情感。因此，这里不需要情感上的实际一致。受惠者有感激之情，它同施惠者一致，这就够了。斯密又说，在我们对他人缺点所表示的不赞同和对不合宜行为所表示的不赞同之间也具有一种类似的差异。

第二篇 论正义和仁慈

第 1 章 两种美德的比较

斯密指出，正义和仁慈都是美德，然而，两者有明显的差别。仁慈总是不受约束的，它不能以外力相逼来获得。某人仅仅是缺乏仁慈并不会受到惩罚，因为这并不会导致他确实的罪恶；它可能使人们感到失望，并由此激起人们的厌恶之情和反对，然而，它不可能激起任何愤恨之情。忘恩负义即属此类，如果某人的恩人企图用暴力胁迫他对自己表示感激，那就会玷污自己的名声；而任何地位不高于这两者的第三者加以干涉，也是不合适的。友谊、慷慨和宽容之类的美德，都是不受约束的，也是不受外力相胁迫的。

斯密指出，正义则不然。对正义的尊奉并不取决于人们自己的意愿，它可以强迫人们遵从；违背正义就是伤害，谁违背正义就会招致他人的愤恨，从而会受到惩罚，这其中包括为了报复不义行为造成的伤害而使用暴力，这是正义和其他社会美德之间的明显区别。也就是说，按正义行事，会比按照友谊、仁慈或慷慨行事受到更为严格的约束。

斯密强调指出，应当对仁慈和正义这两类不同的美德加以区分，对缺乏仁慈之类美德的言行（例如，父母对子女缺乏父母之爱，子女对父母不尽孝道）要加以责备，而对非正义的行为（例如，谋杀之类）则应予以强制约束和惩罚。另一方面，虽然仅仅缺乏仁慈似乎不应该受到惩罚，但是人们做出很大努力实践仁慈这种美德时，显然应该得到最大的报答。相反地，虽然有人违反正义会遭受惩罚，但是遵守正义美德准则时，似乎不会得到任何报答。斯密说，在绝大多数情况下，正义只是一种消极的美德，它仅仅阻止我们去伤害周围的邻人。

斯密又说，"以其人之道还治其人之身"和"以牙还牙"似乎是造物主指令我们实行的主要规则。我们认为，仁慈和慷慨的行为应该施与仁慈和慷慨的人；那些心里从来不能容纳仁慈感情的人，也不能得到其同胞的同情，而只能像生活在广袤的沙漠社会里一样无人关心和问候；应该使违反正义法则的人自己感受到他对别人犯下的那种罪孽，并且由于他对他的同胞的痛苦的任何关心都不能使他有所克制，那就应当利用他自己畏惧的事物来使他感到害怕；只有清白无罪的人，只有对他人遵守正义法则的人，只有不去伤害邻人的人，才能得到邻人对他的清白无罪所应有的尊敬，并对他也严格地遵守同样的法则。这是对正义美德的坚定坚持和有力伸张。斯密的这些观点，对我们践行包括正义和宽容在内的社会主义核心价值观，以及建设法治社会，都是很有借鉴意义的。

第2章 论对正义、悔恨的感觉，兼论对优缺点的意识

斯密在这里阐述的论点，具有重要的理论意义和现实意义。

关于正义感，斯密在毫不含糊地肯定了个人维护自己正当权益的正义性的同时，也斩钉截铁地指出了维护这种权益的应有的明确的界限。这是对正义性原则的全面解读。

斯密说，毫无疑问，每个人生来首先主要关心自己，而且，因为他比任何其他人都更适合关心自己，所以，他这样做是恰当的和正确的，但应以不妨碍或不危害别人的利益为限。斯密说，在这里，同在其他一切场合一样，我们应当用自然看待别人的眼光来看待自己。这是因为，每个人对自己来说就是整个世界，但对他人来说只不过是沧海之一粟。自己的幸福对自己来说可能比世界上所有其他人的幸福都重要，但对其他人来说却并非如此，也就是说，并不比别人的幸福重要。所以，在追求财富、名誉和显赫职位的竞争中，为了超过对手，人们可以尽其所能和全力以赴，但是，如果某人要挤掉或打倒对手，旁观者对他的迁就就会完全停止，人们不允许他做出不光明正大的行为。显然，斯密这是在为公平竞争立论。

斯密对于悔恨感也作了精彩的解说。所谓悔恨，是指能够使人们产生畏惧心理的一种情感：意识到自己过去的行为不合宜而产生的羞耻心；意识到自己的行为后果而产生的悲痛心情；对受到自己行为损害的那些人怀有的怜悯之情；由于意识到每个有理性的人正当激起的愤恨而产生的对惩罚的畏惧和害怕。所有这一切都构成了悔恨这种天生的情感。

斯密指出，违反神圣而正义法律的人，从来不考虑别人对他必然怀有的情感，他感觉不到羞耻、害怕和惊恐所引起的一切痛苦。只有当他的激情得到满足并开始冷静地考虑自己过去的行为的时候，他才可能不再谅解自己那些可憎的动机；受害人的处境现在开始唤起了他的怜悯之心。想到这一点，他就会感到伤心和悔恨。因为感到自己已经变为人们愤恨和声讨的对象，这使他充满了恐惧和惊骇。他不敢再同社会对抗，想象自己已为一切人类感情所摈斥，恨不得逃到某一荒凉的沙漠中去，在那里，他可以不再见到一张张人脸，也不再从人们的面部表情中觉察到对他罪行的责难。但是，孤独比人类社会更可怕。最终，对孤独的恐惧迫使他又回到人类社会中去，又来到人们面前，令人惊讶地在他们面前表现出一副羞愧万分、深受恐惧折磨的样子，以便从那些正直的法官那里求得一点保护⋯⋯斯密的这些论述，是对一些人的罪犯心理的生动刻画和描述。

与悔恨相反，斯密说，根据正确动机做了好事的人，必然会对自己的善举能获取别人的爱戴和感激而感到欣慰；当他回顾这一切，并用公正的旁观者的目光来检查它时，他还会进一步理解它，并以得到这个想象中的公正的法官的赞同而自夸。在所有这些看法中，他自己的行为在各方面都似乎令人喜欢。想到这一点，他心里就充满了快乐、安详和镇静。他和所有的人都友好而和睦地相处，并带着自信和称心如意的心情看待他们，确信自己也已成了最值得同胞尊敬的人物。这些感情的结合，构成了功劳意识或应该得到报答的意识。斯密所言极是。

第3章 论这种天性构成的作用

在论述和剖析了仁慈与正义，以及正义感、悔恨感和功劳感之后，斯密又着手分析这些天性构成或天性结构的社会作用。

仁慈是一个社会兴旺发达的必要条件。他说，人只能存在于社会之中，天性使人适应他生长的环境。社会所有成员都处在一种需要互相帮助的状态之中，同时也面临着相互之间互相伤害的情况。在出于热爱、感激、友谊和尊敬而互相提供这种必要帮助的地方，社会一定兴旺发达并令人愉快。所有不同的社会成员通过爱和感情这种令人愉快的纽带联结在一起，好像被带到一个互相行善的公共中心。他还指出，尽管仁慈之类的感情不是无条件存在并起作用的，甚至在不同的社会成员之间缺乏爱和感情，而且即使存在仁慈，也不见得能给社会成员带来较大的幸福感和愉悦感，但是它必定不会消失，而且凭借公众对其作用的认识，实际上起着维系社会和谐的作用。

然而，斯密强调说，与其说仁慈是社会存在的基础，还不如说正义是这种基础。虽然没有仁慈之心，社会也可以存在于一种不很令人愉快的状态之中，但是不义行为的盛行却肯定会彻底毁掉它。行善犹如美化建筑物的装饰品，而不是支撑建筑物的地基，因此有人对其他人做出劝戒就已经足够了，而没有必要强加于他人。相反，正义犹如支撑整个大厦的主要支柱，如果这根柱子松动的话，那么人类社会这个雄伟而巨大的建筑必然会在顷刻之间崩塌。可见，对维持社会存在和正常运转来说，正义比仁慈显得更重要。这就是斯密对构成人类天性的这种结构（仁慈与正义）的社会作用的基本观点。

在前面论述正义感时，斯密曾指出过人性中利己的一面（"每个人生来首先和主要关心自己……"），现在，在说明坚持正义原则的必要性时又重申了这一点。他说，为了强迫人们尊奉正义，造物主在人们心中培植起恶有恶报的意识，以及害怕违反正义就会受到惩罚的心理，这种意识和心理就像卫士一样，保护弱者，抑制强暴和惩罚罪犯。虽然人天生就富有同情心，但是人们对同自己没有特殊关系的人几乎不抱有同情心……由此可见，斯密对于人性中利己的一面是看得很清楚的。所以，那种以为斯密所塑造的"道德人"的本质是利他主义的观点，其实是对斯密的观点的误解，在斯密看来，人性是利己与利他两方面特质的结合。

在说明了仁慈和正义的社会作用之后，斯密又进一步论证了这些美德的客观性和自发性。他首先以人体和钟表为例说明，应该把"效用"（目的）和达此效用的"最终原因"（手段或过程）区别开来。他指出，效用（目的）是人为设定的，前者是维持个体的生存和种族的繁衍，后者是为了指示时间，但达此目的的最终原因（手段或过程）本身则是无目的、无意识的自发的过程，就好比我们不能以目的去说明食物的消化、血液的循环，以及由此引起的各种体液的分泌的作用一样，也不能将指示时间的愿望或意图赋予钟表齿轮的运转一样。

斯密接着指出，我们在说明肌体作用时，不会区分不出效用和最终原因，但是我们在说明心理作用过程时，却很容易混淆这两个彼此不同的东西。当"天赋原则"引导我们去促成那些纯真而开明的理性向我们提出的目的时，我们就很容易把它归因于那个理性，并且很容易认为那个理性是出于人的聪明，其实它是出于神的智慧。

斯密这番论证的用意在于说明，维持社会秩序和社会正常运转是完全必要的，它符合众人的愿望和利益，但作为维持社会秩序之必要手段的仁慈和正义，就像人体的各种机能之于人体健康以及钟表的齿轮之于钟表准确一样，则是一个自然的条件或自发的过程，他将其归结为"神的智慧"而不是人的"理性"，从而强化了对这些美德的客观必然性的认知。

斯密最后强调指出，为了维持社会秩序，必须要对那些不义行为进行惩罚，这种惩罚不限于今生今世；造物主希望我们、宗教也准许我们甚至在来世也要对它们加以惩罚。这是"公正之神"的威力。斯密说，在每一种宗教和世人见过的每一种迷信中，都有一个地狱和一个天堂，前者是为惩罚邪恶者而准备的，后者则是为报答正义者而设立的。

第三篇　就行为的优点或缺点，论命运对人类感情所产生的影响

本篇从人的行为的结果是好还是坏的角度，考察人的命运（机遇和运气等）对感情产生的不同影响。

斯密认为，人们对某一行为的态度，认为其是否合宜，往往决定于对其主观意图的判断，这是有道理的，因为人的内心的意图或感情决定着其自身行为的结果。可是，在实际生活中，一旦有人面临特定的情况，其某一行为所发生的实际后果对其他人的情感及其对功与过的判断，是有着巨大的影响的，以至于出现同本该完全受自己的意图控制的感情及判断不相一致的情况。斯密把这种情形称为感情的不一致性（不规律性），研究这种不一致性就是本篇的主题。本篇首先研究引起这种感情不一致性的条件，其次考虑它的影响程度，最后考虑它的最终原因。

第1章　论这种命运产生影响的原因

斯密认为，任何东西必须具备三方面的条件才能够成为人们完美的、合宜的感激对象或愤恨对象，从而成为影响人们感情的原因。

首先，它必须在某一场合是引致人们快乐的原因，而在另一场合是引致人们痛苦的原因；它可以是有生命的东西，也可以是无生命的东西，只要它能够引起人们的某种感情（痛苦或快乐）；前者如狗咬人引起的感觉，后者则如石头触碰人引起的感觉，以及人们对花草树木等身边之物的感情等。

其次，这种东西必须不仅是导致人们痛苦或快乐的原因，而且它同样必须具有感觉那些情感的能力，从而才能成为人们合宜的感激对象或愤恨的对象。缺乏这种性质，那些激情就不可能被人们尽情地发泄出来。试图对没有感觉能力的对象做出回报是无的放矢，而把动物作为感激和愤恨的对象比把无生命之物作为感激和愤恨的对象更为合宜，这使得有些人在各方面的情感都能感到满足。

最后，它不仅产生了那些情感，而且必须是按照某种意愿所产生的。这种愿望在某一场合为人所赞同（合宜和仁慈），而在另一场合则为人所反对（不合宜和恶毒）。如果未能产生某人所希冀的那种好事或坏事的话，那么，因为在这两种场合都缺乏某种令人激动的原因，所以，在前一种情况下他很

少得到感激，而在后一种情况下则很少被人愤恨。相反，虽然某人的意愿中没有值得赞美的仁慈，也没有值得谴责的恶意，但如果他的行为带来大善或大恶的后果的话，那么，由于在这两种场合都产生了那种激发人们感情的原因，因此，在一种情况下人们就容易对他产生某些感激之情，而在另一种情况下则就容易对他产生某些愤恨之情。在前一种情况下，他身上的优点隐约可见；在后一种情况下，他的缺点油然而生。总之，由于上述行为的后果完全处于人的命运的绝对掌控之中，因此，命运就对人类有关优点和缺点的情感发生影响。

第 2 章 论这种命运产生影响的程度

斯密在这里区分并论述了命运影响感情的两类后果：一类是，如果由最值得称赞或最可责备的意愿引起的那些行为没有产生预期的效果，那么就会减弱人们对其优点和缺点的感觉；另一类是，如果那些行为偶然引起了某些人的极度的快乐或痛苦，就会增强人们对其功与过、优点与缺点的感觉，从而超过人们对这个人的对这些行为由以产生的动机和感情所应有的感觉。这些说法初看上去有些抽象难懂，但其实是人们日常生活中常常会碰到或看到的现象。

关于第一类后果。首先，斯密以为，虽然某人的意愿一方面是如此合宜和善良，或者另一方面是如此不合宜和恶毒，然而，如果它们未能产生特定的后果，那么，在前一场合，他的优点似乎并不完美，而在后一场合，他的缺点也并不齐全。例如，某人想给别人帮忙而没有成功，他固然应该得到别人的爱戴和喜欢，然而一个想帮并且帮成之人，似乎更值得人们给予尊敬和感激。被帮助者如果是一个慷慨之人，则无论给他的帮助是否成功，他都会近乎相同地深表感激；而且这个人越是宽宏大量，这两种情感就越接近于精确无误……其次，斯密指出，甚至对那些充分相信自己有能力造福于人类的人来说，如果他们的才干和能力的优点为某些偶然事件所妨害而未产生实际效果，那么这种优点似乎也多少是不完美的。这是当然之理。有能力而未能带来实际成效，当然是不完美的。重复地说，卓越的品德和才干并不会产生同卓越的业绩一样的效果，即使是对承认这种卓越品德和才干的人也不会产生同样的效果。再次，同样道理，恰如想行善而未成功的人的优点似乎会因失败而减少一样，企图作恶而未成功的人的缺点同样也会减少。某人某种犯罪的图谋，无论被证实得如何清楚，他也从来不会像实际犯罪的人那样受到重判。也就是说，图谋犯罪与实际实施了犯罪还是有区别的，不应等同视之。

但是，斯密强调指出，叛逆罪是唯一的例外。这种罪行直接影响政权本身的存在，当局对它当然要比对其他任何罪行更加小心地加以提防，而且君主对其所作判决很容易比公正的旁观者所能同意的更为严厉和无情。

斯密所谓的命运影响感情的第二类后果是指：当行为者的行为偶然引起其他人过分的快乐或痛苦时，除了由行为的动机或感情造成的后果之外，还会增强其他人对他的行为的功与过的感受。但是，那种行为令人愉快或令人不快的结果虽然在行为者的意图中没有值得称赞或责备的东西，或者至少没有达到值得其他人加以称赞或责备的程度，那它还是经常会给行为者的优点或缺点带来某种影响的。最明显的例子是对报喜者的夸奖和鼓励、对报忧者的鞭挞和惩罚，其实他们不过是报信者，本不应为实际的成败后果负责任。斯密认为，出现这种情况是由于人们的修养不够。

在对人的命运影响其感情的后果的分析中，斯密特别列举了程度不同的几种疏忽，说明它们如何影响人们的感情和态度。有一种疏忽，出于一些人的粗心大意而做出的举动或行为，虽然没有对任何人造成伤害，但似乎也应该受到某种惩罚，因为他的行为实属对别人的侵害，他肆无忌惮地置旁人不愿面临的危险中，说明他缺乏那种应当正确对待同伴的意识，而这种意识是一个社会的正义的基础。另一种疏忽并不涉及任何非正义的行为，犯这种错误的人待人如待己，他无意伤害别人，也绝不对别人的安全和幸福抱无礼的轻视态度。然而，他的行为不像应有的那样小心和谨慎，由此应该受到一定程度的责备和非难，但不应该受到任何惩罚。不过，如果他的这种疏忽造成了对他人的某种伤害，那么所有国家的法律都应责成他赔偿。第三种疏忽，它只存在于对人们的行为可能产生的各种后果缺乏应有的疑虑和谨慎之中。在没有坏结果随之而来时，人们绝不认为缺乏这种疑虑和谨慎是应该受到责备的，而认为疑虑和谨慎倒是应该受到谴责的。对什么事情都谨小慎微从来不被认为是一种美德，而被看成是一种比其他东西更不利于行动和事业的品质。然而，当某人由于缺乏这种品质而碰巧对别人造成伤害的时候，法律通常要强制他赔偿这种因伤害而造成的损失。

第3章 论这种情感变化无常的最终原因

前述分别研究了人的命运（机遇）对自身的感情发生影响的条件及其后果，接下来斯密分析了这种感情变化无常的最终原因。

斯密指出，人们总是根据某人某一行为的实际后果（而不是动机）来决定自己的态度：给予它或好或坏的评价，并且总是极其强烈地激起自己的感激或愤恨之情，以及对其动机之优劣的感觉。这就造成了人们的情感变化无常的状态。不过，斯密说，当造物主在人们心中撒下这种情感变化无常的种子时，就像在其他一切场合一样，她似乎已经想到了人类的幸福和完美，并且以其深谋远虑以及智慧和仁慈造就了有关正义的必要法则，即在这个世界上，人们不应为他们所具有的动机和打算而受到惩罚，只应为他们的行为而受到惩罚。否则，就会出现种种不良后果：如果单单伤人的动机和狠毒的感情便是激起人们愤恨的原因，那么，如果人们怀疑某人有这种动机和感情，即使他没有将其付诸行动，他们也会感觉到对他的全部愤怒之情。情感、想法和打算都将成为受惩罚的对象，甚至毫无恶意和小心谨慎的行为，也将无安全可言。人们仍然会猜疑它们出自不良的意愿、目的和动机……

不过，斯密指出，情感的不合常规的变化不是完全没有作用的。由于这种变化显示出了善行中的不足（想帮助别人而未取得成功），这促使他领悟造物主的教导：为了达到期望之目的，他可能要全力以赴，除非他实际上达到这些目的，否则自己和别人都不会对其自身的行为感到十分满意，别人也不会对其行为给予最高程度的赞扬……

斯密还提醒人们注意：对肇事者和受害者来说，无意之中干下的坏事都应被看成是一种不幸。因此，造物主教导人类：要尊重自己同胞的幸福，唯恐人们会做出任何可能伤害自己同胞的事情，哪怕这是无意的；如果某人无意中不幸地给自己的同胞带来了灾难，那他就会担心自己所感受到的那种强烈愤恨之情会冲自己突然爆发出来。某个清白无辜者由于某一偶然事件造成了一些过失，如果这是他自觉和有意造成的，那他就会公正地受到最严厉的指责。然而，尽管这一切看来是情感的不规则变化，但是如果一个人不幸地犯下了那些他自己无意去犯的罪行，或未能成功地实现他有意做的好事，那么造物主也不会让他的清白无辜得不到一点安慰，也不会让他的美德全然得不到什么报答。那时，他会求助于那正确而又公平的格言，即那些不依我们的行为而定的结果，不应减少我们该获得的尊敬。

看得出，斯密是在竭力唤起人们内心全部的高尚感情和坚定意志，期待人们以心灵中的全部高尚而又伟大的情感去矫正自己心中的人性的不规则变化，并努力以相同的眼光来看待自己和善待别人。

第三卷　论我们判断自己的情感和行为的基础，兼论责任感

（本卷只有一篇）

前面两卷论述评判别人言行的基础，这一卷探讨自我评判的基础，其篇幅占全书内容的百分之四十以上，可见其分量之重。1788年亚当·斯密带病修订该书（第六版）时，对论述自我评判和责任感的这一卷和论述理论史的第七卷做了大量增补和修改。[①] 本卷只有一篇，共分为六章，全面论述了自我评判的理论和实践，其中许多观点（特别是关于良心和责任感的学说）迄今仍具有极大的理论和现实意义，值得我们认真领会和借鉴。

第1章　论自我赞同和不赞同的原则

斯密提出，我们赞同或不赞同自己行为的原则，同判断他人行为的原则完全相同。我们对他人的言行是否赞同，是根据我们是否同情导致他人行为的情感和动机来决定的。同样，我们对自己言行应持何种态度，则应以他人能否理解和同情并影响我们自己行为的情感和动机来决定。也就是说，应以他人的感觉和看法为准。如果我们不抛开自己的地位，并以一定的距离来看待自己的情感和动机，那就绝不可能对它们做出全面的评述和判断。

为什么只有以他人的眼光来看待自己的情感和动机，才能对自己做出客观公正的判断？斯密认为，其根据在于人的社会性。他说，如果一个人始终与世隔绝，那么，正如他不可能想到自己面貌的美或丑一样，也不可能知晓自己品质的好或坏，不可能想到自己情感和行为是否合宜，更不可能想到自

[①] 1788年3月15日亚当·斯密致托马斯·卡德尔的信，请参看《亚当·斯密通信集》，第427—428页。

己心灵的美或丑。这就是说，每个人都生活在社会之中，任何人都离不开这个社会，社会对任何人来说都好像是一面镜子，在这面镜子面前，个人的一切才能都被照得一清二楚。

社会这面镜子存在何处？斯密说，它就存在于同他相处的人的表情和行为之中。当他们赞同或不赞同他的情感时，他们的言行就会有所表示；他正是从别人的表示中看到了他们赞成什么、讨厌什么，从而得知自己的感情是否合宜、自己的心灵是美还是丑。如果是前者，那他将受到鼓舞；如果是后者，那他将感到沮丧。而且，他的快乐和悲伤还常常会引起他自身新的愿望和嫌恶、新的快乐和悲伤。

显然，按照斯密的说法，当我们考察和判断自己的行为并对此表示赞许或谴责时，仿佛把自己分成了两个人：一个是评判者，另一个是被评判者。作为评判者，我们以旁观者的观点来观察自己，设身处地地设想和理解自己的表现和情感；作为被评判者，我们将接受评判者或旁观者对自己言行的感受和看法。

和蔼可亲和值得赞扬的品质都是美德，令人讨厌和应予惩罚的都是邪恶的品质。但是，所有这些品质都会直接涉及别人的感情。美德之所以是和蔼可亲或值得赞扬的品质，不是因为它是自我热爱和感激的对象，而是因为它在别人心中激起了那些感情。同样，令人讨厌和应予惩罚的品质之所以邪恶，也是因为它在别人心中激起了同样的感情。

简言之，斯密认为，自我评判的基础是别人的感觉、感受和看法，这就是自我赞同或不赞同的原则，它同评判别人言行是否合宜的原则和基本精神是一致的。

第2章 论对赞扬和值得赞扬的喜爱，兼论对责备和该受责备的畏惧

斯密首先指出，喜爱赞扬和喜爱值得赞扬，畏惧责备和畏惧该受责备，这是人之常情或人的本性。然后他着重论述了前者，稍带也讨论了后者。他详尽刻画了人们相关的各种心理活动和实际表现，探讨了它们的根源，并对之做出了评价。

对赞扬和值得赞扬的喜爱

斯密指出，要想获得别人赞扬带来的满足之情，或者至少相信自己是值得赞扬的，我们必须成为自己品质和行为的旁观者，必须用别人的眼光来看待自己的言行；如果发现别人真的也这样看待自己，那么自我赞扬的感觉就更强烈了。看得出，这同观察别人言行是否合宜的原则是一致的。

可是，斯密又指出，如果来自别人的赞扬不是真实的，或者自我感觉值得赞扬也缺乏根据，那带来的感受可就不一样了。斯密就此列举了各种表现：如果没有值得赞扬的证据，最真诚的赞扬也不可能带来多大的快乐；出于无知或误解而以某种方式落在自己头上的尊敬和钦佩绝不足以让人满意；如果某些人意识到自己并不值得人们喜欢，那么真相一旦大白，他们就会带着截然不同的眼光来看待自己，其满足之情就会很不踏实；至于有些人对没有根据的称赞感到高兴，则是最为浅薄、轻率和虚弱的证明，是虚荣心的表现。

斯密指出，相反地，即使有些人实际上并没有获得赞扬，但是其行为应该获得赞扬，那他们通常也必然迟早会获得称赞和赞同的。他们不仅会为赞扬而感到高兴，而且还会为做下了值得称赞的事情而感到快乐。虽然他们实际上并没有得到任何赞扬，但是想到自己已成为自然的赞扬对象，也还是感到愉快……

斯密对人们心理或精神状态的这些描述是很到位的。问题是：人的这些本性是从哪里来的？斯密本着自己一贯的思想立场回答说，来自造物主。他说："造物主，当她为社会造人时，就赋予了人以某种使其同胞愉快和某种厌于触犯其同胞的原始感情。她教导人们在被同胞赞扬时感到愉快，而在被同胞反对时感到痛苦。她由此把同胞的赞同变成对人们来说是最令人满意和愉快的事，而把同胞的不赞同变成最令人羞愧和不满的事。但是，单凭这种对于同胞的赞同所抱的愿望和对他们的不赞同所感到的厌恶，并不会使人们适应他们所处的社会。于是，造物主不仅赋予人某种被人赞同的愿望，而且还赋予人某种应该成为被人赞同对象的愿望，或者说，成为别人看来他应当自我赞同的对象。"（第144—145页）

斯密总结说，在不应得到赞扬的场合渴望甚至接受赞扬，是最卑劣的虚荣心作祟的结果。在确实应该得到赞扬的场合渴望得到它，不过是渴望某种最起码的应当给予的公正待遇。完全为了这一缘故热爱正当的声誉和真正的光荣，而不是着眼于从中可能得到的任何好处，也并不是智者不值得去做的事。然而，智者有时忽略甚至鄙视这一切，并且他在对自己一举一动的全部合宜性有充分把握之前，绝不会轻易地这样做。在这种场合，他的自我赞同无须由别人的赞同来证实。这种自我赞同，如果不是他的唯一，至少也是他的主要目的，即他能够或者应当追求的目的。对这个目的的喜爱就是对美德的喜爱。

应该说，斯密的态度是中肯的和恰如其分的，没有片面性，没有走极端。同时，在平实的极具分量的评论中，不乏对最高精神境界的肯定和赞扬，那就是出于对美德的热爱而作的自我赞同。一个人的精神升华到这种境界，其内心该有多么强大和自信啊！

对责备和该受责备的畏惧

畏惧什么？有何表现？斯密指出，这种畏惧是指人们害怕自己会具有某种自然令人憎恨和轻视的品质，害怕自己会变成人们憎恨和轻视的合宜对象。畏惧的表现多种多样：如果他真的违反了所有的行为准则，那么即使他得到可靠保证说他的所作所为永远不会被人察觉，也是全然无效的，事后他可能"良心发现"，感到惭愧和惶恐；如果他的行为普遍为人所知晓，那必然会感到自己行将蒙受极大的羞耻；如果罪行巨大，那么只要他理智尚存，一想到自己的行为就绝不可能不感到恐怖和悔恨进而极度痛苦……当然，也有不畏惧者：蓄意犯某种可耻罪行的人，很少会感到他的罪行很不光彩；而惯于犯某种可耻罪行的人，却几乎不会有任何可耻的感觉。

不过，如何面对不应有的指责，确是一个值得重视的问题。斯密指出，即使对意志异常坚定的人来说，不应有的指责也经常会使他深感屈辱。虽然他很清楚地知道自己是清白无辜的，但是诋毁看来还是常常在他的品质上投下了一层不光彩和不名誉的阴影，他对如此严重的伤害行为所产生的正当义愤，就其本身来说也是一种非常痛苦的感觉。人们的心情再也没有什么比这种不能平息的强烈愤恨更为痛苦的了，只有宗教才能给这些蒙受屈辱的清白无辜者些许安慰。

那么，不应有的指责何以常常能使非常明智和富有判断力的人蒙受如此巨大的屈辱呢？在斯密看来，这固然与痛苦和快乐相比是一种更具刺激性的感觉有关，但主要还是同这些人的自爱自尊有关，这些人往往本领高强，才华横溢，且诚实本分，从不追求虚名假意，更不屑于吹嘘和捧场；这些人对不应有的指责更敏感、更不能接受，心灵遭受到的伤害更大。不过，斯密注意到，自然科学家出于对自己科研成果的自信，对外界的看法并不介意，对不同意见通常也不会感到不安；诗人和作家则不然，他们对别人的观感就显得比较敏感，彼此之间也颇多分歧，并且喜欢结成不同派别和团体。

对未来世界的憧憬：基于人的天性

在本章余下的篇幅中，斯密就如何正确对待赞扬和责备进行了广泛的分析，其基本精神是教导人们要以别人的观感为依归，以宇宙的最高审判者（造物主）的裁决为最终标准。斯密还认为，把这个最高审判者作为伟大的保护者植入在人的心中的是人的天性，而人们对未来美好世界的希望和期待也深深扎根于人类的天性。他认为，只有这个天性才能支持人性自身尊严的崇高理想，能照亮不断迫近人类的阴郁的前景，并且在今世的混乱有时会招致的一切极其深重的灾难之中保持乐观情绪。

斯密坚信，这样的世界将会到来，在那里，公正的司法将普施众人；在那里，每个人都将置身于与其道德品质和智力水平真正相当的人之中；在那里，那些具有谦逊才能和美德的人，其才能和美德由于命运不济而在今世没有机会展示出来……因此，他们谦虚的、未明言的、不为人所知的优点将得到恰当的评价，有时还被认为胜过在今世享有最高荣誉并由于他们处于有利的地位而能做出非常伟大和令人叹服的行为的那些人……斯密摈弃那种把修道院的徒劳的苦修视为通往美好世界的必经之路的说教，认为它同我们的全部道德情感相抵触，也同天性教导我们要据以控制自己的轻蔑和钦佩心理的全部原则相违背。总之，斯密只相信符合人类天性的公正司法，也相信崇尚合宜性的道德修养。

第3章 论良心的影响和权威

斯密的良心说如果不是全书最重要的部分，那也是最重要的部分之一。他在这部分内容里所阐述的思想和观点反映了当时先进阶级的呼声和要求，具有极重要的价值和意义。

良心及其作用

所谓良心，在斯密看来，就是人内心的那个公正的法官。这个法官同人性中自私的一面是对立的。斯密指出,自私是人性的原始激情之一(请注意,这又一次说明,斯密并不认为人性中只有同情心或怜悯心这一个方面);一个人如果坚持自私的立场,他就绝不会把别人的利益看得同自己的利益同样重要,也绝不会限制自己去做有助于促进自己的利益而给他人带来损害的事情。人的良心促使高尚的人在一切场合、平常的人在许多场合,抑制最强烈的自爱欲望之火,为他人更大的利益而牺牲自己的利益。

在斯密看来,良心不是人性温和的力量,也不是造物主在人类心中点燃的仁慈的微弱之火,而是一种自我发挥作用的强大力量,一个更有力的动机,是人心中判断自己行为的伟大的法官和仲裁人。良心所体现的不是一般的爱,而是一种更强烈的爱,一种更有力的感情,一种对光荣而又崇高的东西的爱,一种对伟大和尊严的爱,一种对自己品质中优点的爱。总之,良心是爱的结晶和升华。可以说,斯密对良心的赞美和推崇到了无以复加的地步。

斯密强调说,这种良心,这种爱,人心中这个法官,在所有场合都能显示其权威和影响。无论何时、何地、何事,人们只有请教内心这个法官,才能看清与自己有关的事情,才能对自己的利益和他人的利益做出合宜的比较。斯密又说,每当我们将要采取的行动会影响到他人的幸福时,是它(良心)用一种足以震慑我们心中最冲动的自私激情的声音向我们高呼:我们只是芸芸众生之一,丝毫不比任何人更重要;如果我们如此可耻地和盲目地看重自己,就会成为人们愤恨、憎恨和咒骂的对象……是它向我们指出慷慨行为的合宜性和不义行为的丑恶,指出为了他人较大利益而放弃自己最大利益的合宜性,指出为了自己获利而使他人受到伤害是丑恶的……

这就是斯密对良心这个美德的本质、作用及其来源的解说。顺便说一句,现在的经济学教科书通常把追求个人利益最大化确定为经济学的一条基本原则,并将它同斯密的学说联系在一起,认为它是从斯密的学说中引申出来的。这种说法显然同斯密在这里阐述的良心学说的本意(为了他人较大利益而放弃自己最大利益)相违背,也同斯密在《国富论》中阐述的思想(见本书下篇)不相吻合。

评哲学家对良心的解读

哲学家如何解释良心这一现象?斯密指出,一类哲学家试图增强我们对别人利益的感受,另一类哲学家则试图减少我们对自己利益的感受。前者让我们天生像同情自己一样去同情别人，后者则让我们像天生同情别人一样去同情自己。斯密认为，或许，这两者都远远超过了自然和合宜的正确标准。他对前者全然否定，对后者也未见恭维。

依照斯密的论述，前者是那些让人郁闷的道德学家，他们喋喋不休地指责我们在如此多的同胞处于不幸境地时愉快地生活，他们认为这是一种邪恶。他们认为，我们应该以对这些同胞的怜悯去抑制自己的幸运所带来的快乐，并对所有的同胞抱有某种忧郁沮丧之情。

斯密批评说，对自己一无所知的不幸表示过分的同情，既荒唐、不合常理，又全然做不到；那些装作具有这种品质的人，除了某种程度的矫揉造作和故作多情的悲痛之外，通常并不具备任何可以打动人心的东西；最后，这种心愿即使可以实现，也完全无用，而且只能使具有这种心愿的人感到痛苦。可见，这种观点一无是处，完全要不得。在斯密看来，对于那些同自己不熟悉和没有关系的人，对那些处于自己的全部活动范围之外的人的命运，无论怎样关心，都只能给自己带来烦恼，而不能给他们带来任何好处。对这些人的命运，稍加关心就够了。

依照斯密的论述，后一类道德学家（全部古代哲学家派别，尤其是古代的斯多葛学派）主张通过降低我们对自己利益的感受，以纠正我们消极感情中的天生的不平等之处。根据斯多葛学派的理论，人不应把自己看作某一离群索居的、孤立的人，而应该把自己看作世界中的一个公民，看作自然界巨大的国民总体中的一个成员。他应当时刻为了这个大团体的利益而心甘情愿地牺牲自己的微小利益，等等。在斯密看来，对待自己利益的这种冷漠或冷淡的观念和态度同样超出了正常的合宜范围，虽然看起来很高尚，但是并不可取，因为这一类说教与前一类说教一样，在对待自己利益与别人利益的关系问题上，都超出了合宜的范围。斯密坚持认为，良心应该是利己和利他的结合。

不过，斯密注意到，在人类的感情生活中，人们对合宜的感情的表达和认同是复杂多变的。它并不意味着当事者双方完全相同的关怀，父母对子女的溺爱就是一例；它也不要求人们全然消除对最亲近的人的不幸所怀有的那种异乎寻常的感情，相反地，感情不足倒比感情过分更加令人不快。在这种情况下，斯多葛学派的冷漠从来不受人欢迎。然而，那些立即和直接影响人们的身体、命运或名誉的不幸，却是另外一回事。人们感情的过分比感情的缺乏更容易伤害合宜的感情。只有在极少数的场合，人们才能极其接近于斯多葛学派的冷漠或冷淡。例如，仅仅是某些人的贫穷，激不起人们的多少怜悯之情，但对那些即使由于自身的不当作为而从富裕者沦为贫困者，却极易引起人们的同情和怜悯。

从感情合宜谈到对感情的自我控制

感情的合宜意味着既不过分也非不足，这就需要对自己的感情加以控制。斯密早就指出，自我控制是一种美德。现在他进一步说明，这个美德其实也是对良心这一美德的延续和升华，它在更深层面上体现了良心的要求：将自己的言行同自己心中的那个公正的法官的感觉一致起来。所以，斯密说，对消极感情的控制不是来自某种支吾其词的诡辩或深奥的演绎推理，而是来自造物主确立的一条重要戒律：尊重自己行为的真实的或假设的旁观者的情感。

斯密指出，尽管各种类型的人习得自我控制这一美德的进程各有特点，但在践行这一条戒律方面是完全一致的。一个人从小到大，会从缺乏自我控制到逐渐学会自我控制，尽管要做到十全十美地约束自己的感情并非易事。一个软弱的人对自己悲痛的控制会相当曲折和反复，他们有时会像一个未成年的小孩那样，不是通过节制自己的悲伤，而是强求旁观者的怜悯来求得两者的一致。一个意志稍许坚定的人会尽可能地排除自己心中的悲伤，而对自己的同伴对其处境的看法表示认同。他多半避而不谈自己的不幸，他的有教养的同伴也小心地不讲能使他想起自己不幸的话。然而，如果他尚未很好地习惯于严格的自我控制，那他不久就会对这种约束感到厌烦，同伴们一离开，他就又会沉湎于过分悲痛的软弱状态之中。

斯密指出，只有真正坚强和坚定的人，只有在自我控制的大学校中受过严格训练的聪明而正直的人，才能在一切场合中始终控制自己的激情。无论身处忙乱麻烦的世事之中，还是面临派系斗争的暴力和不义、战争的困苦和危险，他都不敢无视公正旁观者的存在，放松对内心这个人的注意，忘记这个旁观者对他的行为和感情的感受和评介。他总是习惯于用这个同他共处的人的眼光来观察和自己有关的事物，并不得不经常按这个威严而又可尊敬的法官的样子，不仅从外表的行为举止上，而且从内心的情感和感觉上来尽力塑造自己。

斯密指出，要达到自我控制的理想境界，决非一时一事之功。当痛苦突然来临时，要保持镇定，做到自我控制，即使是最明智且最坚定的人，也不得不在是保持荣誉和尊严还是放任自发感情之间做出痛苦的抉择。斯密说，经此历练而达于自我控制的境界，不会得不到回报，回报之一就是自我满意，而且满意的程度恰与自我控制的程度成比例。在几乎不需要自我控制的地方，几乎不存在自我满意；付出高昂代价才得以实现的自我控制，获得的自我满意程度当然也就更高；造物主对处于不幸之中的人的高尚行为给予的回报，就这样恰好同那种高尚行为的程度相一致。为克服天生情感所必需的自我控制的程度愈高，获得的快乐和骄傲也就愈大。

斯密指出，自我控制获得的另一种回报就是内心的平静和幸福感。幸福存在于平静和享受之中，没有平静就不会有享受；哪里有理想的平静，哪里就会有能带来乐趣的东西。斯密进一步指出，人类生活的不幸和混乱，其主要原因似乎在于对一种长期处境和另一种长期处境之间的差别估计过高。贪婪过高估计了贫穷和富裕之间的差别，野心过高估计了个人地位和公众地位之间的差别，虚荣则过高估计了湮没无闻和闻名遐迩之间的差别。斯密的这些论断是很深刻的。

斯密还指出，受到过分激情影响的人，不仅在他的现实处境中是可怜的，而且还往往容易为达到他那愚蠢的令人羡慕的处境而扰乱社会的和平。然而，他只要稍微观察一下社会就会确信，性情好的人在其生活的各种平常环境中同样可以保持平静，同样可以高兴，同样可以满意。有些处境无疑比另一些处境值得偏爱，但是没有一种处境值得我们违反谨慎或正义的法则去追求，更不消说那些事后会让我们感到羞耻和懊悔以及会破坏我们内心平静的言行了。

最完美的德行及其养成

在论述上述各种原理之后，斯密对具有完美德行因而我们自然极为热爱和最为尊敬的人的形象，作了完整的刻画。他说，这一类人是这样的人，他们既能最充分地控制自己自私的原始感情，又能最敏锐地感受到他人富于同情心的原始感情，能把温和、仁慈和文雅等美德，同伟大、庄重和大方等美德结合起来。这样的人肯定是我们最为热爱和最为钦佩的自然而又合宜的对象。请注意，在斯密笔下，完美的德行应该决非单纯利他，也决非单纯利己，而是两者兼而有之，是对两者的适当的自我控制和结合。斯密进一步指出，因天性而最宜于获得利他美德的人,也最宜于获得利己美德。对别人的高兴和悲痛最为同情的人,也是最宜于控制自己的高兴和悲痛的人;具有最强烈人性的人,自然也是最有可能获得最高度自我控制力的人。

然而,斯密也指出,即使做出种种努力,许多人也可能没有获得或者表现出这种完美的德行,原因可能是多方面的:他可能在安闲和平静之中生活过久;他可能从来没有遇到过激烈的派系斗争或严酷和危险的战争;他可能没有体验过上司的蛮横无理、同僚们的猜忌和怀有恶意的妒忌,或者没有体验过下属们暗中施行的不义行为,等等。他具有使自己获得最完善的自我控制力的气质,但是他却从来没有机会得到它。斯密的结论是:锻炼和实践始终是必须的,缺少实践的锻炼绝不能使人较好地养成任何一种习性。艰苦、危险、伤害、灾祸是能教我们实践这种美德的最好的老师,但是却没有任何一个人愿意受教于这些老师。

接续完美德行的形成和养成这个话题,斯密在本章剩余的篇幅中,还先后谈及了以下各种问题:能够最顺当地培养高尚的人类美德的环境,和最适宜形成严格的自我控制美德的环境并不相同;一个人孤独时感情可能发生的偏向;不幸之人如何为人处世,成功者又应该如何善待自己和别人;在各国争斗中如何保持中立之道;在民众或宗教纷争中要避免派性和狂热性。在本章的最后,斯密特意表达了对那些"在最深重和最难以逆料的不幸之中继续坚忍不拔而刚毅顽强地行动的人的钦佩",这些人堪称能对各种逆境加以控制的典范。

第4章 论自我欺骗的天性,兼论一般准则的起源和效用

斯密所说的"自我欺骗",是指人们强烈的偏激的自私激情会导致对自己行为的不真实的看法。他认为,这是人的一种天性,它源自人的自私的原始感情;这种天性在人们行动之时表现为对自己行为动机或意图的曲解和夸大,不能以人心中那个公正的法官毫无偏见的态度来考虑自己的行动;行动之后,冷静下来,有可能对自己的行动冷静地进行反思,得出比较客观公正的看法。然而,斯密说,即使在这种场合,人们的看法也很少是十分公正的。这是由于我们对自己品质的看法完全依附于对自己过去行为的判断,而想到自己过去的罪恶是很不愉快的,所以人们对以往的行为往往采取回避的态度;不仅如此,人们还常常会非常愚蠢地重新激起当初那些不正当的激情,想方设法

地力图唤起过去的憎恶，重新激起几乎已经忘却的愤恨，甚至不肯同自己的过去告别，公然支持不公正的行为。

在斯密看来，自我欺骗是对人的原始感情中的自私激情的扭曲，纠正起来是很困难的。他又指出，这种天性是人类的致命的弱点，是社会混乱的根源之一。他认为，如果人们能以道德感来判断自己的行为，如果有能力区分激情和感情的美与丑，那么人们对自己行为的判断就会比对他人行为的判断更加准确。

有意思的是，斯密说，好在造物主并没有全然放任人的如此严重的弱点不管，他也并没有完全听任我们身受自爱的欺骗。我们对他人行为的不断的观察，会不知不觉地引导我们为自己订立关于什么事情是适宜的和应该做的，或什么事情是不适宜的和不应该做的某些一般准则。

斯密强调说，这些准则不是先验的，而是人们在长期的生活经历中，在各个不同场合，凭借是非之心和对事物是否合宜的感觉，知道应该赞同什么或反对什么的经验基础上逐渐形成的。重复地说，这些准则不是先验的教条，而是实践经验的总结。这是斯密准则观的核心。斯密指出，这些准则一旦形成并逐渐被社会大众所接受，就会成为指导和约束人们行为的一种无形的然而有效的标准和准绳，在建设和谐社会中发挥重要作用。

第5章 论道德的一般准则的影响和权威，以及它们被公正地看作是造物主的法则

这一章是上一章的直接继续，其核心是责任感。所谓责任感，就是对一般行为准则的尊重。这是人类生活中最重要的一条原则，并且是唯一的一条大部分人都能用来指导他们行为的原则。

斯密描述了责任感在各个领域和各种场合的体现。他指出，正是这种责任感或对一般行为准则的尊重，构成了有节操的正直之人和卑劣者之间的最本质的区别；并且，这种尊重还由于人们相信这些道德准则的权威性而得到进一步的加深，人们相信它们是造物主的指令和戒律，造物主最终会报偿那些顺从的人，而惩罚那些违反本分的人。

关于这些准则是造物主的指令和戒律这一点，斯密又指出，人们最初依据的是宗教的教义，相信它们是出自人的本性，是神灵的创造。然而，后来的哲学研究一经开始就证实了人们的天性所具有的那些预感。这就是说，无

论我们认为自己的是非之心是怎样建立起来的，即是建立在某种有节制的理性之上，还是建立在某种被称作道德观念的天性之上，抑或是建立在我们所具有的某种天然的本性之上，不容置疑的是，天赋我们这种是非之心是为了指导我们这一生的行为。这种是非之心具有极为明显的权威特性，这种特性表明它们在我们内心树立起来是为了充当我们全部行为的最高仲裁者，以便监督我们的意识、感情和欲望，并对它们该放纵或抑制到何种地步作出判断。

斯密强调了是非之心的重要性和权威性，说明正是这种是非之心在维系着社会的安宁、稳定和发展，因此，一般准则逐渐被人们看成是某个无所不能的神的规则，这个神在观察我们的行为，并在来世报答遵守这些规则的人或惩罚违反它们的人。这些准则最终会被纳入社会的法律条文之中，而法律就是君主制定出来指导其臣民行为的一般准则。为什么这些准则会被看作是造物主（神）的法则，道理就在这里。

斯密关于责任感以及一般行为准则所发挥的这些观点，其意图均在强调它们为社会生存和发展所须臾不可或缺的极其重要的道德规范。

第6章 在什么情况下，责任感应该成为我们行为的唯一原则；而且在什么情况下，它应该同其他动机一起发生作用

感情和责任感，孰轻孰重？在什么情况下尽到责任或不违反一般行为准则即可，在什么情况下则必须使两者都得到满足，既体现出对一般行为准则的尊重即责任感，又要满足感情或情感的要求。这个问题看似抽象难懂，其实同人们的日常生活息息相关。对此，斯密给出了两个答案。

双重行为准则

斯密给出的其中一个答案是这样的：对于所有仁慈的、具有社会性的感情，我们的行为准则应该是双重的。也就是说，既出自对一般行为准则的尊重（责任感），又出自激情或感情本身。例如，夫妻之间，父母和子女之间，如果仅仅维系于起码的必要的尊重，而彼此之间却并没有深厚的感情，则这种关系就不是令人满意的。也就是说，人们认为在夫妻之间、父母和子女之间，责任感不应该是人们行为的唯一原则，它还必须同感情这个动机一同发生作用。

相反，斯密认为，对于那些邪恶的非社会性的激情，我们的行为准则就是另一回事了。在给予报答时，我们应该怀着出自内心的感激和慷慨之情，不带任何勉强的因素，也不必过分考虑报答是否适宜；但是，在进行惩罚时，我们总是带着勉强之心，对惩罚是否合宜多有斟酌，而不是出于任何强烈的报复意向。一个人对极为严重的伤害行为的愤恨，似乎更多地出自一种它应当受到惩罚并且是合宜的惩罚对象的感觉，而不是出自他自己的那种极不愉快的激情；他像法官判案一样，仅仅考虑应当给予何种惩罚的一般准则，而不是依据自己或他人的激情（感情不能代替政策）。

斯密说，自私的激情介于社会性的和非社会性的感情之间，所以，对普通的追求私利的情况来说，尊重行为的一般准则即可，而不必抱有其所引起的任何激情；但是，对重要的和特殊的私利目标来说，在追求这些目标时，如果不对它们抱有几分激情，不去为了实现这些目标而认真地追求它们，那就显得卑劣、麻木不仁、缺乏感情和没风度。前者如节俭对于个人，后者则如治国对于君主。

一般行为准则

斯密给出的另一个答案是：我们的行为应该在何种程度上出自对一般行为准则的尊重，将部分地依它们本身精确无误还是含糊不清而定。

斯密说，如果有关美德的一般准则的含义含糊不清，允许有许多例外，那么就不可能完全通过对它们的尊重来规定我们的行为，决定谨慎、宽容、慷慨、感激或友谊的功能是什么的一般准则，就是如此。

斯密说，唯有正义这种美德情况不同。正义准则规定得极为精确，不允许有任何修改或例外；即使有例外情况，也规定得十分明确，没有任何含糊不清之处。在践行其他一些美德时，指导我们行为的，与其说是对某种精确格言或准则的尊重，还不如说是某种有关合宜性的想法，是对某一特定行为习惯的某种爱好；我们应当更多考虑的是这一准则所要达到的目的和基础，而不是准则本身。不过，对正义来说情况就完全不是这样：不折不扣并且坚定不移地坚持一般正义准则的人，是最值得称赞和最可信赖的人。虽然正义准则所要达到的目的是阻止我们伤害自己周围的人，但违反它们常常可能是一种罪行。其他准则是不严格的、含糊的、不明确的，而正义准则是一丝不苟的、准确的、不可或缺的。

第四卷　论效用对赞同情感的作用

（本卷只有一篇）

第1章　论效用的外在形式赋予一切艺术品的美，兼论这种美的广泛影响

　　这一章论述的对象不是人的美德，而是"物"给人的美感，即这种美感的含义及其来源。这个"物"，既包括一切艺术品等看似"微不足道的"物体，也包括个人和社会生活中的"最严肃和最重要的事物"。

　　斯密从论述艺术品之美开始，然后将从中得出的基本原理，推广应用到个人与社会生活的各个方面。在斯密看来，这个基本原理在于：效用是美的主要来源之一；美的本质并不取决于效用本身，而在于物的效用赋予人的一定的合宜感和美感，也就是物的效用带给人的愉悦感和便利程度。我们知道，斯密在前面各章已经建立起人品的合宜美德论，现在我们看到，他将物品（艺术品）之美，经由效用，最终也归结为合宜感。

　　斯密称休谟是一个富有独创性并受人欢迎的哲学家，兼有极为深刻的思想和极强的表达能力，但在物品之美的最终来源问题上，斯密并不完全接受休谟的观点。休谟认为，物体的美感来自它的效用；效用之所以能够给人带来美感，是因为它能使人感到愉快；旁观者同情和理解当事者的情感，必然用同样愉快的眼光来观察这一物体。[①] 斯密则认为，事实上，人们更重视的往往不是艺术品的效用本身，而是这种效用（包括巧妙的设计）给人的适宜性的感受；更看重的不是它所带来的愉悦之感和便利程度本身，而是达此效果的制作方法或艺术手法。似乎想办法获得更多的便利和愉快的"过程"，才是

---

① 参看休谟：《人性论》（下册），商务印书馆，1983 年，第 401—402 页。

物体的全部价值之所在。

斯密认为，这个基本原理可以推广运用到解释个人和社会的各种事物之美之上，它适用于解释它们的美的本质及其来源。在这里，我们可以将斯密的解释分为三个层次来理解：第一个层次是个人；第二个层次是个人与社会；第三个层次是社会制度。

就个人追求的美感来说，财富和地位固然不可缺少，但更重要的是心灵的平静和肉体的舒适。如果一个人终其一生都在孜孜追求某种不自然的、讲究的（皇宫般的）生活，却牺牲了自己在任何时候都可以得到的真正的安逸，那么即使他到了垂暮之年终于过上了梦寐以求的高级生活，但也会发现，这种生活无论在哪方面都不比他业已放弃的那种微小的安定和满足好多少。最终，他会醒悟：财富和地位是身外之物，这种财富再多，地位再高，它给人的效用之美也比不上自己肉体的舒适和心灵的平静。

就个人与社会的关系来说，完美的目标不应该是独享一切成果，而是与社会大众分享，懂得公平分配是一种不以人的意志为转移的必然规律。斯密说，骄傲而冷酷的地主眺望自己的大片土地，却并没有想到自己的同胞的需要，而只想独享从土地上得到的一切收获物，这是徒劳无益的非明智之举……因为他到头来仍然不得不把自己消费不了的东西分给各个相关的人……尽管他的天性是自私的和贪婪的，虽然他只图自己方便，虽然他雇用成百上千的人来为自己劳作，唯一的目的是满足自己无聊而又贪得无厌的欲望，但他最终还得同穷人一样，与大家分享自己的一切改良成果。在斯密看来，这都是"一只看不见的手"发挥作用的结果。这种安排并非出自人的自愿，但其结果却不会因为事非出于自愿而于个人和社会不利，相反，这种自然而然的安排会不知不觉地增进社会利益，并为不断增多的人口提供生活资料。

就社会制度来说，人类相同的本性，对秩序的同样热爱，对条理美、艺术美和创造美的同等重视，常足以使人们喜欢那些有助于促进社会福利的制度。政策的完善，贸易和制造业的扩展，都是高尚而宏大的目标。有关它们的计划使我们感到高兴，任何有助于促进它们的事情也都使我们产生兴趣。它们成为政治制度的重要部分，国家机器的轮子似乎因为它们而运转得更加和谐和轻快了。我们看到这个如此美好和重要的制度完善起来而感到高兴，也为给它的正常施行带来的干扰和妨碍而感到忧虑。然而，一切政治法规越是有助于促进在它们的指导下生活的那些人的幸福，就越是得到尊重，这就是那些法规的唯一用途和目的。

在斯密这些看似抽象的甚至散漫的议论之中，贯穿着一个伟大的思想家对人生之美、社会之美和制度之美的深层次思考；该思考的核心在于强调物品之美或人品之美是相同的，其本质都在于合宜感，包括个人自身的合宜，个人与社会的合宜，以及社会制度的合宜。显然，斯密的合宜美德论比单纯的效用美德论的解释更为深刻，也更具普遍性。

第2章　论效用的外在形式赋予人的品质和行为的美，以及这种美在何种程度上可被视为赞同的最初原则之一

斯密在这一章将效用原则直接用来分析人的美德和政府的德政，并强调指出，无论对于个人来说还是对于政府来说，效用都不过是衡量其品质的表面标准，更深层次的标准应该是智慧和美德。

在这个问题上，如同上面的问题一样，斯密并不完全赞成休谟的观点。休谟把人们对美德的赞同全部归结于人们对效用之美的直觉感受。斯密则断言，对于这种效用或危害的感受或看法，并不是我们赞同和反对的首要的或主要的原因。他承认，人们对事物的美或丑的直觉产生于它的效用或危害，也承认这些感受或情感会因美或丑的直觉而得到增强和提高，但是，这些情感在本质上与这种直觉截然不同。首先，对于美德的赞赏似乎不可能同我们赞赏某种便利而设计良好的建筑物时所具有的情感相同；或者说，我们称赞一个人的理由不可能与称赞一个屉橱的理由相同。其次，更重要的是，在考察的基础上，我们将发现任何人内心气质的有用性将很少会成为我们赞同的最初根据；赞同的情感总是包含有某种合宜性的感觉，这种感觉和对效用的直觉是完全不同的。

斯密又进一步解释说，对我们自己最为有用的品质，首先是较高的理智和理解力；其次是自我控制力。然而，较高的理智和理解力，最初是因为正义、正当和精确，而不是仅仅因为有用或有利而为人所赞同。正是在深奥的科学中，尤其在更高级的数学中，表现出人类理智的最伟大的和最可钦佩的努力，而最初使它们受到公众钦佩的，却不是它们的效用。同样，我们克制自己当前的欲望以便在另一个场合得到更充分满足的那种自我控制，如同在效用方面为我们所赞同的那样，在合宜性方面也会得到我们的赞同。当我们

以这样的方式行动时，影响我们行为的情感似乎确实和旁观者的那种情感相一致。

同样，人道、公正、慷慨大方和热心公益的精神，之所以受到人们的尊敬和赞同，并进而构成美德的重要组成部分，是因为它们都是对别人最有用的品质，也就是说，它们均体现出行为者和旁观者情感的一致性——合宜性。关于人道或公正的合宜性，前述已经作了说明，斯密在这里补充解释说，慷慨大方和热心公益的精神所具有的合宜性，是建立在和正义所具有的合宜性相同的基础上的。斯密在这里花了不少篇幅来分析慷慨大方与人道这两种品质之间的联系和区别，特别指出了慷慨大方所体现的为了别人利益而牺牲自己利益的精神；也论述了热心公益的美德所体现出的为国家或民族利益而牺牲个人利益的精神；并强调说，这些美德的本质都在于体现个人与别人、个人与国家或民族利益的合宜性。斯密的结论是：在所有这些情况下，人们对这些美德的钦佩，与其说是建立在效用的基础之上的，不如说是建立在这些行为的出乎人们意料的，因而是伟大、高尚和崇高的合宜性的基础之上的。可以看出，斯密对效用美德论的发挥和解释，充满了对利他主义或爱国主义精神的推崇和肯定，这是很可贵的。

第五卷 习惯和风气对有关道德赞同或不赞同情感的影响

（本卷只有一篇）

第1章 论习惯和风气对我们有关美和丑的看法的影响

斯密指出，习惯和风气是影响人类道德情感、支配人类对各种美的判断的另一个重要原则。本章将说明习惯和风气对人类有关美与丑的看法的影响，下一章将论述它们对人类道德情感的影响。

习惯和风气会影响人类对美与丑的看法，这是大家都知道的，理解这一点并没有太多的困难；从理论上阐明这一点，似乎也不应该有多大的障碍，至少比起说明命运和效用这一类更抽象的影响原因要轻松些。然而，要对这一看来人所共知的极为普通的事实作出令人信服的科学解释，还的确不是一件轻而易举的事。没有渊博的知识、丰富的阅历、深邃的洞察力和生动准确的表达能力，很难想象会提出一份完美的答卷。我要说的是，这一切均被斯密的论述所证实，不过，他为我们树立的是一个正面的几乎完美的典型。

在说明习惯如何影响人们的观感时，斯密指出，基于两个对象通常总是同时出现的习惯，我们对两者的分离就会感到不合宜，如果前者出现时后者没有像通常那样随之出现，我们就认为这是令人困惑的。没有看到期望看到的东西，我们习惯性的想法也就会被这种失望所搅乱。他举例说，一套衣服，如果缺少通常连在一起的小小的装饰物，似乎就少了一点东西，甚至少了一粒腰扣，我们也会感到不适或别扭。斯密由此得出结论：如果在它们的联系中存在某种天然的合宜性，习惯就会增强我们对它的感觉，而不同的安排会让我们感到不愉快。还有，那些习惯于用某种高尚的情趣来看待事物的人，对任何平庸或难看的东西都更为厌恶，也应该属于此例。至于风气，斯密说，它不同于习惯,或者更确切地说,它是某种特殊的习惯。然而,风气不是每个人所呈现的,而是地位高或品质好的那些人所呈现的。

除了说明衣服和家具完全受习惯和风气的支配之外,斯密还描述了风气和习惯对各种富有情趣的事物的影响:音乐、诗歌和建筑学。通过这些描述,人们不难体味到作者广博的知识和高雅的情趣。

斯密问道:有什么理由能用来确定陶立克式(Doric)柱头的高度相当于其直径的八倍,爱奥尼亚式(Ionic)柱头的盘蜗是其直径的九分之一,科林斯式(Corinthian)柱头的叶形装饰是其直径的十分之一,才是适当的呢?这些建筑方法的合宜性只能以风俗和习惯为根据。

斯密又指出,据古代的一些修辞学家说,一定的诗歌的韵律原本就是用来表达人的某种特定的品质、情感或激情的,因此,这样的韵律自然适用于各种特殊的写作。然而,斯密说,现代的经验似乎同这一原则相矛盾,虽然这一原则本身好像很有道理。在英国,是讽刺诗,在法国就是英雄诗。拉辛的悲剧和伏尔泰的《亨利亚德》,几乎用同样的诗体写下了"让我听听您对重大事件的意见"。相反,法国的讽刺诗与英国的十音节的英雄诗同样美妙。什么原因?习惯使然。习惯使一个国家把严肃、庄重和认真的思想与某种韵律联系了起来,另一个国家则把这种韵律与任何有关愉快、轻松和可笑的东西联系了起来。在英国,再也没有什么比用法国亚历山大格式的诗写的悲剧更荒唐可笑的了;在法国,再也没有什么比用十音节的诗体写作的同类作品更荒唐可笑的了。[1]

斯密对各种艺术创新赞美有加。这些创新会使各种艺术模式发生重大变化,并开创一种新的写作、音乐或建筑学的时尚。他提到由于模仿某些艺术领域中的著名大师的特色,意大利人在音乐和建筑学方面的品位在最近五十年中发生了重大的变化。他提到了做出这些创新贡献的作家所受到的不公正的指责。[2] 斯密就此感慨道,一个作家要具备多少伟大的品质才能使自己的

---

[1] CF. Adam Smith, *the Theory of Moral Sentiments*, Liberty Fund, 1984 p. 197, not2。

[2] 昆体良(公元一世纪的罗马修辞学家)指责塞尼加,说他降低了罗马人的品位,用轻佻浮华取代了庄严的理性和阳刚的雄辩。萨卢斯特(公元前86—34,罗马历史学家)和塔西佗(公元55?—117?,罗马历史学家)也受到了其他人同样的指责,虽然方式有所不同。据称,他们赞誉的风格虽然非常简洁、优美、富于表现力,甚至富有诗意,然而却缺乏舒畅、质朴和自然的风格,显然是矫揉造作的产物。

"缺点"为他人所接受呢？在对一个作家使一个民族的品位整体有所提升而获得赞扬之后，给予他最高的颂扬，或许就是说他降低了这种品位。在我们自己的语言（英语）中，蒲柏先生和斯威夫特博士①各自在所有用韵文写成的作品中采用了一种不同于先前的手法，前者在长诗中这样做，后者在短诗中这样做。巴特勒的离奇和有趣让位于斯威夫特的平易和简朴。德莱顿的散漫自由和艾迪生那表达正确但常常是冗长乏味并使人厌倦的郁闷，不再成为人们模仿的对象，现在，人们都按照蒲柏先生简练精确的手法来写作所有的长诗。

斯密最后说，习惯和风气同样影响我们对自然对象的美的判断。不同的地域、不同的生活方式和习惯，造就了各不相同的美的观念。白皙的肤色在几内亚海岸沿线就是一种令人吃惊的丑陋，但厚嘴唇和塌鼻子却是一种美。在有些国家里，垂肩长耳是普遍为人所羡慕的对象。在古代中国，如果一位女士的脚大到适于行走，那她就会被认为是一个丑八怪。在北美有些野蛮的民族中，父母亲们把四块板绑在自己孩子的头上，以使孩子的骨头柔软未长好之时，把头挤压成差不多完全是四方的形状。欧洲人对这种荒唐凶残的习惯感到震惊，一些传教士把它归因于盛行这些习俗的那些民族的无知和愚昧。但是，当他们谴责那些野蛮民族的同时，却并没有想到直到最近这几年为止，欧洲的女士们已经做了近一个世纪的努力把她们天生的漂亮的圆形头颅挤压成同样一种四方的形状。

风气和习惯的力量该有多么大啊！但斯密从不忘记提醒说，这个因素不是唯一的，甚至在很多场合也不一定是决定性的。

第2章 论习惯和风气对道德情感的影响

这一章包含着十分丰富的内容，我将其要点依次归纳如下，以供读者阅读参考。

第一，习惯和风气会极大地影响我们对各种物体的美感，同样也会影响和支配我们对各种行为的美感。不过，它们在这里的影响似乎远远不及在任何其他地方的影响。但是，有些人的品质和行为，永远不会成为人们接受的习惯，也永远不会成为人们认同的风气。例如，罗马暴君尼禄（公元37—

---

① 斯威夫特（1667—1745年），英国讽刺作家，《格列佛游记》的作者。

68）总是人们恐惧和仇恨的对象，罗马皇帝克劳迪厄斯（公元前10—公元54）总是人们轻视和嘲笑的对象。斯密说，我们的美感所赖以产生的那些想象的原则，是非常美好而又非常脆弱的，它很容易因习惯和教育而发生变化。但是，道德上的赞同与不赞同的情感，是以人类天性中最强烈和最充沛的感情为基础的，虽然它们有可能发生一些偏差，但不可能完全被歪曲。

第二，虽然习惯和风气对道德情感的影响并不十分重大，但是，同它在任何其他地方的影响相比却非常相似。斯密列举了几种情况：当习惯和风气同我们关于正确和错误的原则相一致时，它们就会使我们的情感更为敏锐，并会增强我们对一切近乎邪恶的东西的厌恶；生活环境不同，会对人的成长发生截然不同的影响，使其养成不同的习惯和风气，这就是我们常说的"近朱者赤，近墨者黑"的情况。

第三，风气不正也会带来各种副作用，比如，有时它会给某种混乱带来声誉，有时又会使应当受到人们尊敬的品质受到冷遇，以至于是非颠倒，好坏不分。查理二世时代，某种程度的放荡不羁被认为是自由主义教育的特征，就是一例；赞同大人物的缺陷、鄙视地位较低的人的美德，以地位高低取人，又是一例。

第四，人们不同的职业和生活状况，不同的接触对象，习惯于不同的激情，等等，都会自然而然地形成人们自身不同的品质和行为方式。不过，在各种各样的人中间，我们特别喜欢的往往不是那些个性和职业特点十分突出的人，而是这样一些人：在他们身上，那种通常和他们的特殊生活条件及境遇相伴而生的品质，既不太多也不太少。另外，老年人和青年人，各有长短，我们希望他们取长补短，但这也应该有一个限度，若过分追求，以至于老不像老，少不像少，那就适得其反了。

第五，一个人行为的合宜性，不是凭靠它适宜于他所处的任何一种环境，而是凭靠它适宜于他所处的一切环境；如果他看起来过分地为某一环境所吸引，像是全然忽略了其他环境，那我们就像不能完全赞成某件事情那样也不赞成他的行为，因为他不能恰当地适应自己所处的一切环境。这就意味着，为了适应不同的环境，人们应该善于调节自己的感情，扮演不同的角色，不可过于执拗。

第六，不同时代和不同国家的不同情况，容易使生活在这些时代和国家中的大多数人形成不同的性格，人们怎样看各种品质，以及人们认为各种品质应在多大程度上受到责备或称赞，也随国家和时代的不同而不同。同样，文明社会和野蛮未开化社会，人们的道德规范也往往大不相同，不可等同视之。

斯密的论述资料翔实，分析透彻，论断得当，评论中肯，极富说服力，有些段落甚至需要反复思考方能领会其深意，不可浮光掠影，力戒浅尝辄止。

第六卷　论有关美德的品质

（本卷共有三篇）

本卷共有三篇，它们分别论述了个人品质对每个人自己幸福的影响，以及个人品质对他人幸福的影响，然后是对自我控制这一美德的专论。本卷是斯密在1789年为该书第六版增写的。①

第一篇　论个人的品质对自己幸福的影响；或论谨慎

斯密指出，人生的舒适和幸福主要依赖于每个人自身的身体状况、财富、地位和名誉，对这些人生目标的关心被认为是谨慎这一美德的特定职责，可见谨慎对人生之极端重要性。那么，什么是谨慎？它有哪些主要特征和表现？怎样才能养成谨慎之美德？谨慎对人生幸福有何影响？等等，便是斯密提出并给予明确回答的主要问题。

斯密的回答是层层递进、逐步加深和十分精彩的。他的回答为我们树立了一个新时代新阶级的典型形象。18世纪中后期，当时英国正值资本主义工场手工业大发展时期，一个不同于土地所有者阶级和工人阶级并在社会经济生活中逐渐发挥引领和支柱作用的资本家阶级已经形成。他们有财产——资本，不同于无产者；他们没有土地，却从事新产业的经营管理，不同于土地

---

① 1789年3月31日，斯密致托马斯·卡德尔的信。斯密说："自从我上次给您写信（指1788年3月15日致卡德尔的信）后，我一直起劲地工作，为计划好的《道德情操论》的新版作准备……除了我跟您说过的增补和改进以外，我在紧接着的第五部分之后插入了全新的第六部分，内容是实际的道德体系，标题为'美德的性质'。此书现包含七部分，将分为相当大的两卷……对这个主题我已有所发挥和丰富。"请参阅：《亚当·斯密通信集》，商务印书馆，1992年，第441页。

所有者，还区别于未来以剪息票为特征的单纯的资本家、投机家和暴发户，他们是正在兴起的新的有产阶级或资产阶级。斯密的谨慎美德论的主要对象，正是这个新阶级。

在斯密看来，谨慎小心和深谋远虑是这个新阶级的人生哲学的核心，并且具有以下各方面的特征：第一，谨慎的首要和主要目的是安全。把自己的健康、财产、地位和名誉孤注一掷地押出去，不是人们乐意做的事情。人们增进自己财富的主要方法是真才实学、刻苦和勤俭节约，甚至某种程度的吝啬。

第二，谨慎的人总是认真地学习，以了解他要了解的一切东西。他们看重真才实学，也不夸示自己真正掌握的才能。他们的谈吐纯朴而又谦虚，与一切欺骗行径无缘。他们不想谋求小团体和派系的支持。在较高级的艺术和科学领域，这些人不时地把自己标榜为至高无上的良好品质的裁判者；他们称颂天才和美德，指责与此相悖的任何东西。

第三，谨慎的人总是真诚的，但并不总是直言不讳；虽然他们只说实话，不讲假话，但并不总是认为自己有义务在不正当的要求下也去吐露全部真情。他们的行动小心谨慎，讲话有所保留，从不鲁莽地或不必要地强行发表对他事或他人的看法。

第四，谨慎的人总是非常会交朋友。然而，他们的友情并不炽热和强烈，而常常是短暂的慈爱，这对于大度的年轻人和无人生阅历的人来说，显得很是投合。对少数几个经过多次考验和精选的伙伴来说，它是一种冷静而又牢固和真诚的友爱；他们虽然很会交友，不过并不经常喜欢一般的无益于自己事业发展的交际。

第五，虽然他们的谈吐并不总是非常活泼或有趣，但总是丝毫不令人讨厌。他们憎恶无礼、粗鲁和傲慢，在所有普通的场合，他们宁愿把自己置于同其他地位同等的人之下而不愿置于他们之上。他们的言行恪守礼仪，并以近乎笃信的严谨态度去尊重所有那些已经确立的社交礼节和礼仪。

第六，谨慎的人身上的那种坚持不懈的勤劳和俭朴，那种为了将来更遥远但是更为持久的舒适和享受而坚决牺牲眼前的舒适和享受的精神，总是因为公正的旁观者和这个公正的旁观者的代表——内心的那个人的充分赞同——而得到支持和报答。

第七，按照自己的收入来安排生活的人对自己的处境自然是满意的，这种处境，通过持续的虽然是小额的积蓄，会一天比一天好起来。他们并不急于改变如此满意的处境，也不去探求新的事业和冒险计划，以免破坏如今享受着的有保障的安定生活。如果他们从事任何新的事业或干任何新的项目，也可能是经过充分安排和准备的。

第八，谨慎的人不愿意承担任何不属于自己职责范围内的责任。他们不干预他人的事情，他们把自己的事务仅仅限制在自己的职责所容许的范围之内；他们反对加入任何党派之间的争论，憎恨宗派集团；在特殊的要求下，他们也不拒绝为自己的国家做些事情，但他们并不会玩弄阴谋以促使自己进入政界。他们在心灵深处更喜欢的是有保障的安定生活中的那种没有受到干扰的乐趣，不仅不喜欢所有成功的野心所具有的表面光鲜，而且不喜欢完成最伟大和最高尚的行动所带来的真正的和可靠的光荣。

第九，谨慎这种美德，在仅仅用来指导关心个人的健康、财富、地位和声誉时，虽然被视为是最值得尊重甚至在某种程度上是可爱的和最受欢迎的一种品质，但是它却从来不被认为是最令人喜爱或者最高贵的美德。它受到某种轻微的尊敬，而似乎没有资格得到任何非常深厚的爱戴或广泛的赞美。不过，明智和审慎的行为，当它指向比关心个人的健康、财富、地位和名誉更为伟大的和高尚的目标时，便是一种较高级的谨慎。例如，一位伟大将军的谨慎，一位伟大政治家的谨慎，一位上层议员的谨慎。在所有这些场合，谨慎都同许多更伟大和更显著的美德，同英勇、同广泛而又热心的善行、同对于正义准则的神圣尊重结合在一起，而所有这些都是由恰如其分的自我控制所维持的。这种较高级的谨慎，如果推行到最完美的程度，必然意味着艺术、才干以及在各种可能的环境和情况下最合宜的行为习惯或倾向。它必然意味着所有理智和美德的尽善尽美。这是最聪明的头脑同最美好的心灵合二为一。这是最高的智慧和最好的美德两者之间的结合。

第十，在基本结束了对"谨慎"的论证之后，斯密又对与之形成鲜明对照的"轻率"作出了一个基本的判断。他指出，轻率是宽宏大量和仁慈的人的怜悯对象，但却是那些感情不那么细腻的人的轻视对象。并且，当轻率同其他一些坏品质结合在一起时，便会加重伴随着这些坏品质而来的坏名声和不光彩。同样，谨慎同其他美德结合在一起就会构成所有品质中最高尚的品质。换句话说，谨慎或轻率会分别起到一种正面或负面的加倍作用。

第二篇　论可能影响别人幸福的个人品质

本篇主题是解释人的仁慈行为对别人幸福的影响的先后顺序。在斯密看来，这种顺序是天生的，是由人的天性的智慧所决定的，而这种智慧的高低常常同人的善行的必要性的大小或有用性的大小成比例。

第1章　论天性要求我们去关注的那些人的次序

本章研究每个人关注自己幸福和关注别人幸福的先后顺序，旨在说明每个人应该如何对待自己，又应该如何善待别人。斯密在这里谈到了每个人在处理这类问题时会碰到的各种人物、各种情况和各种事件，可谓是对于每个人如何为人处世的中肯忠告和告诫。

第一，"每个人首先和主要关心的是他自己。无论在哪一方面，每个人当然比他人更适宜和更能关心自己。每个人对自己快乐和痛苦的感受比对他人快乐和痛苦的感受更为灵敏；前者是原始的感觉，后者是对那些感觉的反射或同情的想象，前者可以说是实体，后者可以说是影子。"（第282页）

斯密的这段话很重要。首先，它再次表明，在斯密看来，每个人首先和主要的是关心他自己，如同人天生就有同情心和怜悯之心一样，也是一种原始的感情。这就注定了斯密所塑造的"道德人"（如果确实有的话）的本质，绝不像有些人历来所断定的那样，必定是所谓的单纯的利他主义。其次，它还表明，在斯密看来，人们关心自己的感觉是原始的，而对别人苦与乐的感受则是派生的；或者说，前者是实体，后者是该实体的反射或影子，两者有着明确的主次之分和轻重之别。再次，联系到前面的相关论述，我们应该明白，斯密所谓的"首先和主要关心的是他自己"云云，决非自私自利或损人利己，而是指每个人生来就有的生存权和发展权之类的正当权益，这属于西方启蒙思想家所提倡的天赋人权论的范畴。

第二，每个人自己的家庭成员，比如父母、孩子、兄弟姐妹，自然是他那最热烈的感情所关心的仅次于他自己的对象。天性把这种感情倾注在他的孩子身上，其强度超过倾注在他的父母身上的感情。

第三，人的最初的友谊是兄弟姐妹之间的友谊。他们彼此之间给对方带来的快乐或痛苦，比他们能够给其他大部分人带来的快乐或痛苦都要多。由于天性的智慧，同样的环境通过迫使他们相互照应，使这种同情更为惯常，因此它更为强烈、明确和确定。

第四，兄弟姐妹们的孩子由这样一种友谊天然地联结在一起；由于他们很少在同一个家庭中相处，虽然他们之间的相互同情比对其他大部分人的同情重要，但同兄弟姐妹之间的同情相比，又显得不很重要，不很惯常，从而相应地较为淡薄。表（堂）兄弟姐妹们的孩子，因为更少联系，彼此之间的同情更不重要，并且随着亲属关系的逐渐疏远，感情也就逐渐淡薄。

行文至此，斯密转而对感情这种东西的实质及其一般准则作了一番论述。他认为，被称作感情的东西，实际上只是一种习惯性的同情。亲属们通常处于会自然产生这种习惯性同情的环境之中，因而可以期望他们之间会产生相当程度的感情。由此确立了这样一条一般准则：有着某种关系的人之间，总是应当有一定的感情的；如果他们之间的感情不是这样，就一定存在最大的不合宜，有时甚至是某种邪行。例如，身为父母而没有父母的温柔体贴，作为子女却缺乏子女应有的全部孝敬，就是一种很不正常的现象。

不过，斯密认为，只是对守本分和有道德的人，这个一般准则才具有某种微弱的约束力；对那些胡闹、放荡和自负的人，它完全不起作用。斯密由此强调了家庭教育和社会教育对年轻人道德长成的重要性。

斯密注意到，在从事畜牧业的国家里，以及在法律的力量不足以使每一个国民得到完全的安全保障的国家里，同一家族不同分支的成员的联合，对他们的共同防御来说通常是必要的。而在从事商业的国家中，法律的力量总是足以保护地位最低下的国民，同一家庭的后代，没有聚居的动机，必然会为利益或爱好所驱使而散居各地。随着这种文明状态建立的时间越来越长久和越来越完善，对远地亲戚的关心也越来越少。

斯密还提出并论述了其他一些与个人相关的带有一定特殊性的感情问题，并从中得出了相应的结论。

例如，所谓天赋感情更多的是父母和子女之间道德联系的结果，而不是想象的自然联系的结果。如果一个家庭的丈夫认为孩子是妻子不贞的产物，那么尽管他和这个孩子在伦理上是父子关系，尽管这个孩子也一直在他的家庭中生活，即他们之间存在自然联系，但很难想象他对这个孩子会有真挚的天赋的感情。

又如，在好心人中间，相互顺应的必要和便利，常常产生一种友谊，这种友谊和生来就住在同一家庭之中的那些人中间产生的感情并无不同。办公室中的同事，贸易中的伙伴，就是如此。其实，即使是街坊邻居的生活细节也常常会对人们的交往和道德产生某种影响。斯密认为，对大家最有好处的处世之道是彼此关照、和睦相处。

再如，一个人对另一个人的全部感情，如果完全是以对这个人的高尚的行为和举动所怀有的尊敬和赞同为基础的，并为许多经验和长期的交往所证实，那么这是最可尊重的感情。这种友情来自一种自然的同情和感情。这种感情只能存在于具有美德的人之中，具有美德的人只会认为彼此的行为和举止完全可以信任。邪恶总是反复无常的，只有美德才是首尾一贯的和正常的。建立在对美德的热爱基础上的依恋之情，由于它无疑是所有情感中最有品德的，所以它也是最令人愉快的，又是最持久和最牢靠的。斯密所言极是。

最后，什么人最应该受到特殊的恩惠？回答是：似乎没有什么人比我们已经领受过其恩惠的人更适合得到我们的恩惠。也就是说，好有好报。当然，这就要求受惠者知恩图报。不过，施惠者的处境可能很不相同，有的非常幸福，有的则十分不幸；有的富裕而有权力，有的则贫穷而又可怜。斯密说，地位等级的区别，社会的安定和秩序，在很大程度上建立在我们对前一种人自然怀有的敬意的基础之上，而人类不幸的减轻和慰藉，则完全建立在我们怜悯后一种人的基础之上。

斯密一直企图阐明个人的为人处世之道，可是在阐明了这些相关的一般法则之后，他又强调说，尽管这些法则是存在的，它们在发生作用也是事实，然而，企图用任何一种精确的准则来判定人们应当如何感情行事，却是完全做不到的；他坚信，归根到底还是要靠留待内心的那个公正的旁观者和伟大的法官来决定，也就是我们所熟悉的做人的良心和责任感。

第2章 论天性要求我们善待的社会团体的次序

善待社会团体是善待个人的继续和发扬。道理和原则是一样的，但善待的对象从个人扩大到了社会团体。斯密说，用以指导把个人作为我们慈善对象的次序的原则，同样指导着把社会团体作为我们慈善对象的那种先后次序。正是那些最重要的或者可能是最重要的社会团体，首先和主要成为我们的慈善对象。

在这些对象中，首推政府或国家。道理是显而易见的：我们都生活在国家之中，我们的安全和利益与国家的安全和利益息息相关。因此，热爱国家就是天性赋予我们或者说要求我们应该具备的首要品质。斯密特别提到，热爱国家就应热爱国家历史上的杰出人物，赞美他们崇高的为国献身和牺牲精神，痛恨叛国者。显然，斯密是在赞美爱国主义。

善待邻国是斯密强调的另一个重要原则。斯密深知各国关系之复杂难解，然而，他指出各国间的冲突与战争、妒忌与仇恨，只能带来深重的灾难。他企图唤起人们心中最美好的愿望，并认识到：对方国家的繁荣昌盛、土地的精耕细作、制造业的发达、商业的兴旺、港口海湾的安全、所有文化和自然科学的进步，这些都代表着世界的真正的进步，人类因这些进步而得益，人的天性因这些进步而高贵；如果妒忌别国这些进步，无疑有损于这两个伟大民族的尊严。因此，每个国家不仅应当尽力超过邻国，而且应当出于对人类之爱，去促进而不是去阻碍邻国的进步。斯密在此所倡导的是国际合作与共赢。

每个人如何处理好自己同社会不同阶层和团体的关系，特别是如何正确地对待自己国家的国体，也是斯密关注的一个重要问题。他指出，每个阶层和社会团体都有它自己特定的权力、特权和豁免权。而一个国家的国体，则取决于如何划分不同的阶层和社会团体，取决于在它们之间如何分配权力、特权和豁免权。因此，个人在维护自己团体利益时，一定要考虑国家的整体利益；尊重既定的政治体制的结构，又尽可能地使同胞们的处境趋于安全、体面和幸福。换句话说，要兼顾两者的利益。斯密明白，在和平安定时期，这两者的利益容易统一，但在发生纠纷和骚乱时，极易发生分歧。斯密说，在这种情况下，或许常常需要政治上的能人志士做出最大的努力去判断：一个真正的爱国者在什么时候应当维护和努力恢复旧体制的权威，什么时候应当顺从更大胆但也常常是危险的改革精神。斯密为改革旧体制预留下了足够的空间和可能性，至少在理论上如此。

斯密在本章最后针对"热心公益精神"发表的一番议论似有特殊的意义。在斯密笔下，"热心公益精神"的承担者指的是政治家一类人物。针对政治家的所作所为，斯密着重提出了以下几点：第一，对外战争和国内的派别斗争，是能够为热心公益精神提供极好表现机会的两种环境。某人在对外战争中为国立功，容易成为人们普遍感激和赞美的对象，但参与国内派别斗争则可能毁誉参半。第二，执政党的领袖对自己国家的贡献，可能比从对外战争中取得的辉煌胜利更为实在和更为重要。他可以重新确定和改进国体，可以成为最优异和最卓越的改革者和立法者，使自己的同胞得到长期安宁和幸福。第三，在派别斗争的骚乱和混乱中，某种"体制的精髓"容易与热心公益精神相混合，这两者的基础是不同的：后者以人类之爱为基础，而政治家怀抱的所谓的"体制的精髓"，在所谓的更高尚的热心公益精神的激励下，常常干出一些激进而狂热的举动，致使国家和民众生活遭受侵扰；热心公益精神则尊重现存政治体制，致力于调和社会矛盾，以说服和沟通代替暴力。第四，掌权者容易自以为是、目空一切、视民众如草芥，以为可以任意摆布他们，其实，在人类社会这个大棋盘上每个棋子都有它自己的行动原则，它完全不同于当政者指导他们的原则。如果这两种原则一致，人类社会这盘棋就可以顺利和谐地走下去，而且前景良好；如果两者彼此相抵触和不一致，这盘棋就会下得很艰苦，社会必然陷入混乱。斯密基于历史的经验教训做出的这番总结，对我们观察现实的社会生活不无启发。

第3章　论普施万物的善行

前述两章分别探讨了人们如何善待别人和善待社会团体的问题，这是对人间世界的美德的研究；本章的研究则从人间扩展到了整个宇宙，研究人们应该如何对待人类之外的生物和非生物。

斯密指出，宇宙的主宰不再是人而是神（上帝），对宇宙这个巨大的机体的管理，对一切有理智和有知觉的生物的普遍幸福的关怀，是神的职责，而不是人的职责；人应该顺从而不是违逆宇宙主宰的意志。然而，人类出于自己的天性，对于宇宙万物的一切还是会表现出或喜爱或厌恶的感情；而且，为了全世界更大的利益，为了一切有知觉的和有理智的生物的利益，有智慧、有美德的人应该牺牲自己个人的利益和社会团体的利益。这是人类天性所能接受的范围，也是人类天性所决定的美德的升华。斯密的这些思想至今仍具有强烈的现实意义。

第三篇　论自我控制

自我控制是一种独立的美德

自我控制这种品质，在斯密看来，既影响自己的幸福也影响别人的幸福，因而它不属于前两篇研究的范畴。也就是说，自我控制本身应该是一种独立的美德，这种美德同从这种控制的效用中所得到的美德无关，也同从这种控制能使我们在一切场合按照谨慎、正义和合宜的仁慈的要求采取的行动中得到的美德无关。至于这种美德应该是指什么，斯密在进一步的阐述中有所说明。

自我控制的性质及其典范

所谓自我控制，指的是对个人激情的自我控制。斯密说，如果每个人不能对自己的激情加以适当的控制，则个人的言行很难按照高度的谨慎、严格的正义和合宜的仁慈这些准则去行事，因而也很难成为一个具有完美美德的人。

斯密沿袭传统的说法，将需要控制的激情分为两类：一种是需要做出相当大的努力才能控制或抑制的激情，包括片刻的激情，主要是恐惧和愤怒；另一类是比较容易控制的片刻的甚至一个较短时期内的激情，主要是对舒适、享乐、赞扬和其他许多只是使个人得到满足的事情的喜爱。

关于前一种激情，斯密说，如果控制得好，久而久之，就能养成意志坚强、刚毅的品德，否则，任恐惧和愤怒一类情绪左右自己的言行，就容易使自己背离应有的职责。在这种情况下，这种自控努力所表现出来的力量和高尚激起了人们某种程度的尊敬和称颂，这就是一种自我控制之美。

关于后一种激情，如果自我控制得好，就能养成节制、庄重、谨慎和适度一类的品德，否则，一味追求舒适、享乐和赞扬，就很容易诱使自己背离应有的职责。在这种情况下，这种努力所表现出来的一致性、均等性和坚忍性，如果激起了人们某种程度的尊敬和称颂，那么这也是一种自我控制之美。

斯密说，抑制恐惧的典范莫过于富于牺牲精神的战士和英雄，因此，战争是一个获得和锻炼这种高尚品质的大学校。至于对愤怒的控制，似乎没有对恐惧的控制那样高尚和崇高，但它依然是非常难得的。总起来说，对恐惧的抑制，对愤怒的抑制，总是伟大和高尚的自制力量，当它们为正义和仁慈所驱使时，不仅是伟大的美德，而且还为其他美德增添了光辉。然而，它们有时也会受到截然不同的动机驱使，成为极端危险的力量。

斯密指出，对第二类激情的抑制，似乎更不容易被滥用到任何有害目的之上。节制、庄重、谨慎和适度总是可爱的，而且不大可能被用于任何有害的目的。令人感到可爱的纯洁和简朴这两种美德，以及令人敬重的勤奋和节俭这两种美德，还有来自和缓地实行自我控制这种坚持不懈的努力，都获得了伴随它们的一切朴实的光彩。在幽僻而宁静的生活道路上行走的那些人，他们的行为从自我控制中获得了属于这种行为的很大部分的优美和优雅，这种优美和优雅虽然不那么光彩夺目，但是其令人喜爱的程度并不总是低于英雄、政治家和议员的显赫行为所伴有的那种优美和优雅。

激情的合宜程度

在结束了对自我控制的性质的说明之后，斯密转而研究另一个相关的问题：激情的合宜的程度，即公正的旁观者所赞成的任何激情的程度。他指出，这种激情的程度会因激情的不同而有所不同，但可以确定的一般准则是：旁观者最乐于表示同情的激情，是或多或少合乎当事人心意的一种激情。因为合乎当事者的心意，所以这种激情即使表现得有些过分，也会为人所喜欢，至少不会厌恶它。例如，有助于把社会上的人团结起来的内心感情的倾向，即仁爱、仁慈、天伦之情、友谊、尊敬的倾向，就是如此，过分比不足较少使人感到不快。相反，旁观者最不想表示同情的那种激情，是或多或少不合当事人心意的甚或使他厌烦的激情。例如，使人们不相往来并且似乎有助于切断人类社会各种联系的内心感情的倾向，即愤怒、憎恨、妒忌、怨恨、仇恨的倾向，其过分较之不足更易使人感到不快。

关于自我评价

斯密指出，自我评价可能太高，也可能太低。高估自己是如此令人愉快，低估自己是如此令人不快，以致对个人来说无可怀疑的是：在某种程度上高估自己没有少许低估自己那样令人不快。但是，那个公正的旁观者的看法也许会截然不同。对他来说，低估自己必然总是没有高估自己那样令人不快。就我们的同伴而言，我们更经常抱怨的无疑是其自我评价过高而不是不足，因为这会伤害我们的自尊心。

自我评价的标准有两个：一个是完全合宜和尽善尽美的标准（观念）。这是我们每个人都能够理解的观念。另一个是接近于这一观念的标准，它通常是世人所能达到的标准，是我们的朋友和同伴、对手和竞争者中的大部分人或许都已经达到的标准。

"具有智慧和美德的人"毕生追求的是第一个标准，尽其所能地按照这个标准来塑造自己的品质。这种人从不自满，反而总觉得自己有所不足，除了能找到许多理由来表示谦卑、遗憾和悔改以外，找不出什么理由来妄自尊大和自以为是。这种人在健康或患病时、在成功或失意时、在劳累或懒散时、在最清醒或最糊涂时，都必定会保持自己行为的合宜性，即便是极其突然和出乎意料的困难与不幸的袭击也决不会使他们惊骇，他人的不义绝不会惹得他们采取不义行动，激烈的派系斗争绝不会使他们惊慌失措，战争的一切艰难险阻绝不会使他们沮丧和胆寒。

　　斯密说，依照第二条标准评价自己时，很多人会觉得自己的所作所为已经大大超过了这条标准，他们很少意识到自己的缺点和不足，他们几乎谈不上什么谦虚，他们常常是傲慢、自大和专横的，他们还是那种最喜欢赞美自己和小看别人的人。但是，这种人的极端自我赏识和自我吹嘘，常能收到一时迷惑民众的效果。不过，如果这种自我吹嘘得到地位很高和拥有巨大权力的人物的支持，那其欺骗性就更大了。

　　有意思的是，斯密依据亚历山大大帝等一些领袖人物的实例指出，如果没有一定程度的过度的自我赞赏，就很少有人能取得人世间的伟大成就，并取得支配人类感情和想法的巨大权力。一些最杰出的人物，实施了最卓越行动的人，在人类的处境和看法方面引致极其剧烈变革的人，战争中成就巨大的军事家，最伟大的政治家和议员，人数最多且取得最大成功的团体和政党的能言善辩的创始人和领袖，他们中的许多人不是因为其具有很大的优点，而是因为其某种程度的甚至同那种很大的优点完全不相称的自以为是和自我赞赏的品性而崭露头角。当然，斯密更推崇的不是自我评价过高的人，而是具有端正和谦虚美德的人，这些人心里更踏实，行事更稳重。

骄傲和虚荣

　　斯密指出，对于具有比平常人更多和更卓越的长处的那些杰出人物的过高自我评价，我们不仅常常加以宽恕，而且常常完全加以体谅和同情。但是，我们不能体谅和同情这样一些人过高的自我评价，在这些人身上，我们看不出他们有什么超人之处，人们对他们过高的自我评价感到讨厌和憎恶。我们把这些过分的自我评价称为骄傲和虚荣；"虚荣"这个词总是意味着严厉的责备，"骄傲"这个词在很大程度上也含有这个意思。

斯密说，骄傲和虚荣这两个缺点，虽然作为对过分的自我评价的两种变态，它们在某些方面是很相似的，但是在其他许多方面，这两者又是大不相同的。斯密花了很多篇幅对比分析了这两者按照各自固有的品质发生作用时所表现出来的不同特点（第331—338页）。然后，他又指出，骄傲的人常常是爱虚荣的，爱虚荣的人也常常是骄傲的；虚荣心的浅薄和不恰当的卖弄夸张同骄傲的最有害的、幼稚的傲慢无礼常常结合在一起。斯密分析之鞭辟入里，可谓无以复加。

两个极端

斯密说，优点显著超过通常水平的人，有时会低估自己，有时也会高估自己。这种人虽然不是非常高尚的，但在私人交往中往往完全不是令人不快的。他的同伴们在同这样一个虚怀若谷和不摆架子的人交往时都感到自己非常舒畅和自在。然而，如果这些同伴们并不具有比常人更强的识别能力和更宽宏大量的品质，那么虽然他们会对他产生一些友好的感情，但是也不会对他产生较大的敬意，而且他们的友好热情会远远不足以补偿他们淡薄的敬意。不比常人具有更强识别能力的人，对别人的评价从来不会超过对自己的评价……

另一方面，天赋大大不如通常水平的不幸的人，有时对自己的评价似乎更不如他们的实际状况。这种谦卑有时似乎会使他们陷入白痴的行列。一些白痴，或许还是大部分白痴，似乎主要或完全由于理解能力上的某种麻木或迟钝，而被人们看成是白痴。但是，另外有些白痴，他们的理解力并不显得比未被看成是白痴的人更为麻木或迟钝……

因此，最能为当事人带来幸福和满足的那种自我评价，似乎同样也能给公正的旁观者带来最大的愉快。那个按照应有的程度并只按这种程度来评价自己的人，很少不能从他人身上得到他认为应当得到的一切敬意。他所渴望的并不多于他所应得到的东西，而且他对此感到非常满足。斯密的这些话说得非常深刻和中肯。

结　论

斯密从人性论的高度对本卷做了总结，而这个人性，既非单纯利己，也非单纯利他，而是两者的结合。这就再次表明，斯密所塑造的"道德人"的本质，并非历来被认为的单纯利他主义。

斯密说，对自己幸福的关心，要求我们具有谨慎的美德；对别人幸福的关心，要求我们具有正义和仁慈的美德。前一种美德约束我们使我们以免受到伤害，后一种美德则敦促我们促进他人的幸福。坚持这些美德的要求，就是对那个想象中的公正的旁观者、自己心中的那个伟大的居住者、判断自己行为的那个伟大的法官和仲裁者的情感的尊重。

如果说谨慎、正义和仁慈这些美德在不同的场合可能是由两种不同的原则向我们提出的要求，那么，自我控制的美德在大多数场合主要并且几乎完全是由一种原则向我们提出来的要求，这个原则就是合宜感，就是对想象中的公正旁观者的情感的尊重。合宜感对愤怒和恐惧是一种约束，对虚荣心也是一种抑制，当然，谨慎也是一种抑制。

谨慎、正义和仁慈这些美德除了带来令人愉快的后果外不会产生别的倾向。在我们对所有这些美德的赞同中，无论是对践行这些美德的人来说，还是对其他一些人来说，这些美德的令人愉快的后果及其效用的感觉，都会与我们对这些美德合宜性的感觉结合在一起，并且总是构成那种被我们赞同的值得注意的并且常常是十分重要的因素。但是，在对自我控制的美德的赞同中，对于这种美德的后果的满意，有时并不构成那种赞同的要素，常常只构成其微不足道的要素。这些后果有时可能是令人愉快的，有时也可能是令人不快的。

第七卷　论道德哲学的体系

亚当·斯密在《道德情操论》第七卷，对古往今来具有代表性的道德哲学体系进行了梳理和评论，明确界定了他自己的学说与前人学说的异同，也表明他对前人的学说有着怎样的继承和批判关系。

亚当·斯密认为，就道德感情问题而言，有两个问题最值得关注，这两个问题也是他梳理和评论各种理论的焦点：第一，美德的本质是什么？或者说，人的何种性格或行为构成值得赞扬的品质？这是最主要的问题。第二，确立这种美德的"内心力量和功能"是什么？或者说，内心的什么力量和功能使我们得以确立对某种品质的态度？亚当·斯密指出，这个问题虽然在思辨中极为重要，但在实践中却并不重要。

第一篇　论应当在道德情感理论中加以考察的问题

斯密发现，关于人类道德情感的本性和起源的一些最成功的和最卓越的理论，几乎都在某一方面同他自己一直在努力说明的理论相一致，而且前人的各种道德理论同他的理论一样，也都以人的天性原则为基础，所以它们在某种程度上全都是正确的。但是，由于他们对人的天性的理解不完整，所以他们的道德学说在某些方面也是错误的。

斯密认为，在关于道德原则的探讨中，有两个问题需要加以考察：第一，美德存在于什么地方？或者说，人的何种性格和行为构成了成为尊重、尊敬和赞同的自然对象的那种优良和值得赞扬的品质？第二，内心的什么力量和功能，使我们认识这种品质——不管它是值得尊重的、尊敬的还是值得赞同的。换句话说，人心喜欢某种行为的意向而不喜欢另一种；把某种行为的意向说成是正确的，而把另一种说成是错误的；把某种行为中的意向看成是赞同、尊敬和报答的对象,而把另一种看成是责备、非难和惩罚的对象。所有这些,是如何并依靠什么手段来实现的?

本篇的内容就是提出这两个问题,并从第二篇起展开对这两个问题的论述。

第二篇 论已对美德本质做出的各种说明

亚当·斯密将关于美德本质的学说归纳为三种类型。第一种类型是认为美德存在于合宜性之中。按照这种看法,人的内心优良的性情并不存在于任何一种感情之中,而存在于对我们所有感情合宜的控制和支配之中。这些感情根据我们所追求的目标和渴望达到的程度及不同方式,既可以看成是善良的,也可以看成是邪恶的。

第二种类型是认为美德存在于谨慎之中。就是说,美德存在于对我们的个人利益和幸福的审慎追求之中,或者说,它存在于对作为唯一追求目标的那些自私感情的合宜的控制和支配之中,其特征是利己主义。

第三种类型是认为美德存在于仁慈之中。就是说,只存在于以促进他人幸福为目标的那些感情之中,而不存在于以促进我们自己的幸福为目标的那些感情之中。因此,按照这种看法,无私的仁慈是唯一能给任何行为盖上美德之戳的动机,其特征是纯粹的利他主义。

亚当·斯密认为,除了这三种类型,很难想象还能对美德本质做出任何别的解说。任何一种道德学说,以上三者必居其一。

第1章 论认为美德存在于合宜性之中的那些体系

评柏拉图的理性美德论

亚当·斯密认为,柏拉图和亚里士多德,以及芝诺为创始人的斯多葛学派,都认为美德存在于人的行为的合宜性之中,或者存在于感情的恰如其分之中,依据这种精神采取的行动才是符合美德要求的。

柏拉图(公元前428或427—公元前348或347),古希腊三大哲学家之一,位居第二,与苏格拉底和亚里士多德共同奠定了西方文化的哲学基础。"他以苏格拉底的生活和思想为根据,建立起博大精深的哲学体系。其思想有逻辑学、认识论、形而上学等方面，但基本动机却是伦理的……从根本上说，柏拉图是个理性主义者，恪守这一命题：必须追随理性，无论走向何方。因此，柏拉图哲学的核心是理性主义伦理学。"[1]

亚当·斯密着重评论了柏拉图的美德论。他指出："按照他（柏拉图）的说法，美德的本质在于内心世界处于这种精神状态：灵魂中的每种功能都活动于自己正当的范围之内，不侵犯别种功能的活动范围，确切地以自己应有的那种力量和强度来履行各自正当的职责。显然，他的说明在每一方面都同我们前面对行为合宜性所作的说明相一致。"（第356页）

亚当·斯密的这个论断是从对柏拉图的"灵魂"学说的解读中得出来的。依照亚当·斯密的解读，在柏拉图的体系中，灵魂被看作是具有约束力和指导性的东西，它有三种不同功能：第一种功能是判断，即理性，凭此判断或理性来确定目的及手段是否合宜。第二种功能是凭此理性激发出灵魂中易怒的激情，它表现为野心、憎恶、对荣誉的热爱和对羞耻的害怕，以及对胜利、优势和报复的渴望，等等。这些激情一直被用来保护我们免受伤害、维护我们在人世间的地位和尊严，使我们追求崇高的和受人尊敬的东西，并使我们能识别以同样方式行动的那些人。第三种功能由人的理性激发出灵魂中多欲的激情，即基于对快乐的热爱的那些激情，它包括身体上的各种欲望靠着对舒适和安全的热爱以及所有肉体欲望的满足感。这些激情被用来提供身体所需要的给养和必需品。

亚当·斯密继续说，按照这个指导原则，在柏拉图体系中，存在谨慎这种基本的美德，它表现为公正和清晰的洞察力，对各种行为的目的和手段的全面而科学的认识。在此理性指导下，上述第一种，即易怒的激情，就构成了坚忍不拔和宽宏大量这种美德；当人类天性中三个不同的部分（理性、易怒和多欲）和谐一致时，就构成了自我克制这种美德。当人的内心的这三种功能各司其职且互不僭越时，就产生了正义——这也是四种基本美德中最后的也是最重要的一种美德。

亚当·斯密指出，正义一词具有三种不同的含义。第一种含义是：当我们没有对旁人实施任何实际的伤害，即不直接伤害他人的人身、财产和名誉

---

[1] 请参阅：《不列颠百科全书》（第13卷），中国大百科全书出版社，1999年，第333页。

时，就说对他的态度是正义的。这种意义同亚里士多德和经院学派所说的狭义的正义是一致的……它存在于我们不去侵犯他人的一切、自愿地做自己按照礼节必须做的一切事情之中。

第二种含义是：如果旁人的品质、地位以及同我们之间的关系使得我们恰当地和切实地感到他应当受到热爱、尊重和尊敬，而我们却不进行这样的表示，不是相应地以上述感情来对待他，那就说我们对他的态度是不义的。这种意义同一些人所说的广义的正义是相一致的……它存在于合宜的仁慈之中，存在于对我们自己的感情的合宜运用之中，存在于把它用于那些仁慈的或者博爱的目的，用于在我们看来最适宜的那些目的之中。在这个意义上，正义包含了所有的社会美德。

第三种含义比前两者更为宽泛：它同行为举止的确切的和完美的合宜性无异，其中不仅包含狭义的和广义的正义所应有的职责，而且还包括一切别的美德，如谨慎、坚忍不拔和自我克制。亚当·斯密说，柏拉图正是在最后这种意义上理解正义这个词的，根据他的理解，这个词包含了所有尽善尽美的美德。

对亚里士多德的美德论的评论

亚里士多德（公元前384—公元前322）是继苏格拉底和柏拉图之后，古希腊最伟大的科学家和思想家。他对西方文化的取向和内容产生了极其深远的影响，无人可以与之相媲美。"他的哲学和科学体系，一直是中世纪基督教和伊斯兰教经院哲学思想的支柱和媒介；直到17世纪末，西方文化始终是亚里士多德的。甚至经历几个世纪的理性变革以后，亚里士多德的概念和观念，仍然深埋藏在西方思想之中。亚里士多德的知识体系博大精深，包含了绝大多数科学和多门艺术。他的工作涉及物理学、化学、生物学、动物学、植物学、心理学、政治学、伦理学、逻辑学、形而上学、历史、文学理论、修辞学等。"[①]

亚当·斯密指出，亚里士多德对美德的解释，同他自己对行为合宜与不合宜所作的说明，是完全一致的。根据亚里士多德的看法，美德存在于正确理性所养成的那种平凡的习性之中。每种美德，应是处于两个相反的邪恶之

[①] 请参阅：《不列颠百科全书》（第1卷），中国大百科全书出版社，1999年，第467页。

间的某种中间状态。在某种特定事物的作用下，这两个相反的邪恶中的某一个因太过分、另一个因太不足而使人感到不快。于是，坚忍不拔或勇气就处于胆小怕事和急躁冒进这两个相反的缺点之间的中间状态……节俭这种美德也处于贪财吝啬和挥霍浪费这两个恶癖之间的中间状态……同样，高尚也处于过度傲慢和缺乏胆量这两者之间的中间状态，前者对于我们自己的身份和尊严具有某种过于强烈的情感，而后者则具有某种过于薄弱的情感。

亚当·斯密还指出，柏拉图的美德论似乎满足于对合宜动机的判断和认识，而亚里士多德则强调，美德与其说是存在于那些适度的和恰当的感情之中，不如说是存在于这种适度的习性之中。也就是说，美德不在于一时一事的偶然之举，而在于习惯之中。此即所谓偶然做一件好事并不难，难的是一辈子做好事不做坏事。这就把柏拉图的认识向前推进了一步。

评斯多葛学派的美德论

"斯多葛学派是在古希腊和罗马时代兴盛起来的一个学派，是西方文明史上最崇高、最卓越的哲学学派之一。斯多葛学派总是鼓励人们参与人类事业，相信一切哲学探究的目的都在于给人提供一种以心灵平静和坚信道德价值为特点的行为方式。"[①]

该学派的创始人是基提翁（塞浦路斯）的芝诺（公元前340—公元前265）。芝诺之后的主要代表者，依次是《宇宙颂》的作者克莱安西斯、克里西波斯，以及中期斯多葛派的帕奈提奥斯、波斯多尼奥斯。公元后罗马时代的后期斯多葛学派的著名人物有：罗马政治家塞内加（著有《道德论文集》和《道德通信集》），被尼禄皇帝释放的奴隶爱比可泰德（著有《手册》）。罗马后期无贤王之一的安东尼努斯（著有《沉思录》，留传至今，对于传播和发展斯多葛学派的哲学起了巨大作用）。

斯多葛学派认为，知觉是真知的基础；正确的理性是一切事物中不能削减的元素，它像"神火"一样遍布于世界，一切物质的或有形的物体都受这种理性或命运的支配，人的目标就是要按照自然去生活。他们坚信"这个世界上的一切事情都为聪颖贤明、强而有力、仁慈善良的上帝的天意所安排"，

---

① 请参阅：《不列颠百科全书》（第16卷），中国大百科全书出版社，1999年，第227页。

而他们始终记挂的"天性",则可能是指由天意赋予万事万物存在、变化和发展的某种必然性或法则。

亚当·斯密对该学派道德哲学思想的评论就聚焦在"天性"学说上。在该学派看来,天性指示每种动物关心它自己,并且赋予它一种自爱之心。这种感情不仅会尽力维护它的生存,而且会尽力去把它天性中各种不同的构成要素保持在它们所能达到的完美无缺的境界之中;天性会向人指出:任何有助于维持这种现存状态的事物,都是宜于选取的。这样,身体的健康、强壮、灵活和舒适,以及能促进它们的外部环境上的便利,还有财产、权力、荣誉、同我们相处的人的尊重和敬意,这一切都被自然而然地作为宜于选择的东西推荐给我们,而拥有这些总比缺乏它们好。另一方面,任何倾向于破坏这种现存状态的事物,都是宜于抛弃的。身体上的疾病、虚弱、不灵巧和痛苦,以及倾向于引来和导致它们的外部环境上的不便利,还有贫困、没有权力、同我们相处的人的轻视和憎恨,这一切同样都自然而然地作为要躲开和回避的东西推荐给我们。在每一类中,也有更宜选择或更宜抛弃的区别,例如,健康比强壮更可取,欺辱比贫困更应避免。

总之,在斯多葛学派看来,"天性或多或少地使各种不同的事物和环境作为宜于选择或抛弃的对象呈现在我们面前。美德和行为的合宜性,就存在于我们对它的选择和抛弃之中;存在于当我们不能全部获得那些总是呈现在我们面前的各种选择对象时,我们从中选取最应该选择的对象之中;也存在于当我们不能全部避免那些总是呈现在我们面前的各种弊害时,我们从中选取最轻的弊害之中"。这就是所谓的"两利相权取其重,两害相权取其轻"。

亚当·斯密继续解读道:"据斯多葛派学者说,因为我们按照每个事物在天下万事万物中所占的席位,运用这种正确和精确的识别能力去做出选择和抛弃,从而对每个事物给予应有的恰如其分的重视,所以,我们保持着那种构成美德实体的行为的完全正确性。这就是斯多葛派学者所说的始终如一地生活,即按照天性、按照自然或造物主给我们的行为规定的那些法则和指令去生活。在这些方面,斯多葛派学者有关合宜性和美德的观念同亚里士多德和古代逍遥学派学者的有关思想相差不远。"(第359—360页)

对斯多葛学派道德学说的进一步评论

接着,亚当·斯密花了大量篇幅论述了斯多葛学派整个道德学说的本质特征，从而展示了这种学说与柏拉图和亚里士多德道德学说的区别。

亚当·斯密说："对于生和死的轻视，同时，对于天命的极端顺从，对于眼前的人类生活中所能出现的每一件事表示十分满足，可以看成是斯多葛学派的整个道德学说体系赖以建立的两个基本学说。那个放荡不羁和精神饱满但常常是待人苛刻的爱比克泰德，可以看成是上述前一个学说的真正创导者；而那个温和的、富有人性的、仁慈的安东尼努斯，是后一个学说的真正倡导者。"（第378页）亚当·斯密说，根据这些卓越的学说，斯多葛学派的学者，至少是其中的某些学者，演绎出了他们的全部"怪论"（悖论）。

例如，在个人与整体的关系问题上，他们认为，由于我们自己的根本利益被看成是人类整体利益的一部分，所以人类整体的幸福不仅应当作为一个原则，而且应当是我们所追求的唯一目标。就是说，个人的追求和幸福应该服从于人类整体幸福，如果个人幸福经过努力不能实现，那就应该心安理得地接受现状，因为一切都是命中注定的。

又如，在生与死的问题上，斯多葛学派认为，明智之人对于天命从不抱怨，因为他明白自己不过是广阔无垠的宇宙体系中的一个原子、一个微粒，必然而且应当按照整个体系的便利而接受摆布。他确信指导人类生活中一切事件的那种智慧，无论什么命运降临到他的头上，他都乐意接受，并对此感到心平气和。如果他了解宇宙的各个不同部分之间所有的相互联系和依赖关系的话，那么他就知道这正是他自己希望得到的命运；如果命运要他活下去，他就心满意足地生活下去；如果命运要他去死，这就说明自然界认为他没有什么必要在这个世界上继续存在下去了，那他就应该心甘情愿地走向另一个指定要他去的世界。这在斯多葛学派看来也是一种合宜性。

再如，斯多葛学派哲人由于对统治宇宙的仁慈的贤人哲士充满信任，由于对上述贤人认为宜于建立的任何秩序都完全听从，所以他们必然对人类生活中的一切事件都漠不关心。人的全部幸福，首先存在于对宇宙这个伟大体系的幸福和完美的思索之中，存在于对神和人组成的这个伟大的共和政体的良好管理的思索之中，存在于对一切有理性和有意识的生物的思索之中。其次，存在于履行自己的职责之中，存在于合宜地完成上述贤人哲士指定人们去完成这个伟大的共和政体的事务中的任何微小部分的事务之中。人们的这种努力的合宜性或不合宜性对他们来说也许是关系重大的，但这些努力是成功还是失败对他们来说却可能根本没有什么关系，且并不能使他们非常高兴或悲伤，也不能使他们产生强烈的欲望和嫌恶之情。但无论如何，一切都听天由命。

最后，斯多葛学派还以极大的努力使他们的追随者们确信：死没有什么也不可能有什么罪恶；如果他们的处境在某些时候过于艰难，以致他们不能恒久地忍受，那么办法就在身边，大门敞开着，他们可以愉快地、毫无畏惧地离开。他们说，如果在这个世界之外没有另一个世界，那么人一死就不存在什么罪恶；而如果在这个世界之外还另有一个世界，那么神必然也在那个世界，一个正直的人是不会担心在神的保护下生活会是一种罪恶。可以说，这是在为自杀正名。

亚当·斯密认为，斯多葛学派的这些"怪论"（悖论），要么是对柏拉图或亚里士多德观点的曲解，要么只是离题的诡辩，不值得认真计较。接着，他又对斯多葛学派伦理学发表了结论性的评论，这些评论十分精彩，不妨全文援引如下。

亚当·斯密说："造物主为了引导我们的行动而勾画出来的方案和次序，似乎和斯多葛派哲学所说的完全不同。

"造物主认为，那些直接影响到多少由我们自己操纵和指导的那一小范围的事件，那些直接影响到我们自己、我们的朋友或我们国家的事件，是我们最关心的事件，是极大地激起我们的欲望和厌恶、希望和恐惧、高兴和悲伤的事件。如果这些激情过于强烈——它们很容易达到这样的程度——造物主就会适当地给予补救和纠正。真正的甚或是想象的那个公正的旁观者，自己心中的那个伟大的法官，总是出现在我们面前，威慑这些激情，使它们回到那种有节制的合宜的心情和情绪中去。

"如果尽管我们竭尽全力，但所有那些能影响我们所管理的那一小范围的事件仍然产生出极为不幸的、具有灾难性的结果，那么造物主就决不会不给我们一点安慰。不仅是自己心中那个人充分的赞赏会给我们带来安慰，而且，如果可能的话，一种更加崇高和慷慨的原则，一种对仁慈的智慧的坚定信任和虔诚服从，也能给我们带来安慰，这种仁慈的智慧指导着人世间的一切事件。我们可以相信，如果这些不幸对整体的利益不是必不可少的话，那么这种仁慈的智慧就决不会容忍这些不幸发生。

"造物主并没有要求我们把这种卓越的沉思当作人生伟大的事业和工作。他只是向我们指出要把它当作我们在不幸中所能得到的安慰。而斯多葛派哲学则把这种沉思看成是人生伟大的事业和工作。这种哲学教导我们,在我们自己非常平静的心情之外,在自己内心所作的那些取舍的合宜性之外,没有什么事件(除非是同下述范围有关的事件)会引起我们诚挚而又急切的热情,这个范围就是我们既没有也不应去进行任何管理或支配的由宇宙这个伟大主宰管辖的范围。斯多葛派哲学要求我们绝对保持冷淡态度,要我们努力节制以致根除我们个人的、局部的和自私的一切感情,不许我们同情任何可能落在我们、我们的朋友和我们的国家身上的不幸,甚至不许我们同情那个公正的旁观者的富有同情心而又减弱的激情,试图以此使我们对于神指定给我们作为一生中合宜的事业和工作的一切事情的成功或失败满不在乎和漠不关心。

"可以说,这些哲学论断虽然会造成人们的认识更加混乱和困惑,但是,它们决不能打断造物主所建立的原因和它们的结果之间的必然联系。那些自然而然地激起我们的欲望和厌恶、希望和恐惧、高兴和悲伤的原因,不顾斯多葛学派的一切论断,按照每个人对这些原因的实际感受程度,肯定会在每个人身上产生其合宜的和必然的结果。然而,内心这个人的判断可能在很大程度上会受到这些论断的影响,我们内心的这个伟大的居住者可能在这些推断的教导下试图压抑我们个人的、局部的和自私的一切感情,使它们减弱到大体平静的程度。指导居住在我们内心这个人做出的判断,是一切道德学说体系的重大目的。毋庸置疑,斯多葛派哲学对它的追随者们的品质和行为具有重大的影响;虽然这种哲学有时可能促使他们不必要地行使暴力,但这种哲学的一般倾向是鼓励他们做出超人的高尚行为和极其广泛的善行。"

显然,与斯多葛学派宣扬消极无为、逆来顺受、听天由命的哲学相反,亚当·斯密倡导的是积极向上、奋发有为、适应和改造现实的创造精神。如果说前者表现的是适应奴隶主阶层需要的意识形态,那么后者则反映了资本主义新时代新阶级的心声。

对"现代哲学体系"的评论

除了这些古代的哲学体系之外,亚当·斯密还对"一些现代的哲学体系"进行了简短的评论。这些哲学认为,美德存在于合宜性之中,或存在于感情的恰当之中,并且认为我们正是根据这种感情对激起这种感情的原因或对象采取行动的。他在这里提到了以下三位作者。

第一位是克拉克博士(Dr. Samuel Clarke, 1675—1729)。他指出,正确

的和有义务的行为（而不是美德）是适合于事物的各种不同关系的。他认为，美德存在于按照事物的联系所采取的行动之中，存在于按照我们的行为是否合乎情理进行调整并使之适合于特定的事物或联系之中。

另一位是沃拉斯顿先生（Mr. William Woollaston, 1660—1724）。他认为，美德存在于按照事物的真谛、它们合宜的本性和本质而做出的行为之中，或者说存在于按其真实情况而不是虚假情况来对待各种事物之中。

第三位是沙夫茨伯里伯爵（Lord Shaftesbury, 1671—1713）。他认为，美德存在于维持各种感情的恰当平衡之中，存在于不允许任何激情超越它们所应有的范围之中。

亚当·斯密认为，所有这些哲学体系在描述同一个基本概念时都或多或少地不够准确，并且，更重要的是，这些哲学体系存在两方面的主要的缺陷：一方面，这些体系都没有提出，甚至也没有自称提出过任何能借以弄清或判断感情的恰当的或合宜的、明确的或清楚的衡量标准。我们知道，亚当·斯密认为这种明确的或清楚的衡量标准在其他任何地方都找不到，只能在没有偏见的见闻广博的旁观者的同情感中找到。另一方面，这些哲学体系对美德的描述本身是非常公正的，但是对美德的这种描述还不完善。因为，虽然合宜性是每一种具有美德的行为中的基本成分，但它并不总是唯一的成分，它还应包括各种仁慈行为。此外，这些哲学体系对罪恶的描述更不完善，虽然不合宜是每一种罪恶行为中必然会有的成分，但它并不总是唯一的成分。再者，还应当考虑到在各种没有伤害性和没有什么意义的行为之中，常常存在着极其荒唐和不合宜的东西。某些对于同我们相处的那些人具有有害倾向的经过深虑熟悉的行为，除不合宜之外还有其特定的性质，这些行为因而似乎不仅应该受到责备，而且还应该受到惩罚；并且，这些行为不只是令人讨厌的对象，也是令人愤恨和报复的对象。

第 2 章 论认为美德存在于谨慎之中的那些体系

伊壁鸠鲁（公元前 341—公元前 270），古希腊哲学家，是注重个人内心快乐、友谊和隐居的伦理学的创始人。伊壁鸠鲁美德论的核心概念是谨慎，谨慎被视为是最值得重视的美德。亚当·斯密首先扼要地概述了他关于美德本质的学说，然后着重指出了这种学说同他自己的合宜美德论的区别，以及同柏拉图和亚里士多德合宜美德论的区别。

亚当·斯密将伊壁鸠鲁哲学的要点概括为以下几点。第一，肉体的痛苦和快乐总是欲望和厌恶的天然对象，也是其唯一重要的对象。其他事物（例如财富和名誉等）对人的影响，最终都是通过或归结为人的肉体的痛苦和快乐才使人感受到的。这种说法的弦外之音在于，将个人的苦乐视为道德伦理的出发点和归宿点，而将外界的任何因素，包括与社会或别人的关系，统统排除在外了。

第二，内心苦乐最终还是来自于肉体的苦乐，不过内心的苦乐要比肉体的苦乐广泛得多，记忆使人感受到过去的感觉，而预期则用来感受将来的感觉。这就是说，内心的感觉比肉体的感觉更重要。肉体的死亡似乎是一件大事，但从内心的感受来说不过是苦乐感觉的终止，不能看作是一种罪恶，因此算不了什么。

第三，如果眼前痛苦的实际感觉就其本身来说小得无须害怕，那么眼前快乐的实际感觉就更不值得追求。因此，按照伊壁鸠鲁的说法，人性最理想的状态，人所能享受到的最完美的幸福，在于肉体所感到的舒适、安定或平静。达到人类天性追求的这个目标，是所有美德的唯一目的。

例如，谨慎虽然是一切美德的根源和基本要素，但并不是因为谨慎本身被人追求，而是因为它具有促成最大的善行和消除最大的邪恶的倾向。

同样，回避快乐，抑制和限制享乐激情，也绝不可能是因为其自身的缘故而被人追求，这种美德的全部价值来自于它的效用，来自于它能使我们为了将来更大的享乐而推迟眼前的享乐，或者能使我们避免受到有可能跟随眼前的享乐而来的某种更大的痛苦。

至于勤劳不懈、忍受痛苦、勇敢面对危险或死亡等，选择这些处境只是为了避免更大的不幸。不辞辛劳是为了避免贫穷所带来的更大的羞耻和痛苦。勇敢面对危险和死亡是为了保护自己的自由和财产，保护取得快乐和幸福的方法和手段，或是为了保护自己的国家。坚忍不拔总是为了避免更加剧烈的痛苦、劳动和危险。正义也是如此。放弃属于他人的东西，因为不这样做，将会激起人们的憎恨和愤怒，你内心的安定和平静就会荡然无存。之所以要为别人做好事，是因为如果不这样做，就会激起别人的轻视和憎恨。因此，正义的全部美德，不外是对我们自己周围的人的那种谨慎的行为。

这就是伊壁鸠鲁有关美德本质的学说。亚当·斯密认为，这种学说完全忽视了这样一个事实，伊壁鸠鲁所提到的各种基于个人内心的感受的表现，事实上对别人也许会激发出更大的反应,因此,我们对某种品质的渴望或厌恶,不可能仅仅依据我们自己的感受来决定取舍,而必须考虑到外界或别人的反应。我们知道,亚当·斯密自己的合宜美德论正是以此为基点的,所以,亚当·斯密说,伊壁鸠鲁的美德论体系同他的合宜论体系是完全不一致的。

亚当·斯密还指出,伊壁鸠鲁的体系与柏拉图、亚里士多德和芝诺的体系既有相同点也有不同点。相同点在于,四者的体系都认为美德存在于以最合适的方法去获得天然欲望的各种基本对象的这样一种行动。所谓最合适的方法,就是如苏格拉底所说的:"你想要得到一个优秀音乐家的名声吗?获得这个名声的唯一可靠的办法是成为一个优秀的音乐家。同样,你想被人认为有能力像一个将军或一个政治家那样去为国尽力吗?在这种情况下,最好的办法其实是去获得指挥战争和治理国家的艺术和经验,并成为一个真正称职的将军或政治家。"不同点在于:四者的体系对那些天然欲望的基本对象的说明有所不同;对美德的优点,或者对这种品质应当得到尊敬的原因所作的说明不尽相同。最后,亚当·斯密还指出了伊壁鸠鲁观点与其他三位哲学家观点的不同。

第3章 对认为美德存在于仁慈之中的那些体系

认为美德存在于仁慈之中的体系,指的是奥古斯都时代以及其后的大部分哲学家的体系。这些哲学家自命为折中派,他们自称主要信奉柏拉图和毕达哥拉斯的观点,因此以晚期柏拉图主义者的称号而闻名。

根据这些学者们的看法,在神的天性中,仁慈或仁爱是行为的唯一规则,并且还是一种至高无上的和支配一切的品质,所有其他的品质都处于从属的地位。神的行为所表现的全部美德或全部道德最终来自于这种品质。人类内心的至善至美和各种美德,都存在于同神的美德的某些相似或部分相同之中,因而,都存在于充满着影响神的一切行为的那种仁慈和仁爱的相同原则之中。也就是说,仁慈既是神的美德,自然也应该是人的美德。这种体系,如同受到古代基督教会的许多神父的高度尊敬一样,在宗教改革之后,也为一些极其虔诚和博学的以及态度极为和蔼的神学家所接受。但是,在这种哲学体系所有古代的和当代的支持者中,已故的哈奇森博士,无疑是无与伦比的,他是一个观察力最敏锐的、最突出的、最富有哲理性的人,而最重要的是,他是一个最富有理智和最有见识的人。这个哈奇森(1694—1746年),就是亚当·斯密的老师，1730—1746年期间，他在格拉斯哥大学任道德哲学教授。

亚当·斯密肯定地说，美德存在于仁慈之中，这是一个被人类天性的许多表面现象所证实的观点，而且仁慈似乎在我们的各种天然感情中占据了比其他各种感情更高尚的地位，甚至过分仁慈在我们看来也不是非常令人不快的，这同其他各种激情的癖好总是使我们感到极大的憎恶很不相同。由于仁慈是唯一能使任何行为具有美德品质的动机，所以，人的某种行为所显示的仁慈感情越是浓厚，这种行为能得到的赞扬必然就越多。总之，视仁慈为美德是无可挑剔的。

然而，在亚当·斯密看来，针对视仁慈为唯一美德标准的观点，还是应该提出："对我们自己个人幸福和利益的关心，在许多场合也表现为一种非常值得称赞的行为原则。节俭、勤劳、专心致志和思想集中的习惯，通常被认为是根据自私自利的动机养成的，同时也被认为是一种非常值得赞扬的品质，应该得到每个人的尊敬和赞同。"（第400页）他还指出，如果我们真的相信某个人并不关心自己的家庭和朋友，并不由此恰当地爱护自己的健康、生命或财产这些本来只是自我保护的本能就足以使他去做的事，这无疑是一个缺点，虽然是某种可爱的缺点，但它把一个人变成与其说是轻视或憎恨的对象，还不如说是可怜的对象。需要的是在仁慈和个人合理诉求之间寻求一种"平衡"。

再说，仁慈或许是神的行为的唯一原则。不能想象，一个神通广大、无所不能的神的行为还会出于别的什么动机。但是，"对于人这种不完美的生物来说，维持自己的生存却需要在很大程度上求助于外界，这必然常常根据许多别的动机行事。如果由于人类的天性应当常常影响我们行动的那些感情，不表现为一种美德，或不应当得到任何人的尊敬和称赞，那么，人类天性的外界环境就特别艰难了。"（第402页）话说得很是婉转，但含义是十分明确的：纯粹的仁慈固然可贵，但对一般人来说，未免要求过高，太不现实了。这就是亚当·斯密对仁慈美德论的最终结论。

第4章 论放荡不羁的体系

亚当·斯密在这个题目下所要给予严厉批判的是孟德维尔的学说体系。不过，在展开这种批判之前，亚当·斯密先对前面已经评论过的各种学说作了一个总结，指出它们尽管观点各异，但在追求真知这一点上是共同的。在与这些具有正面意义的学说的强烈对比中,他推出了孟德维尔这个反面角色。

亚当·斯密说,到现在为止,他所阐述的所有那些体系,都认为不管美德和罪恶可能存在于什么东西之中,但在这些品质之间都存在着一种真正的和本质上的区别;或许,上述体系中的某一个确实有几分倾向于打破各种感情之间的平衡,确实有几分倾向于使得人的内心偏重于某些行为原则并使其超过应有的比例,侧重于这一方面,而对另一方面有所轻视。不过,亚当·斯密说:"尽管有着这些缺陷,但那三个体系中的每一个,其基本倾向都是鼓励人类心中最高尚的和最值得称赞的习性。如果人类普遍地甚或只有少数自称按照某种道德哲学的规则来生活的人,想要根据任何一种上述体系中的训诫来指导自己行动的话,那么,这个体系就是对社会有用的。我们可以从每个体系中学到一些既有价值又有特点的东西……"(第403—405页)

说到这里,亚当·斯密话锋一转:"然而,还有另外一个似乎要完全抹杀罪恶和美德之间区别的道德学说体系,这个学说体系的倾向因此就十分有害。我指的是孟德维尔博士的学说体系。虽然这位作者的见解几乎在每一方面都是错误的,然而以一定方式观察到的人类天性的某些表现,乍看起来似乎有利于他的这些见解。这些表现被孟德维尔博士以虽则粗鲁和朴素然而却是活泼和诙谐的那种辩才加以描述和夸张之后,给他的学说加上了某种真理或可能是真理的外观,这种外观非常容易欺骗那些不老练的人。"(第405—406页)

孟德维尔(1670—1733年),荷兰散文家、哲学家,职业是医生,后定居英国,因所著《蜜蜂的寓言》(1714年初版)誉满欧洲。该书的核心论点是,人们更加关心的自然是自己的幸福而不是他人的幸福,他们不可能在自己的心中真正地把他人的成功看得比自己更重要,他们的任何行为都是出于自私自利的动机;在由此动机所激发的激情中,虚荣心是最强有力的一种;即使表面看来为了同伴而牺牲自己的利益,也还是为了博得同伴的称赞,满足自己的虚荣心,而隐藏在虚荣心背后的仍然是自私自利的动机,因为他们预计从这种行为中得到的快乐将超过自己所放弃的利益。因此,根据孟德维尔的体系,一切公益精神,所有把公众利益放在个人利益前面的做法,都只是一种对其他人的欺诈和哄骗,因而这种被大肆夸耀的人类美德,这种被人们争相效仿的人类美德,只是自尊心和奉承的产物。

既然这样，如何正确地认识和鉴别虚荣之心就成了一个焦点。针对孟德维尔的论点，亚当·斯密首先指出了哪些表现不能叫作虚荣。他说，那种想做出光荣和崇高行为的欲望，那种想使自己成为受人尊敬和被人赞同的合宜对象的欲望，不能叫作虚荣，相反，这是对于美德的爱好，是人类天性中最高尚和最美好的激情。他又说，甚至那种对于名副其实的声望和名誉的爱好，那种想获得人们对于自己身上真正可贵品质的尊敬的欲望，也不应该称为虚荣，因为这仍然是对真实的荣誉的爱好，尽管它是比前者低一级的激情，其高尚程度似乎也次于前者。

那么，真正的虚荣心表现在哪里呢？亚当·斯密是这样刻画的："渴望自己身上的那些既不配获得任何程度的称赞、本人也并不期待会获得某种程度称赞的品质，能够获得人们的称赞；想用服装和饰物的浮华装饰，或用平时行为中那种轻浮的做作，来表现自己的品质，这样的人，才说得上是犯有虚荣毛病的人。渴望自己得到某种品质真正应该得到的称赞，但却完全知道自己的品质不配获得这种称赞，这样的人才说得上是犯有虚荣毛病的人。那种经常摆出一副实际自己根本配不上那种显赫气派的腹中空空的纨绔子弟，那种经常假装自己具有实际上并不存在的惊险活动的功绩的无聊的说谎者，那种经常把自己打扮成实际上并没有权利去染指的某一作品的作者的愚蠢的抄袭者，对这样的人，才能恰当地指责其具有这种激情。据说，这样的人也犯有虚荣毛病：他们不满足于那些未明言的尊敬和赞赏的感情；他们更喜欢的似乎是人们那种喧闹的表达方式和喝彩，而不是人们无声的尊敬和赞赏的情感；他们除了要亲耳听到人们对自己的赞赏之外从不感到满足，他们迫不及待地强求硬讨他们周围的人的一切尊敬的表示；他们喜欢头衔、赞美、被人拜访、有人伴随、在公共场合受到带着敬意和关注表情的人们的注意。虚荣这种轻浮的激情完全不同于前面那两种激情，前两种是人类最高尚和最伟大的激情，而它却是人类最浅薄和最低级的激情。"（第407—408页）斯密的刻画真是淋漓尽致、生动深刻，无以复加！

既然真伪虚荣心如此泾渭分明，那么为什么孟德维尔能够混淆视听、以假乱真呢？亚当·斯密对此作了分析。他说，通过以上分析可以看出，人实际上存在着三种激情：一种是使自己成为荣誉和尊敬的合宜对象的欲望，或使自己成为有资格得到这些荣誉和尊敬的那种人的欲望；另一种是凭借真正应该得到这种荣誉和尊敬的感情，去博得这些感情的欲望；第三种至少是想得到称赞的轻浮的欲望。亚当·斯密说，虽然前两种激情总是为人们所赞成，而后一种激情总是为人们所藐视，它们是大不相同的，然而，它们之间又有着某种细微的雷同之处，这种雷同被孟德维尔以幽默而又迷人的口才加以夸大，极易使读者上当受骗。

　　亚当·斯密于是分析了看似雷同实则存在原则区别的几种情况。一种情况是，虚荣心旨在获得人们的尊敬和赞美，而爱好名副其实的荣誉也是如此，这两种激情之间有着某种雷同。但是，这两者又是有区别的：后者是一种正义的、合理的和公正的激情，而前者则是一种不义的、荒唐的和可笑的激情。渴望以某种真正值得尊敬的品质获得尊敬的人，只不过是在渴望他当然有资格获得的东西，以及那种不做出某种伤害公理的事情就不能拒绝给他的东西；相反，在任何别的条件下渴望获得尊敬的人，则是在要求他没有正当权利去要求的东西。此外，这一区别还在于，后者很容易得到满足，不太会猜疑或怀疑人们是不是没有给予他足够的尊敬，也并不那么渴望看到人们表示重视的许多外部迹象；相反，前者则从来不会感到满足，它充满着这样一种猜忌和怀疑，即人们并没有给予他自己所希望的那么多的尊敬，因为他内心有这样一种意识：他所渴望得到的尊敬大于他应该得到的尊敬。对于礼仪的最小疏忽，他认为是一种不能宽恕的当众侮辱，是一种极其轻视的表现。他焦躁而又不耐烦，并且始终害怕失去人们对他的一切敬意。为此，他总是急切地想得到一些新的尊敬的表示，并且只有不断得到奉承和谄媚，才能保持自己正常的性情。

　　另一种情况是，在使自己成为应当获得荣誉和尊敬的人的欲望和只是想获得荣誉和尊敬的欲望之间、在对美德的热爱和对真正荣誉的热爱之间，也有某种雷同之处。然而，即使是最宽宏大量的人，即使是因美德本身而渴望具有美德的人，即使是漠不关心世人对自己实际看法的人，也会高兴地想到世人应对他抱有什么看法，高兴地意识到虽然他可能既没有真的获得荣誉也没有真的得到赞赏，但是他仍然是荣誉和赞赏的合宜对象；并意识到如果人们冷静、公正、切实和恰当地了解他的行为的动机和详情，他们肯定会给予他荣誉和赞赏。虽然他藐视他人实际上对他抱有的看法，但他高度重视他人对他所应当持有的看法。他的行为中最崇高和最高尚的动机是：他可能认为，不管别人对他的品质会抱有什么想法，自己应该具有那些高尚的情感；如果他把自己放到他人的地位上，并且不是考虑他人的看法是什么，而是考虑他人的看法应当是什么的话,那他总是会获得有关自己的最高评价……

正确与错误,高尚与低贱,光明与阴暗,高扬与贬斥,亚当·斯密的刻画入木三分,立马可见。我们禁不住再次为作者卓越的分析和深刻的思想所倾倒,为其中隐含的真知灼见所折服。

亚当·斯密对孟德维尔的批判并没有到此终结,接下来他把批判的矛头指向了另一个侧面。孟德维尔不满足于把虚荣心这种肤浅的动机说成是所有那些被公认具有美德的行为的根源,他尽力从其他许多方面指出人类美德的不完善。在历数了孟德维尔所谓的种种不完善的表现之后,亚当·斯密指出:"把每种激情,不管其程度如何以及作用对象是什么,统统都说成是邪恶的,这是孟德维尔那本书(《蜜蜂的寓言》)的大谬所在。他就这样把每样东西都说成是虚荣心——关系到他人的情感是什么或者他人的情感应当是什么的那种虚荣心;依靠这种诡辩,他做出了自己最喜爱的结论:个人劣行即公共利益。"(第412页)他把人们对富丽豪华物品的喜欢,对优雅艺术和生活中一切先进东西的爱好,对建筑物、雕塑、图画和音乐的爱好,都说成是奢侈、淫荡和出风头,然后又说这些东西必然对公众是有利的;因为如果没有这些品质,优雅的艺术就不会得到鼓励,甚至会因为没有用处而枯萎凋零。亚当·斯密指出,在孟德维尔时代以前流行的将美德归结为根绝一切激情和欲望的禁欲学说,是孟德维尔学说的真正基础。

"这就是孟德维尔博士的体系,它一度在世界上引起很大的反响。虽然同没有这种体系时相比,它或许并未引致更多的罪恶,但是它起码唆使那种因为别的什么原因而产生的罪恶,表现得更加厚颜无耻,并且抱着过去闻所未闻的肆无忌惮的态度公开承认它那动机的腐坏。"(第413页)亚当·斯密对此的痛恨之深,跃然纸上!

亚当·斯密希望,他的这番批判足以揭穿孟德维尔骗人的把戏,使受骗者(特别是涉世不深的青年人)得以警醒。我们相信,他的希望不会落空,并且也没有落空。

第三篇 论已经形成的有关赞同本能的各种体系

这里论述的是道德哲学的下一个重要问题,即赞同本能问题:人的内心的什么力量或能力使人能够确立对某种行为是喜爱还是讨厌，或者把某种行为说成是正确的而把其余的说成是错误的，并且把某种行为看作是赞同、尊敬和报答的对象，而把其余的看作是责备、非难和惩罚的对象。亚当·斯密说，讨论这个问题，虽然在思辨中极为重要，但在实践中却并不重要。讨论美德本质的问题必定在许多特殊场合对人们有关正确和错误的见解有一定影响，而讨论赞同本能这个问题却可能不具有这样的影响。不过，尽管如此，他还是评论了相关的观点。

他指出，对赞同本能有三种不同的解释：一种是自爱，或根据别人对我们自己的幸福或不幸的某些倾向性的看法；另一种是理智，即我们区别真理和谬误的能力；第三种是直接的情感和感情本身。

第1章 论从自爱推断出赞同本能的那些体系

在论及从自爱推断出赞同本能的那些体系时，亚当·斯密指出，持此论的那些人所采用的解释方式不尽相同，因而在他们各种不同的体系中存在着大量的混乱和错误。按照霍布斯①及其追随者普芬道夫②、孟德维尔的观点，人们之所以会从自爱出发来推断赞同本能，是因为人们不得不处于社会的庇护之中，没有别人的帮助，任何人都不可能舒适地或安全地生存下去。因此，社会对任何人来说都是必不可少的，并且任何有助于维护社会秩序和增进社会福祉的东西，人们都会认为具有间接增进自己利益的倾向，并且赋予这种社会秩序以一种极其伟大的美；相反，任何可能妨害和破坏社会秩序的东西，人们都会认为对自己具有一定程度的损害作用，而且认为这是一种巨大的丑恶。

当然，人们从自爱出发来决定自己的态度时，并不意味着他们会认为历史上或者其他地域发生的事情一定会影响到他们当下的生活，这种态度所表达的不过是一种感同身受或同情而已。但是，亚当·斯密指出，同情在任何

---

① 托马斯·霍布斯（1588—1679 年），伟大的英国唯物主义哲学家和政治理论家，以论述个人安全和社会契约的著作而闻名于世，其中既包含着自由主义思想的萌芽，又保留了那个时代专制主义的特征。其最主要的著作是《利维坦》（1651 年），包括论人、论国家、论基督教国家和论黑暗王国共四个部分。
② 萨缪尔·普芬道夫（1632—1694 年），德国国家法专家、法理学家和历史学家，对德国自然法哲学影响颇大。

意义上都不可能看成是一种自私的本性；从自爱出发最终导致对别人的同情，这显然是一个矛盾；从自爱推断出一切情感和感情，即耸人听闻的有关人性的全部阐述，从来没有得到过充分和明白的解释，这似乎是源于对同情体系的某种混乱的误解。

第2章 论把理性作为赞同本能的根源的那些体系

论及把理性视为赞同本能的根源的那些体系时，亚当·斯密指出，这种看法在某些方面是正确的。这是因为，凭借理性，人们发现了应该据以约束自己行为的有关正义的那些一般准则；凭借理性，人们也形成了有关什么是谨慎，什么是公平，什么是慷慨或崇高的较为含糊的和不确定的观念。道德的一般格言同其他的一般格言一样，是从经验和归纳推理中形成的。

但是，如果认为有关正确和错误的最初感觉可能来自理性，甚至在那些特殊情况下会来自形成一般准则的经验，则是十分可笑的和令人费解的。这是因为，这些最初感觉不可能成为理性的对象，而是直接官感和感觉的对象。任何东西若不直接受到感官或感觉的影响，那么它们都不能因为自己的缘故而得到人们的赞同或反对。因此，在各种特殊情况下，如果美德必然因为自身的缘故使人们的心情愉快，而罪恶肯定使人们心情不舒畅，那么，就不是理性而是直接的感官和感觉，使我们同前者相一致而同后者不协调。

总之，理性被作为决定取舍或正误的标准，从而被看作是赞成本能的来源是对的，但不能说理性是最初的来源，理性本身还来自于感官或感觉。这就是亚当·斯密对将理性看作赞同本能这种观点的基本看法。

第3章 论把情感视为赞同本能的根源的那些体系

最后，在论及把情感视为赞同本能的根源的那些体系时，亚当·斯密着重评介了他的老师哈奇森教授的观点。哈奇森认为，赞同本能既不是建立在自爱的基础之上，也不是建立在理性的基础之上，而是建立在一种特殊的感情之上，即建立在人的内心对某些行为或感情的特殊感觉能力之上；这种情感具有区别于所有其他情感的特殊性质，是特殊感觉能力作用的结果。

哈奇森把这种新的感觉能力称为道德情感，并且认为它同外在的感官有几分相似。正像我们周围的物体以一定的方式影响着这些外在感官，似乎具有了不同质的声音、味道、气味和颜色一样，人心的各种感情以一定的方式触动这一特殊官能，似乎也具有了亲切和可憎、美德和罪恶、正确和错误等不同的品质。

哈奇森认为，道德情感不属于直接的或先行的感官，而属于反射的或后天的感官。前者是指这样一种感觉能力（感官），内心据此获得的对事物的感觉，不需要以先对另一些事物有感觉为前提条件。例如，声音和颜色就是直接感官的对象，人们听见某种声音或看见某种颜色并不需要以先感觉到的任何其他性质或对象为前提条件。而后者则必须以先对另一些事物有感觉为前提条件。例如，和谐和美就是反射性感官的对象；为了觉察某一声音是否和谐或某一颜色是否美，我们一定得首先觉察这种声音或这种颜色。

哈奇森通过说明这种学说适合于人类天性的类推，说明赋予人类内心种种其他确实同道德情感相类似的反射感觉来证实他的这一学说。例如，在外在对象中的某种关于美和丑的感觉。又如，人们用于对自己同胞的幸福或不幸表示同情的热心公益的感觉；再如，某种对羞耻和荣誉的感觉，以及某种对嘲弄的感觉，等等。

在正面介绍了哈奇森的道德情感论之后，亚当·斯密又论及某些人对哈奇森学说的种种指责，在这些指责中，有的依据的是从哈奇森的学说中得出的某些矛盾的结论，认为这些结论足以驳倒他的学说。例如，哈奇森承认，若把属于任何一种感觉对象的那些特性归于这种感觉本身，那是极其荒谬的。有谁想过把视觉称为黑色或白色？或有谁想过把听觉称为声音高或低？又有谁想过把味觉称为味道甜或苦呢？而且，按照他的说法，这同把人们的道德官能称为美德或邪恶，即道德上的善或恶，是同样荒唐的事情。要知道，属于那些官能对象的这些特性并不属于官能本身……此外，我们还可以提出一些同样不可辩驳的反对意见。例如，在许多场合，人们一般的感情便足以说明他某种情绪的出现，而不必诉诸某特殊的感情……

亚当·斯密并不赞成哈奇森以特殊的道德情感作为基础来说明赞同本能的根源，在他看来，这种赞同本能的基础范围要宽泛得多，但也全都在人的感觉范畴之内。他说："当我们赞成人的某种品质或行为时，根据我前述的体系，我们感觉到的情感都来自四个方面的原因，这些原因在某些方面都互不相同。首先，我们同情行为者的动机；其次，我们理解从其行为中得到好处的那些人所怀有的感激心情；再次，我们注意到他的行为符合那两种同情据以表现的一般准则；最后，当我们把这类行为看作是有助于促进个人或社会幸福的某一行为体系的组成部分时，它们似乎就从这种效用中得到了一种美，即一种并非不同于我们归于各种设计良好的机器的美。"（第431—432页）

最后，亚当·斯密指出，另外还有一种试图从同情的角度来说明道德情感起源的体系，它有别于亚当·斯密的体系。它把美德置于效用之中，说明旁观者从同情受某一性质的效用影响人们幸福的角度来审视这一效用所具有的快乐的理由。这种同情既不同于人们理解行为者的动机的那种同情，也不同于赞同因其行为而受益的人们的感激的那种同情，它正是据以赞许某一设计良好的机器的同一原则。不过，很显然，任何一架机器都不可能成为人们这两种同情的对象。在该书第四卷（"论效用对赞同情感的作用"），亚当·斯密已经对这一体系作了说明，这里不再赘述。

第四篇　论不同的作者据以论述道德实践准则的方式

在本卷的最后部分，亚当·斯密总结性地分析了不同著作家论述道德实际标准的不同方法，这从一个侧面反映出了道德哲学研究的历史进步的足迹。

他指出，著作家们探讨道德标准的方法大致有两种：第一种是古代一切道德家所采用的，其特点是以一般的粗略的方式来描述各种罪恶和美德；第二种是中晚期基督教会的所有雄辩家以及十七、十八世纪探讨过所谓的自然法学的那些学者们所采用的，他们不满足于一般的方法，而是努力指出人的各种行为的方向，并规定正确而精细的准则。

亚当·斯密指出古代思想家们如何以当时语言可能说清楚的程度，努力去确定他们所推崇的道德标准，描述人们的内心情感；最初的伦理学就是这样逐渐形成和建立起来的。他指出，这种方法虽然没有高度的精确性，但仍不失为一种具有很大效用的令人愉快的科学。

由于正义是人们可以合宜地为其制定正确准则的唯一美德，所以它主要得到采用第二种方法的著作家的研究。然而，其中的法学家们和雄辩家们对正义的研究的方法是截然不同的。法学家们着重考虑权利人应认为自己有权使用暴力来强求什么，以及每一个公正的旁观者会赞同他强求什么，或者他提请公断而同意为他伸张正义的法官或仲裁人，应该迫使另一方承受或履行什么。而雄辩家们思考较多的不是使用暴力可以强求什么，而是义务人应认为自己必须履行什么义务。给法官和仲裁人制定做出决断的准则是法学的目的，而给善良的人规定行为的准则是雄辩学的目的。

亚当·斯密说，对待同一个问题，法学家们和雄辩家们很可能给出不同的解释和答案。合法未必合理，反之亦然。"可以说，正确的合宜性需要遵守一切诺言，只要这不违反人们承担的某些其他更为神圣的责任即可，例如，对公众利益负有的责任，对那些人们出于感激、亲情或善心而要赡养和抚养的人负有的责任。然而，如前所述，人们没有任何明确的准则来确定哪些外在的行动是出于对这种动机的尊重，因而也不能确定什么时候哪些美德同遵守这种诺言相矛盾。"（第440页）也就是说，情况是复杂的，不可一概而论，具体情况需要具体分析。亚当·斯密的这番分析旨在表明，法学和雄辩学虽然都研究一般正义准则的义务，但它们之间是存在差异的。

亚当·斯密又说，虽然这种差异是真实的和基本的，虽然这两种科学提出了十分不同的目的，但是它们相同的主题在它们之间产生了很多相似之处，因而宣称研讨法学的大部分学者，有时根据法学的原则，有时则根据诡辩学的原则，毫无区别地确定了他们所考察的不同问题，或许当他们这样或那样做的时候并没有意识到自己是毫无区别地在确定。

然而，雄辩家们的学说绝不仅限于考察对一般正义准则的真诚的尊重会向人们提出什么要求，它包括基督教和道德上的其他许多方面的责任。某个案子一旦交付牧师制裁，以及由此归入雄辩家们观察范围的对道德责任的违反，则除了对正义原则的违反之外，还增添了对雄辩学准则的违反，以及对诚实准则的违反。可是，只有对正义准则的违反是明确的或确定的，而后两者则往往是有伸缩性的，并且同正义准则也不一定完全吻合。

亚当·斯密说，雄辩家们的著述的主题是：对正义准则的真心实意的尊重；人们应该如何尊重自己邻居的生命和财产；赔偿的责任；贞洁和贤淑之道；什么是色欲罪；诚实的准则，以及誓言、许诺和各种契约的责任。一般可以说，雄辩家们的著述徒劳地试图用明确的准则指导只能用感情或情感判断的事情。这显然是不合理的。因此，亚当·斯密认为，道德哲学的两个有用部分是伦理学和法学，而雄辩学应被完全否定。

《国富论》导读

绪 论 《国富论》的创作与出版

创作初衷与主题

前述已经指出，亚当·斯密生活在18世纪英国资本主义工场手工业鼎盛时期，自由竞争、自由经营和自由贸易已成为新兴产业资本发展的迫切要求。然而，历经两百多年的以国家干预主义为特征的重商主义仍然根深蒂固，成为产业资本发展的主要障碍。《国富论》的初衷和主题，如其书名所示，就是要重新"研究国民财富的性质和原因"，创建顺应时代发展潮流的经济自由主义学说，并以之清算和结束重商主义。《国富论》就是对这种时代呼唤的回应。

亚当·斯密这样确定其研究的初衷和主题，同他对政治经济学的目标和任务的看法相关。他认为："作为政治家或立法家的一门科学的政治经济学，它有两个不同的目标：第一，给人民提供充足的收入或生计，或者更确切地说，使人民能给自己提供这种收入或生计；第二，给国家或社会提供足以施行公务的收入。其宗旨在于使人民和君主都富裕起来。"[1] "政治经济学"最早是献给国王和王后的进谏之言，[2] 后来逐渐转向高官权贵，作为他们治理政务之策。[3] 像亚当·斯密这样，将人民和君主一并纳入致富和研究的对象范

---

[1] 亚当·斯密著、郭大力和王亚楠译：《国民财富的性质和原因的研究》，下卷，商务印书馆，1974年，第1页（以下引用该书，只在引文后括弧内注明上、下卷，页码。译文恕有改订，均据 *An inquiry into the nature and causes of the wealth of nations*, the modern library, New York, edited by Edwin Cannan, 1937）。

[2] 例如，法国重商主义者安·德·孟克列钦的《献给国王和王后的政治经济学》（1615年）。

[3] 例如，威廉·配第（马克思称他为"政治经济学之父，在某种程度上也可以说是统计学的创始人"）的《献给英明人士》（1664年）和《政治算术》（1672年）等。

围,将实现国富民强定义为政治经济学的目标,在经济思想史上尚属首次。不用说,这里所谓的"人民",当然首先和主要是指那些伴随工场手工业发展而兴起的企业家,即早期的资产阶级,或者还应包括那些拥有熟练劳动技能、收入水平比较高的技术工人。

亚当·斯密这样确定其研究的目标和主题,又同当时他所面对的经济思想和政策体系有关,其中首推重商主义,其次是法国重农主义。他说:"不同时代不同国度的富裕程度各不相同,却都出现过两种不同的关乎人民福祉的政治经济学体系:一个可称为商业体系,另一个可称为农业体系。"(下卷,第1页)这里所说的商业体系,即是后来所称的重商主义,农业体系即是后来所称的重农主义。斯密认为,重商主义是一种完全过时的东西,其理论之浅薄无理,政策之有害,无以复加,但它在英国和西欧各国自中世纪末期以来一直处于支配地位,迄今尚未根除;至于重农主义,斯密认为,"这个体系虽有许多不完善之处,但在针对政治经济学这个主题发表的许多学说中,要以这个体系最接近于真理,值得每个希望了解这门重要科学的原理的人给予重视"。(下卷,第244页)批判重商主义和重农主义成为一项历史性任务。

过去一个很长的时期,囿于当时的社会环境和条件,我国(来自苏联)学界总是习惯于从价值论和分配论等具体理论的角度来解析《国富论》,似乎亚当·斯密当初创作《国富论》的初衷就是研究这些理论,于是它们也就成了《国富论》的主题。这种思路和做法的形成同当时的教条主义指导思想有关。我们知道,劳动价值论是马克思主义经济学的基础,剩余价值论是它的核心。这些理论在那时被认定"实现并完成了人类经济思想史上最伟大的革命变革,是唯一科学的经济学说"。它毋庸置疑地被定为一尊,成为评判认识真理的唯一标准,亚当·斯密的学说当然也不例外。于是,在对亚当·斯密的"研究"中,像对待其他经济学家的学说一样,依照价值论和剩余价值论的思路加以切割,一门心思地盯住《国富论》的相关论述,一经发现不同于马克思主义的经典论述之处,便以所谓的马克思主义经济学的观点和方法加以批判和评论,指出其包含着种种"混乱和矛盾"、"缺陷和不足",以此证明只有马克思主义经济学才是唯一科学的学说。

这种思路和做法显然是不可取的。不是说《国富论》中没有价值论和分配论,也不是说这些理论在他的学说体系中无足轻重,而是应当指出,姑且不论其是非曲直,仅就《国富论》的主题而言,这种思路和做法也是对这部划时代鸿篇巨制基本精神和丰富内涵的贬低和曲解。实际上，亚当·斯密撰写《国富论》的初衷和该书的主题远比价值论和分配论等要宏大和深刻得多，而且包括价值论等在内的各种理论只是论证其主题的具体组成部分。即使这些理论本身并不十分完善，甚至存在这样那样的缺点和不足，但也不足以动摇和颠覆其崇高的历史地位。

从重商主义到重农主义

从重商主义衰落到重农主义兴起的一百多年间，西欧各国经济思想取得了明显进展，其理论思维的深度和广度都远远超过了漫长的中世纪历经千年所达到的成就。尽管这一时期还没有出现过专业的经济学家，[①] 当然也没有出现过系统、完整、具有划时代意义的经济学鸿篇巨制，[②] 不过，人们已经从现实经济生活中提炼出了一系列实践的和理论的问题，发表了许多不同的观点，在事关经济发展的一些问题上发生了争论，甚至还出现了近代意义上的学术流派，即重农主义。所有这些都为经济学的进一步发展准备了条件，也成为亚当·斯密所面对的主要经济学遗产。

研究如何使个人和国家富裕起来，始终是人们关注的焦点，其他一系列问题都是由此而来，比如货币、利率、地租、人口、价值和价格等，而财富观及致富途径的观念在此期间发生了明显的转变——逐渐远离重商主义，不断向新的思想观念前进——从重视货币到重视生产品（商品），主要是农产品；从为封建王权服务到为新兴资产者代言；从只专注对外贸易到重视生产（主要是农业）。与此相适应，批判重商主义的国家干预主义，以及倡导自由

---

① 正如马克思所说："最初研究政治经济学的是像霍布斯、洛克、休谟一类的哲学家，以及像托马斯·莫尔、坦普尔、萨利、德·维especto、诺思、罗、范德林特、坎替龙、富兰克林一类的实业家和政治家，而特别在理论方面进行过研究并获得巨大成就的，是像配第、巴尔本、孟德维尔、魁奈一类的医生。"（《马克思恩格斯全集》第23卷，第677页）

② 起初多半是小册子或单篇文章，有的还是诗歌或文告。坎替龙《商业性质概论》（1755年）勉强算得上是系统论述的一次尝试，但也只比斯密的《国富论》早了21年；詹姆斯·斯图亚特《政治经济学原理研究》（1767年）在系统论述方面进了一步，但其体现的重商主义观点已经过时，致使它成为一部落后于时代的作品，它仅比《国富论》早了9年；魁奈创立了法国重农主义学派，杜尔阁将其理论和政策发展到最高峰，但是他们都未能开创经济学的新时代。

放任的呼声日渐高涨。

在由致富而引发的一系列理论问题中，利息论占有突出地位。利息在配第那里表现为地租的派生形式，而在洛克等人那里被看作是独立的范畴，休谟和马西则把利息进一步同利润联系了起来。关于决定利息率高低的原因，既出现了归结为货币不足（洛克）和资本或收入不足（诺思）的不同观点，也出现了赞成（柴尔德）和反对（配第、洛克和诺思）对利息作强制性调整的不同观点。

货币问题是另一个热点。追逐货币曾是重商主义的主要目标，但到后来，人们逐渐看到了货币与商品之间的有机联系，甚至这一联系还显露出了未来货币名目论和货币金属论之间分歧的萌芽。与此相关，对纸币和信贷的性质及作用的看法也大相径庭。约翰·罗体系可以看作是以货币名目论为理论依据的一次货币信用制度的冒险。关于货币价值的决定，则有货币数量论（洛克和休谟等）和以收入和需求来解释的不同观点。

关于利润，重商主义说不上有此概念，后来的"迟到的重商主义者"斯图亚特虽然提出了利润概念，但他所谓的利润完全属于让渡利润的范畴，不过是重商主义观念的翻版。其他人也都没有把利润独立出来，将它看作是资本主义条件下经济剩余的基本形式。它在配第那里表现为地租，在洛克等人那里表现为地租加利息，而在重农主义那里则表现为纯产品。

对劳动工资的认识则有所不同。从配第开始，工资就已被明确地归结为工人最低限度的生活资料价值。斯图亚特对此作了深入研究，魁奈和杜尔阁则进一步将这样理解的工资作为其纯产品学说的一个理论支点。

价值论这个自从古代和中世纪以来的传统课题，在近代经济学中的意义显得愈发重要了。之后出现了劳动价值论的萌芽（配第、富兰克林），也出现了效用价值论的萌芽（达文扎蒂、加利阿尼、杜尔阁），不过这两者之间还未达到后来那么大的对立，在一些著作中甚至相安无事地共存着。此外，还出现了以供给和需求（洛克）或以生产费用（斯图亚特）解释价值的观点。我们不应当忘记的是，价值范畴在一些人那里同价格或交换价值是不分的，在另一些人那里与使用价值实际上是一回事。

除了上述属于所谓的微观经济学范畴的各点之外，值得一提的还有属于所谓的宏观经济学范畴的种种贡献。魁奈的《经济表》无疑是分析社会资本再生产的一次伟大尝试，它比坎替龙等人仅仅分析个别资本要宏大得多。资本积累的意义在重农主义者的著作中得到了有力的强调。关于资本的源泉的看法则出现了强调勤劳与节俭同强调奢侈与花费的不同观点，后者（如孟德维尔）突出个人消费对生产的作用，而前者（如杜尔阁）则着眼于生产本身必须有相应的物质条件。至于在消费与节俭两者同生产之间的沟通会不会发生障碍甚至出现中断，人们似乎并不认为这是个问题。换句话说，他们实际上认为，在经济体系内部，即生产与消费之间，生产与储蓄之间，存在着自动调节的机制。

羽毛渐丰的产业资产阶级所要求的经济思想正在构建之中，其蓝图逐渐清晰，材料、工具甚至半成品日见丰富，先后几次构建理论体系的尝试虽没能取得成功，但也留下了可资借鉴的宝贵经验。时代迫切需要出现一位巨人，在总结前人已经取得成果的基础上，彻底清算重商主义并最终锻造出经济自由主义的理论大厦。时代也造就了这样一位巨人，他就是在众多先进思想家中脱颖而出的亚当·斯密。除了社会总资本再生产问题以外，在其他几乎所有重要经济实践和经济理论问题上，他都做出了令世人惊叹的卓越成就。

十二年磨一剑

早在1764年，亚当·斯密陪伴巴克勒公爵游学法国期间就可能开始着手撰写《国富论》了。1764年7月5日，亚当·斯密从图卢兹致信休谟："我以前在格拉斯哥的生活与目前在这里的生活相比，真是既快活又逍遥。为消磨时间，我开始写一本书。您可以相信，我在这里简直没有什么事情可做。"[1] 这是亚当·斯密第一次提到撰写《国富论》，应可视为其写作该书的开端。不过，这也只是一个开端，他接着去了日内瓦和巴黎，再也没有提及撰写《国富论》的事，他真正开始撰写《国富论》是在他回国以后。当然，法国之行极大地丰富了亚当·斯密的思想，为他后来完成这部巨著准备了条件。

1766年11月，亚当·斯密从法国回到英国，起初半年在伦敦，在此期间他除了准备《道德情操论》第三版出版事宜之外，还为撰写《国富论》在当时刚刚建立的大英博物馆等处进行研究。他特别注意到罗马殖民地的独立问

---

[1] 欧内斯特·莫斯纳等编、林国夫等译：《亚当·斯密通信集》，第82封信，商务印书馆，1992年，第145页。

题，相关的见解在他后来的《国富论》中有所反映，这同当时大英帝国的北美殖民地独立问题正迅速成为政治问题的中心不无关系。

1767年5月（？）亚当·斯密回到家乡，与其母亲住在一起。斯密对其母亲一直是很孝顺的，只要有机会，他总会陪侍在侧。而这一次的时间最长，前后有五六年之久，其间只有几次短时间的外出，包括陪巴克勒公爵回苏格兰家乡省亲，去爱丁堡接受该市名誉市民证书等。他在后来给友人的信中回顾说："在我回到不列颠后，我归隐于苏格兰我出生的小镇里，在那里我一直在十分宁静和几乎完全隐居的环境中生活6年。在这段时间里，我用以自娱的主要是写我的关于国家财富探究的书……"① 唯一的乐趣就是一个人在海边散步，当然还少不了同他的挚友休谟等人互通信息。

然而，由于研究论题十分广泛，收集并整理各种资料耗时费力，加上斯密身体状况不佳，致使《国富论》的撰写进展缓慢。1768年1月27日，亚当·斯密在致友人的信中说："自从我回到苏格兰以后，我基本以自己计划的方式从事研究。但是，并没有像我预期的那样进展顺利。"② 不过他坚持不懈，此后几年继续收集并整理资料，研究相关各种问题，先后通过口述的方式"写出"了相关章节，并最终将所有了解到的信息和材料组合成一个"体系"。

1772年9月3日，斯密在给友人的信中说："我的书原以为今年初冬以前就可以付印，但一方面由于毫无娱乐，终日沉思于一个问题而导致自己健康欠佳，另一方面也因为上面说到的额外的工作的妨碍，致使出版时间或许要推迟几个月。"③ 这里所说的额外的工作，是指他的几个朋友被卷入当时的商业危机之中，陷于困难的境地，而斯密则竭力搭救所带来的。

1773年春天，亚当·斯密认为《国富论》基本完成，便携书稿去伦敦，准备对原稿稍作加工润饰便交给出版商。此时亚当·斯密深感身心疲惫，他很担心书没有印出自己便会死去，因此在出发前（1773年4月16日）给休谟写了一封信，指定休谟为遗稿管理人，并把各种未出版原稿放置的地方详细

---

① 欧内斯特·莫斯纳等编、林国夫等译：《亚当·斯密通信集》，第208封信，商务印书馆，1992年，第346页。
② 同①，第113封信（译文有修订），第193页。
③ 同①，第32封信（译文有修订），第220页。

告诉了休谟。斯密在信中说:"因为我已托您保管我的全部文稿,① 所以我必须告诉您,其中除我随身带着的以外,② 别的都不值得出版。不过,有一部篇幅很大的著作是讲笛卡尔时代以前相继流行的天体学说史的,它的断编残简还是有出版价值的。③ 虽然我自己现在感到其中有些部分连续性不够,用词又文雅,但是是否作为少年读物的一种出版,您定下来就是。这本很薄的对开小册子就放在我卧室内的写字台上。其余散乱的文稿,有的也放在那张写字台上,有的在我卧室中装有玻璃折门的一个矮衣柜里。这个矮衣柜里还有 18 本左右对开的文稿,页数都不多。这些手稿,我想好了,毁掉就是,不必翻看……"④

亚当·斯密写此信后不久便前往伦敦,打算很快出版《国富论》。但是来到伦敦的所见所闻,使他觉得需要对原稿作进一步的修改或增补,于是推迟了出版时间。在此期间增补和修改得较多的篇章,首推关于北美殖民地问题的论述。北美殖民地要求独立,这是当时英国朝野和知识界正在激烈争论的大问题。斯密从本杰明·富兰克林等友人处,对当时北美独立运动的主要政治和经济诉求以及英国官方的立场有了更多的了解,于是增补了相关内容。其次是关于收入问题的各章,这是在读了杜尔阁任职法国财政总监后提供给他的《关于课税的备忘录》之后写的,他多处引用了这份宝贵的材料。此外,他还就兽皮价格、旧法国殖民地制糖业衰落、爱尔兰的收入等问题作了修改和增补。经此修改和补充,进一步丰富和充实了《国富论》的理论和内容。这一事实再次表现了斯密尽力追求完美和卓越的风格以及严谨求实的科学精神。

---

① 斯密的健康状况极糟,于是决定委托休谟做他的遗稿保管人。但休谟先去世(1776年),休谟生前委托斯密负责出版他的《自然宗教对话录》。这个责任斯密避而不担,留给了休谟的侄子小大卫·休谟。见休谟 1776 年 5 月 3 日致斯密的信 156 和信 157(《亚当·斯密通信集》注,第 227—228 页)。
② 指《国富论》手稿(《亚当·斯密通信集》注,第 228 页)。
③ 亚当·斯密身后以"以天体学说史为例证的哲学研究的指导原则"为题出版,见《哲学问题论文集》,斯密的遗稿保管人约瑟夫·布莱克和詹姆斯·赫顿编辑(爱丁堡,1795 年)。这部著作,作为斯密的科学方法论的准则,后人如何评价,见 A. S. 斯金纳的"亚当·斯密:哲学与科学",载《苏格兰政治经济学杂志》xix. 3 (1972 年),第 307—319 页(《亚当·斯密通信集》注,第 228 页)。
④ 同上书,第 227—228 页。参看约翰·雷著、胡企林等译、朱泱译校:《亚当·斯密传》,商务印书馆,1983 年,第 237 页。

1776年3月9日，千呼万唤始出来的《国富论》（全称《国民财富的性质和原因的研究》）终于问世。这时离他当初在法国图卢兹"为了消磨时光"着手撰写已经过去了整整12年，真称得上是十二年磨一剑。四开本，两卷，500本，装订本每本售价2英镑2先令，未装订本每本售价1英镑16先令，出版半年即售罄。

　　亚当·斯密赠书众友，首先是老朋友大卫·休谟。休谟于1776年4月1日从爱丁堡给亚当·斯密回信说："写得好！真出色！亲爱的斯密先生：您的著作真让我爱不释手，细读之后，我焦灼的心情一扫而光。这是一部您自己、您的朋友和公众都殷切期待的著作，它的出版是否顺利一直牵动着我的心，现在我可以放心了。虽然要读懂它非专心致志不可，而公众能做到这一点的又不多，它开始能否吸引大批读者我还是心存疑虑。但它有深刻的思想、完整的阐述和敏锐的见解，再加上有很多令人耳目一新的实例，它最终会引起公众注意的。"[1] 事实证明休谟所言不虚。

　　亚当·斯密的另一位朋友布莱尔致信说："大作之精辟超过了我的期望……我的确认为这整整一代人都很感激您……大作应该成为万国商业法典……我确信，自孟德斯鸠的《论法的精神》问世以来，欧洲还没有任何一部著作比得上大作在可能导致人类思想得以扩大和澄清上，起到了那么大的作用。"[2]

　　著名的《英国文明史》（1869年版）作者伯克尔说："从最终效果来看，这也许是迄今最重要的书。"他认为，这本书"对人类幸福做出的贡献超过了所有名垂青史的政治家和立法者做出的贡献的总和"。[3]

　　这本书的出版，部分地践行了亚当·斯密在《道德情操论》1759年初版的最后一段话中许下的诺言。当时斯密是这样说的："我将在另一篇论文中，不仅就有关正义的问题，而且就有关警察、国家岁入和军备以及其他成为法律对象的各种问题，努力阐明法律和政府的一般原理，以及它们在不同的年代和不同的社会时期经历过的各种剧烈变革。"（第452—453页）

　　亚当·斯密后来在1790年《道德情操论》第六版的"告读者"中说：

---

[1] 欧内斯特·莫斯纳等编、林国夫等译：《亚当·斯密通信集》，第150封信，商务印书馆，1992年，第253页。

[2] 同[1]，第151封信，第255页。

[3] 约翰·雷著、胡企林等译：《亚当·斯密传》，商务印书馆，1983年，第261页。

"在本书的第一版的最后一段中,我曾说过,我将在另一本论著中努力说明法律和政治的一般原理,以及它们在不同的社会时代和时期所经历过的不同革命;其中不仅涉及正义,而且涉及警察、国家岁入、军备,以及其他任何成为法律对象的东西。在《国民财富的性质和原因的研究》中,我已部分地履行了这一诺言,至少在警察、国家岁入和军备的问题上。我长期以来所计划的关于法学理论的部分,迄今由于现在还在阻止我修订本书的同样工作而无法完成。我承认,虽然我年事已高,很难指望如愿以偿地完成这个大事业,但我并没有完全放弃这个计划,从打算做自己能做的事情这种责任感出发,我希望能继续完成它,因而我把三十多年前写的这段话未加改动地放在这里。"(第1—2页)

全书框架结构与方法论

《国富论》的框架结构完全体现了亚当·斯密构建经济自由主义新学说的意图和宗旨。全书除了简短的序论和设计,包括五篇正文。前两篇正面系统地论述了新学说的基本理论原理,这是全书的核心和基础;第三篇考察各国经济发展史,意在依据前述学说检验历史之经验教训;第四篇对重商主义进行了完全彻底、深入系统的清算和批判,同时也善意地评论了重农主义;第五篇论述了君主和国家的收入。

值得注意的是,尽管第五篇"君主和国家的收入"同样包含对若干新原理(例如税收四原则)的论述,但他却没有将其放在前三篇中,与其他经济理论和经济发展史一并加以论述,当然也不会(也不应)放在评论"政治经济学体系"的第四篇中,而是将其置于全书的最后,在论述前面各部分之后再行处置。当然,作为对财政理论和政策的专论,自有其独立成章的理由,但毕竟显得与前面各篇的联系不够紧密和统一,甚或有"狗尾续貂"之嫌。其实,在我看来这决非无缘之举,更非结构失调。要知道,在对待君主或国家问题上,亚当·斯密所持的立场是改良主义的,也就是说,他并不否定君主立宪制,他甚至赞成维护皇权的权威和尊严,他所要求的是对其施行的方针和政策加以改良,使其放松对经济生活的干预,为发展新兴资本主义服务,于是涉及君主和国家财政的学说,又成了经济自由主义学说的一种补充。

篇幅不大的"序论及全书设计",是对全书中心思想的高度概括和对全书框架结构的鸟瞰。

开宗明义一句话，堪称画龙点睛之笔："每个国家的国民每年的劳动是供给这个国家每年消费的全部必需品和便利品的源泉，构成这些生活必需品和便利品的或是本国国民劳动的直接产物，或是用这些产物从其他国家购买过来的产品。"（上卷，第 1 页）仅此一句，便足以同重商主义传统观念划清了界限，它从根本上否定了视国外贸易为财富主要甚至唯一源泉、视（金银）货币为财富主要甚至唯一形式的陈腐观念。这具有划时代的意义。

亚当·斯密接着指出，这类产品或用这类产品购买来的产品，同消费者的人数保有或大或小的比例，所以一国必需品和便利品供给情况的好坏，要以这一比例的大小而定。这里所说的不是总产量或总供给量，而是能比较准确表明国民生活水平的人均占有量。

接下来的这段话很重要："然而，无论就哪国国民来说，这一比例都要受下述两种情况的支配：第一，一般地说，提供的劳动具有怎样的熟练、技巧和判断力；第二，从事有用劳动的人数与非有用劳动的人数保有怎样的比例。"（第 1 页）亚当·斯密又补充说，未开化民族和文明繁荣民族的对比表明，在上述两种情况中，更多地取决于劳动生产力。他由此首先确定了本书第一篇的主题：劳动生产力改良的原因，以及这些产品依据怎样的次序自然而然地在社会成员的各个层面进行分配。

不过，上述第二种情况即从事有用劳动和非有用劳动的比例也是很重要的，而这种情况又同推动劳动的资本量成比例，由此他又提出了第二篇的主题：讨论资本的性质、资本积累的方法、资本的用途不同所推动的劳动量亦不相同等。

第一篇呈现了亚当·斯密的生产论和分配论，第二篇是分配论，这两篇构成《国富论》的基本理论和核心内容，为以后各篇奠定了基础。

第三篇依据上述基本理论和原则，考察了欧洲各国的经济发展史。作者首先结合一些文明社会的成功实践例子，说明一国财富自然发展的法则，然后着重指出，自罗马帝国崩溃以来欧洲各国的政策大都不利于农业的发展，而比较有利于工艺、制造业和商业的发展。他认为这是违反自然顺序和法则的，他说明了什么情况促使人们采用和规定这种政策。

这一篇事实上是最早的经济史，或者说是经济发展史的雏形。

第四篇是对造成上述情况的更深层次原因的追问和探讨。亚当·斯密指出，前述各项政策的实施，最初也许起因于特殊利益集团的利益与偏见，但后来逐渐出现了某些各执一词的经济学说，有的强调农业，有的偏好工业。这些学说不仅对一些学者产生了相当大的影响，而且君主和国家的政策亦为它们所左右。亚当·斯密说，在第四篇他将尽他所能详尽和明确地解释这些不同的理论，以及这些政策在不同时代和国度所产生的重要影响。这里说的主要是重商主义，还有重农主义。这一篇是未来经济学说史的先声。

第五篇讨论君主和国家的收入，要点有三：第一，君主与国家的必要开支是什么？其中哪些应由全社会负担，哪些只应由某些特殊人群或成员负担；第二，用什么方法募集来自全社会所有纳税人的经费，这些方法有何利弊；第三，促使各国举债的原因和理由，以及国债对真实财富的影响。这一篇是最初的财政学。

如马克思所说的："在亚当·斯密那里，政治经济学已发展为某种整体，它所包括的范围在一定程度上已经形成。"[①]

抽象演绎和经验归纳的紧密而有效的结合，是亚当·斯密从事研究和进行阐述的一大特色。就全书而言，前两篇是基础理论，它们偏重于抽象演绎和分析，后面各篇则偏重于经验事实的归纳和说明。但这并不是说前两篇只有抽象演绎的理论分析，而没有经验事实的归纳叙述，实际情况恰好相反，这两篇的许多原理都是在所论列的大量事实的基础上提出来的，或者更准确地说，是以理论原理和经验事实互为经纬而编织出来的，不过这并没有改变这两篇仍是全书理论基础的事实。同样的，第三篇虽是对各国经济发展历史进程的描述，属于经验归纳和论述的范畴，但这种论述仍是以前面已建立理论原理为纲而展开的，并且其归宿点还是落在发展新兴资本主义产业，以及调整产业结构和发展顺序的理论结论上。第四篇对重商主义的批判和对重农主义的评论，密切结合了对各自国家的经济生活及经济政策的评估，它显然也是理论与历史、理论与事实相结合的结果。最后，第五篇也是理论分析和经验归纳的结合。斯密之所以能够做到这一点，同他作为一位哲学家和修辞学家所具有的渊博学识和深厚修养分不开的，也同他深入观察英国现实社会经济生活、赴欧洲大陆考察，从而积累了大量丰富而生动的感性材料和广泛阅历有关。

[①] 《马克思恩格斯全集》，第26卷第2分册，第181页。

《国富论》传遍全世界[①]

1776年《国富论》问世当年就出版了德译本（第一卷），译者是 J. F. 舒勒，次年出了第二卷。但据德国旧历史学派创始人罗雪尔说，这个译本比布拉韦的法译本更糟。直到18世纪末，才由哲学家加尔维教授（1742—1798年）翻译出版了新译本。

法国大革命爆发后，《国富论》因其拥戴君主立宪而在法国一度受到围攻，但这非但未能阻止反而促进了它的传播。最早的法译本出现于1778年（？），由布拉韦牧师翻译，这个译本质量不高，但因为是第一个译本，所以流行多年；第二个法译本出现在1790年，译者是鲁歇和孔多塞侯爵夫人；第三个法译本出现在1802年，由法国著名重农主义者热尔曼·加尼埃（1754—1821年）翻译，这是最好的一个译本。

其他译本也相继问世。丹麦文译本于1779—1780年分两卷出版。译者 F. 德雷比显然还想出第二版，于是通过友人向斯密打听《国富论》再版时会作哪些修改，他不知道已经出了第二版，亚当·斯密得知后还托出版商送了一本新版《国富论》给德雷比。

《国富论》1789年首次在美国出版。

《国富论》意大利文版于1790年在那不勒斯出版，当时正值意大利学术界积极参与欧洲文化更新运动之际，翻译这本书标志着意大利参与到启蒙运动当中来了。

1792年3月3日，西班牙宗教裁判所查禁了《国富论》法文本，说它"文体低劣，道德观不强"，但允许出版该书摘要本，而且要求翻译者删去"可能会引发宗教和道德错误的部分"。1793年2月15日，《国富论》西班牙文译者 J. A. 奥尔提斯（律师和神学、法学教授）向宗教裁判所解释说，他不久前翻译的《国富论》"删去了一些不恰当的地方……在某节内，作者对某些宗教持较宽容的见解，因此未译出。任何会对道德和宗教事务产生误导和不当之处，均已清除干净"。西班牙文版经宗教审判所指定的审查委员会审查，译者又作了一些细部修改之后，1794年由政府准许出版。

进入19世纪，随着亚当·斯密及其《国富论》所奠基的英国古典政治经

[①] 又见：《晏智杰讲亚当·斯密》，北京大学出版社，2011年，第122—126页。

济学的发展，随着斯密所倡导的经济自由主义被欧美各国奉为经济思想的主流和经济政策的基础，《国富论》作为经典之作广为流传。1802年出版了俄译本，1870年出版了日译本。

进入20世纪，西方国家进入垄断竞争及垄断资本主义时代，《国富论》仍不失其经典之作的地位，继续受到人们的关注，各种文字译本层出不穷，在一些国家相当普及。看来，《国富论》思想的传播，在一定程度上同各国所处的发展阶段以及思想开放的程度有关。

台湾学者赖建诚先生所提供的资料，大致可以表明《国富论》在世界各国传播的情况，在此特引述如下，资料截至2002年。①

《国富论》的各种初译本出版年份

年份	1776	1778	1779	1790	1792	1796	1800	1802	1811
译本	德文	法文	丹麦文	意大利文	西班牙文	荷兰文	瑞典文	俄文	葡萄牙文
年份	1870	1902	1927	1928	1933	1934	1948	1957	1959
译本	日文	中文②	波兰文	捷克文	芬兰文	罗马尼亚文	土耳其文	韩文	阿拉伯文

各国翻译《国富论》的次数

次数	14	10	7	6	6	6	5	5	4
国家	日本	德国	西班牙	意大利	俄国	法国	瑞典	韩国	中国③
次数	2	2	2	2	1	1	1	1	1
国家	丹麦	波兰	葡萄牙	罗马尼亚	捷克	埃及	芬兰	荷兰	土耳其

当《国富论》风靡欧美之际，亚当·斯密并没有停止继续修订增补的脚步。1779年出了第二版（500本）；1784年第三版（八开本三卷，1 000本，

---

① 赖建诚著：《亚当·斯密与严复——〈国富论〉与中国》，（台湾）三民书局，2002年，第34页。
② 中文版定名为《原富》，严复译，1901—1902年，上海南洋公学译书院出版。
③ 赖建诚注：中文的四种译本是：(1) 严复的《原富》(1902年)；(2) 郭大力和王亚南的《国富论》(1931年，1972—1974年修订并更名为《国民财富的性质和原因的研究》，北京：商务印书馆；(3) 周宪文和张汉裕的《国富论》(1964年，台北：台湾银行经济研究处)；(4) 谢宗林和李华夏的《国富论》(2000年，台北：先觉出版公司，只译前三篇)。

装订每本 21 先令，未装订每本 18 先令）；同年还出了第二版的增补和修订版（500 本）；1786 年第四版（1 250 本）；1789 年亚当·斯密抱病出版了第五版，即作者生前的最终版（1 500 本）。[1]

亚当·斯密身后，出版了各种经后人编辑整理的《国富论》，其中影响最大、流传最广、被认为其序言和注释质量优异者，非伦敦经济学院教授埃德温·坎南（1861—1935 年）于 1904 年编辑出版的版本莫属，该版本至今仍是各种译本的基本依据。

为纪念《国富论》问世 200 周年，格拉斯哥大学出版社于 1976 年出版了六卷本的《格拉斯哥版亚当·斯密著作和通信集》，这是迄今为止亚当·斯密著作和通信的最新、最完整的版本。它包括：第一卷《道德情操论》；第二卷（共二册）《国民财富的性质和原因的研究》；第三卷《哲学文集》；第四卷《修辞学与文学讲义》；第五卷《法学讲义》；第六卷《亚当·斯密通信集》。外加一本《论亚当·斯密》和一本《亚当·斯密传》。

阅读建议（重点）

第一篇

　　第 1—9 章

　　第 11 章（"离题论述"以下取消）

第二篇

　　第 1—5 章

---

[1] 据伊安·罗斯著、张亚萍译：《亚当·斯密传》，浙江大学出版社，2013 年，第 427 页注①。

专　论　《国富论》在中国

在阅读《国富论》之前，我们有必要对这部名著在中国的命运有所了解。

亚当·斯密眼中的中国：以农立国，富裕而停滞

亚当·斯密的《国富论》18 世纪 70 年代问世时，正值中国清乾隆年间，仍在"康乾盛世"之际。亚当·斯密在其《国富论》中多次论及中国，对这个遥远的东方封建王国表现出了浓厚的兴趣。在他眼里，英国或北美是蓬勃发展的先进国家和地区，印度斯坦是衰落或倒退的国家，而中国则是一个富裕而停滞的国度。他说："中国似乎已长期停滞，也许早已达到与其法律和制度的性质相吻合的完全富裕的限度。但若在别的法律和制度下，其气候、土壤和位置所允许的限度，可能要比上述限度大得多。一个忽视或鄙视对外贸易、只允许外国船舶驶入一两个港口的国家，不可能经营在不同法律和制度下所可能经营的那么多的贸易。"① "中国一向是最富的国家之一，是世界上土地最肥沃、耕种得最好、人民最勤劳和人口最多的国家之一。但是，它许久以来就处于停滞状态了。当今旅行家关于中国耕作、勤劳和人口众多的描述，与五百多年前访问过中国的马可·波罗所描述的状况几乎完全一致。也许在马可·波罗时代以前很久，中国就已经达到了其法律和制度所允许的充

---

① 亚当·斯密著、郭大力和王亚南译：《国民财富的性质和原因的研究》（简称《国富论》），商务印书馆，上卷，1972 年版，第 87 页（该书下卷为 1974 年版）；本书以下引自该书时均在引语后的括弧内简化标注为：（《国富论》，××卷，××页码）；如有译文参照英文版作了修订，则标注为：（*The Wealth of Nation*, p. ××）所参照的英文版为：Adam Smith, *An Inquiry into the Nature and Causes of the Wealth of Nations*, The Modern Library, New York, Published by Random House, Inc., ed. Edwin Cannan (1902), 1937。

分富裕的程度。"[《国富论》，上卷，第65页（The Wealth of Nation, p. 71）]
亚当·斯密认为，对人口的需求调节着人口数量的增长。这种需求使得人口在北美迅速增长，在欧洲缓慢而逐渐地增长，而在中国的增长则完全停滞（参看：《国富论》，上卷，第74页）。

从这个基本估计出发，他对中国社会经济提出了其他一系列判断。例如，中国的工资和利润很低，但货币利息率却很高（一般高达12%）；由于工资较低，而用于支付工资的基金数量很大且长期保持不变或几乎不变，所以它每年都能雇用到其所需要的工人；工人人数因生活富裕而会自行成倍增加，以致超过了就业机会；就业机会减少，工人不得不竞相降价；如果工资高于劳工自身的生活费，并使他们能够供养自己家庭的话，那么劳工竞争和雇主利益又会使工资降到与一般的人道主义标准相符的最低水平，等等。亚当·斯密强调的这个观点，即工资总会维持在工人生活费用的水平上，被此后英国古典政治经济学家所继承，成为传承多年的传统观点。

又如，亚当·斯密说："中国比欧洲任何国家都富裕得多，而中国和欧洲生活资料的价格大相悬殊。中国的米价比欧洲各地的小麦价格低廉得多……而就劳动的货币价格来说，差异更大，这是因为欧洲大部分地区正处于改良进步状态，而中国似乎处于停滞状态，所以劳动在欧洲的真实报酬比中国高。"（《国富论》，上卷，第182页）

再如，论及贵金属价值的高昂不是贫穷和野蛮的证明，而只能证明当时供应商业世界的矿山是贫瘠的这一点时，亚当·斯密指出，穷国由于无力购买更多的金银，因而无力支付更高的价格，所以，这些金属的价值在穷国不可能比在富国更高。在比任何欧洲国家都富裕的中国，贵金属的价值比在欧洲任何地方都高得多。他又说，中国的劳动价格低于欧洲大多数地区，那里的劳动者的真实报酬即工资所能购买的食物等日用品的数量较少。

亚当·斯密以中国、埃及等国作为批判重商主义的例证。他指出，中国以农立国，对外贸易从来都不发达，但是很富裕；中国像古代埃及和印度一样，它们的财富充分说明：以农立国，农业或制造业发达，仍然可以达到很高的富裕程度。"按照事物的自然进程，每一个成长中的社会的大部分资本，首先应该投入农业，其次是制造业，最后才是对外贸易。这种顺序是很自然的，我相信，在每个拥有一定领土的社会，在一定程度上总是这样的。建立任何可观的城镇之前，总得先开垦一些土地；在投身于对外贸易之前，在这些城镇里总得先有某些粗糙的制造业。"(《国富论》，上卷，第349页）中国这样做了，所以它比较富裕。欧洲一些国家颠倒了这种自然顺序，将对外贸易置于首位，所以它们不如中国富裕。

亚当·斯密又说，中国、印度、日本等国没有墨西哥和秘鲁那样丰裕的矿山，但是它们在其他各方面都比墨西哥和秘鲁更富裕，土地耕种得更好，所以工艺和制造业更先进。他以此证明，重商主义将金银货币丰裕视为财富和国家富裕的观点是完全错误的；他强调说，一国土地和劳动年产品的增加才是财富的增加。古代的埃及人和近代的中国人似乎就是靠耕作本国的土地、经营国内的商业，而不是依靠对外贸易致富的。

亚当·斯密还在论及分工受到市场范围和交换能力的限制时提到中国。他指出，水运会拓展市场，最初的改进通常就是在海岸或通航河流产生的。例如埃及（尼罗河）、孟加拉（恒河）和中国："中国东部各省的几条大河，通过不同支流形成了众多的河道，彼此交错，提供了比尼罗河或恒河甚至比它们加在一起都更为宽阔的内陆航运范围。值得注意的是，不论是古代的埃及人、印度人还是中国人，都不鼓励对外贸易，但似乎都从这种内陆航运中获得了巨大的财富。"（《国富论》，上卷，第19页）

应当说，亚当·斯密对当时中国国情的基本估计未必完全恰当："停滞"之说固然不错，但断言"富裕"则不免失当；他将以农立国而轻视贸易视为中国富裕之源，从今天的观点来看显然也未必完全可取。不过，在当时的历史条件下，与片面强调对外贸易作用的重商主义相比，亚当·斯密的说法毕竟具有历史的合理性和先进性。

《国富论》初入中国：严复译介之《原富》

尽管亚当·斯密对中国十分关注，在其《国富论》中对中国评论有加，然而，从18世纪中后期到20世纪初期的长达一个半世纪之久的时间里，中国社会对亚当·斯密的学说竟然没有任何反响，这当然不是没有缘由的。亚当·斯密的学说，如同其他任何经济学说一样，都是一定历史条件的产物，并为一定的经济制度服务。既然在这长达一个半世纪之久的岁月中，中国社会一直没有出现18世纪中后期英国那样的社会经济环境，即资本主义制度，更确切地说，资本主义工场手工业制度，那么，亚当·斯密学说无缘这个时期的中国也就不足为怪了。

同样地，到了 20 世纪初，这种无缘状态终于结束了，也应该是不可避免的。这时中国正值封建制度濒临瓦解、资本主义因素尚在襁褓、饱受东西方列强欺凌之际，中国向何处去，成为摆在所有中国人面前的一个严峻的问题。众多有识之士为求启迪民智、救国救民，开始把眼光转向西方，希望能将西方列强的坚船利炮引进中国以强兵，同时借鉴他们的思想理论以富国，于是就有了将包括亚当·斯密著作在内的"西学"译介到中国的创举。就经济学说而言，一个具有标志性的事件就是《国富论》中译本的问世，出版时间是 1902 年，译者是中国近代启蒙思想家严复，[①] 他将《国富论》更名译介为《原富》。

虽说这距离亚当·斯密《道德情操论》（1759 年初版）和《国富论》（1776 年初版）先后问世已经过去了 143 年和 126 年，但它毕竟是亚当·斯密划时代著作在中国的首次面世，它从一个侧面反映了当时中国社会精英求新求变的愿望，也从此拉开了引进西方经济学说的帷幕。

然而，严复译《原富》的社会意义及价值多半也就止步于此。当时中国社会对该书的回应和反响非常微弱，除了梁启超等个别文人对《原富》有所评论外，未见引起人们更多的关注。严复的文言译文对一般读者来说艰涩难懂，且多有删节，这固然是一个原因，但更根本的原因恐怕在于《国富论》的精神和内容与当时中国的国情和要求相去甚远。20 世纪初，中国逐渐沦为殖民地、半殖民地，固然成为启蒙思想家引荐西方思想的一个动因，但它也注定了以倡导经济自由主义为宗旨的《国富论》根本不可能像在欧美那样引起轰动，更不消说至少在一个历史时期发挥指导和引领作用了。

不过，严复为《原富》所加的大量按语（有 310 条之多）倒是为我们窥

[①] 严复（1854—1921 年），福建侯官（今福州）人。1866 年就学福州船政学堂；1877 年作为清政府第一批留欧学生赴英国海军学校学习，1879 年回国，先后任船政学堂教习、北洋水师学堂总教习和会办。1894 年中日甲午战争后，他有感于民族危机严重，连续发表文章抨击清王朝的封建专制，宣传维新变法，呼吁自强图存；积极介绍"西学"，并陆续翻译赫胥黎的《天演论》、亚当·斯密的《原富》（《国富论》）、斯宾塞的《群学肄言》、穆勒的《群己权界论》和《穆勒名学》、甄克思的《社会通诠》、孟德斯鸠的《法意》（《论法的精神》）等书。他着力宣传"物竞天择，适者生存"的思想在当时产生了巨大的影响。他对"戊戌变法"和后来的维新派、革命派都有深刻的影响，但并不赞成民主革命运动；辛亥革命后继续反对共和，1915 年参加筹安会，拥护袁世凯实行帝制，晚年提倡尊孔读经，反对"五四"新文化运动。

见这位近代启蒙思想家的真实观点和思想倾向提供了难得的参考资料和依据。

非经济学专业背景的严复,对亚当·斯密在经济学中的地位有大体准确的估计。他指出,若考虑到中国历史上早已涌现出不少涉及经济问题的典籍,则不能说经济学(他称为"计学")"创于"亚当·斯密;然而,自希腊、罗马以来,经济学在西方渐次发展,出现众多名人,而唯独亚当·斯密《国富论》广征博引,综合各家,故堪称"新学开山"之作。① 严复从研究和分析方法上将西方经济学粗分为归纳和演绎两类,并不无道理地指出,从以归纳为主发展到以演绎为主是经济学的一大进步;前者指古典时期的亚当·斯密、李嘉图和穆勒父子等,后者则指近代的杰文斯、马歇尔等。②

严复明知除了亚当·斯密的《原富》以外,穆勒和马歇尔等人之作也值得翻译,那他为什么要先译《国富论》呢?严复回答说:"计学以近代为精密。乃不佞独有取于是书,而以为先事者,盖温故知新之义,一也;其中所指斥当轴之迷谬,多吾国言财政者之所同然,所谓从其后而鞭之,二也;其书于欧亚二州始通之情势,英法诸国旧日所用之典章,多所纂引,足资考镜,三也;标一公理,则必有事实为之证喻,不若他书勃窣理窟,洁净精微,不便浅学,四也。"③简言之,温故知新,鞭策当权者,借鉴典章和方便初学。

"其中所指斥当轴之迷谬",指亚当·斯密对英国重商主义的批判,而"多吾国言财政者之所同然",则矛头直指清政府对私人资本的压制。在严复看来,亚当·斯密对政府垄断和管制工商业等重商主义措施的批判,其成就之伟大和"不可复摇者",完全可与哥白尼和牛顿对天体科学的贡献相比肩:"歌白尼(哥白尼)、奈端(牛顿)之言天运,其说所不可复摇者,以可坐致数千万年过去未来之躔度而无秒忽之差也。亚当·斯密计学之例所以无可致疑者,亦以与之冥同则利,与之舛驰则害故耳。"④ 所以,在严复看来:"夫计学者,切尔言之,则关于中国之贫富;远而论之,则系乎黄种之盛衰。"他对经济学重要性的认识和感触之痛切,可以说无以复加。

严复翻译《原富》更深层次的思想背景和原因,还在于他推崇亚当·斯密所倡导的经济自由主义,即自由放任、自由贸易和最小政府,以及他反对

---

① 亚当·斯密著、严复译:《原富》(上册),商务印书馆,1981年,第7—8页。
②③ 同①,第8—9页。
④ 同①,第10—11页。

清政府对私人资本的压制。他为《原富》所加的按语，一再明确表达了这一思想。

严复很认可亚当·斯密所提出的基本原理，即贸易顺差对黄金至上主义者来说固然是好事，但那也是用本国产品交换来的，而且交换的基本法则就是等价交换，黄金是用商品换来的，并非没有任何成本；另外，一味追求黄金积累于国内并不一定有利，如其数量超过市场流通以及铸造金银器皿之所需，则只能促使商品价格上涨，产品对外竞争力减低，最终只好以原先积累的金银向外国购买廉价商品，终致金银又流向国外。所以，严复按语说："亚当·斯密氏计学，于此等处最窥其深。"

严复像亚当·斯密一样地反对垄断。亚当·斯密在"论殖民地"时论及海外垄断贸易公司的种种弊端，指出垄断只能为少数人牟利，而对民众和国家均无任何利益可言，并主张废除对生产和贸易的一切垄断和限制，严复对此极表赞成。[1]

严复附和亚当·斯密，反对国家干涉个人经济行为，指出个人最了解自身的利益，只有给个人从事经济活动的充分自由，才能利民；只有利民，才能强国。可是，值得注意的是，严复在强调这一点时，却没有译出"有一只看不见的手在引导着他……"这句至关重要的话。[2] 联想到严复又一按语说："又以见人心既累于私，则无往而不与真利相左。"可以想见他可能并不认同亚当·斯密的这一说法。

严复猛烈抨击洋务派对新式工商业的垄断，尤其指斥洋务派的官督商办形式，指出那是对人民的掠夺和对国家资财的极大浪费，并使国家在经济上愈来愈从属于外国资本势力。

严复并不完全接受亚当·斯密的其他理论观点，尤其在地租问题上，他一反亚当·斯密等古典经济学家仇视土地所有者的立场，赞美地主既可享受地租和地价暴涨的利益，又可享受"有地之荣"，抬高自己的身份和社会地位，因而是比投资工商业更有利的投资方式。不用说，这同严复本人所持立场密不可分。作为一位近代启蒙思想家，他既赞成发展资本主义工商业，又不赞成摧毁封建土地所有权、发展农业资本主义制度。就地租理论本身来说，

---

[1] 亚当·斯密著、严复译：《原富》（下册），商务印书馆，1981年，第519—520页。
[2] 同[1]，下册，第371—372页。

严复摇摆于各种地租论之间，他既不赞同亚当·斯密的地租论（所谓地租是对劳动所得的第一扣除），也反驳李嘉图的级差地租论（将地租归结为土地产品高价格与各级土地不同收成之间差别的结果），又不忘记詹姆斯·穆勒的级差地租论。

时空变化下的新角色：被批判继承的对象

进入20世纪30年代以后，亚当·斯密学说在中国的传播及其命运进入到一个新的阶段，亚当·斯密学说比以往任何时候都更受到人们的关注。然而，它仍不可能充当这一时期中国革命和建设的指导思想或其理论基础，而只能作为马克思主义经济学的来源之一，作为论证后者正确性的陪衬，这是历史赋予它的新角色。这样做的理论依据，就是列宁关于马克思主义的三个来源和三个组成部分的著名论断。于是马克思关于亚当·斯密学说的相关论述，特别是马克思在《资本论》以及1861—1863年经济学手稿中对亚当·斯密经济学说的评论，成为这一时期中国学界研究和评论亚当·斯密学说的不容置疑的唯一依据和标准。

郭大力和王亚南1930—1932年翻译出版《国富论》，首开这一新阶段的先河。对于为什么要翻译《国富论》这个问题，王亚南1965年在该书"改订译本序言"中作了详细的说明和回答。这个说明和回答具有极大的代表性，足以表明亚当·斯密学说在这一整个时期的历史命运和地位。他说："19世纪末年，中国维新派人物严复，就曾以效法亚当·斯密把他的'富其君又富其民'当作国策献给英王的精神，来献策于光绪皇帝的，冀有助于清末的维新'大业'。但他这个以《原富》为名的译本，在1902年出版以后却不曾引起任何值得重视的反响。这当然不仅是由于译文过于艰深典雅，又多所删节，主要是由于清末当时的现实社会经济文化等条件，和它的要求相距太远了。到1931年，我和郭大力同志又把它重译成中文出版，改题为《国富论》，我们当时重新翻译这部书的动机，主要是鉴于在十月社会主义革命以后，在中国已经没有什么资本主义前途可言。我们当时有计划地翻译这部书以及其他资产阶级古典经济学论著，只是要作为翻译《资本论》的准备，为宣传马克思主义政治经济学作准备。我们知道《资本论》就是在批判资产阶级经济学，特别是在批判亚当·斯密、李嘉图等经济学著作的基础上建立起来的马克思主义经济学。对于亚当·斯密、李嘉图的经济学著作有一些熟悉和认识，是会大大增进我们对于《资本论》的理解的。事实上，我们在翻译《资本论》的过程中，也确实深切感到翻译亚当·斯密、李嘉图著作对我们的帮助。《资本论》翻译出版以后，对于我们来说，翻译亚当·斯密的《国富论》的历史任务已算完成了。"（《国富论》，上卷，第1页，改订译本序言）

1949年中华人民共和国成立后，这种认识和做法很快就覆盖和支配了全国思想界，特别是经济学界。在这种思想指导和支配下，可以想见，不可能出现真正富于创新精神的研究成果，有的只是对革命导师观点的注释和解读。于是，几十年间对亚当·斯密的研究几乎没有什么值得一提的进展，为数不少的论文或著作呈现出千人一面的状态，甚至出现某些认识和判断的偏差和失误，就不可避免了。

这些偏差和失误主要表现在：专注于评论亚当·斯密的某些理论观点，却有意无意地冲淡、模糊甚至回避亚当·斯密学说的灵魂或核心，即经济自由主义；在评价亚当·斯密理论观点时，往往不顾其特定的分析前提和条件，只知一味地同马克思的观点相对照，生硬地贬之为庸俗因素，或者斥之为矛盾与混乱。凡此种种，都不利于把握亚当·斯密学说的真实面貌和本质。例如，在评论亚当·斯密价值论时，人们总是满足于重复马克思关于亚当·斯密有两种、三种甚至四种价值论的论断，岂不知这并不符合亚当·斯密著作的原意。又如，在论及亚当·斯密的分配论时，也往往重复马克思的说法，认为亚当·斯密提出了多元的甚至是相互矛盾的分配论，等等，这其实也不符合亚当·斯密著作的原意。

出现这些偏差和失误，自有其复杂的原因，不应都归咎于马克思，这里提及的作为依据的马克思对亚当·斯密观点的评论，大都引自马克思的手稿或读书笔记（例如1861—1863年经济学手稿等），而不是经马克思审定的正式的公开出版物。但由于事关敏感，不同见解的讨论和商榷事实上成为不可能，以致谬种流传，久久得不到澄清和纠正。

对新时代"亚当·斯密热"的冷思考

20世纪70年代末，中国进入改革开放新时期，中国社会出现了重新研究和认识亚当·斯密学说的经久不衰的热潮。《国富论》始终是最热门的读物之一，仅新近出版的《国富论》中译本就不下三十余种，全译、节译、插图、中英文对照，不一而足；精装、简装、平装，样样俱全，甚至有人筹划将其搬上银（屏）幕。与以往不同的是，亚当·斯密的另一部名著《道德情操论》也开始受到人们的青睐和追捧，时任国务院总理温家宝觉得它与《国富论》"同样精彩"而加以推荐，更激发和催化了这股"亚当·斯密热"。不用说，这是中国走向社会主义市场经济制度的必然要求和反映。亚当·斯密是西方近代经济学的奠基人，他的《国富论》和《道德情操论》是公认的关于市场经济及其道德情操的经典之作，人们渴望从中汲取思想和理论营养，为当前改革开放事业服务，这是完全可以理解的。

改革开放终于改变了中国，也改变了人们看待亚当·斯密学说的视角和眼界，亚当·斯密学说在中国的命运从根本上发生了变化。学者们不再沿袭以往那种视其为被批判继承对象的教条主义思路和做法，开始追求亚当·斯密学说的真实内涵和本来面目。同时人们也逐渐懂得了全面理解和把握亚当·斯密学说之必要性，不仅看到了亚当·斯密学说的历史性贡献，也看到了它的历史局限性，从而避免了可能出现的片面性。

经过这些年的研究和讨论，或者也可以说，经过几年来的"亚当·斯密热"，人们在一系列问题上逐渐形成了共识，其中包括对以往许多错误和不当看法的澄清或纠正。

例如，以往人们总是强调《国富论》的主题在于研究价值论和分配论等，现在看到，这种看法并不妥当。其实，《国富论》的主题在于研究"国民财富的性质和原因"，即研究如何推动和发展社会生产力，增强国际综合国力，提高民众生活水平，用亚当·斯密的话来说，叫作"富国裕民"。以往人们总是不恰当地强调亚当·斯密的研究方法如何混乱和自相矛盾，却忽视了他所运用的经验归纳法和抽象演绎法及其结合，是对当时已经形成的科学方法论的成功的运用。

又如，对亚当·斯密提出的发展生产力的学说，以往人们总是倾向于贬低其历史意义或科学价值，或者斥之为资产阶级提供获利工具，现在认识到，这种看法并不可取。不错，亚当·斯密关于扩大和深化劳动分工的学说，关于增加资本积累并生产性地加以使用的学说，以及他的财富论及货币论等，其中的科学观点现在看来早已是司空见惯的常识，似乎不值得予以重视了，然而，要知道，相对于在欧洲各国居于支配地位两个多世纪的重商主义来说，亚当·斯密的这些观点可是具有颠覆性的革命意义的。重复地说，重商主义将（金银）货币视为财富的主要形式，将对外贸易顺差视为致富的基本途径，亚当·斯密抛弃和否决了这种观点。他坚定不移地将目光转向生产领域，强调生产要素即劳动和资本的重要性，这是思想观念的历史性转折和巨大进步。亚当·斯密的这些看法不免"原始"，可是谁能否认，亚当·斯密身后出现的工业化、机械化、自动化、信息化，以至于经济全球化，不是从亚当·斯密所肯定的那个阶段发展而来的？谁能否认，即使在虚拟经济高度发展的今日，如果无视亚当·斯密所强调的实体经济的基础地位，任由虚拟经济（以货币信用关系为代表）毫无节制地膨胀，怎能避免危害深重的金融和经济危机？

再如，亚当·斯密经济学说的基本精神或核心到底是什么？对于这个关键问题，以往总是欠着回答，有意无意地予以回避，甚至完全曲解，现在终于有了科学的答案：认定《国富论》的核心或基本精神是倡导经济自由主义；认定它从理论基础和政策实践上全面否定了重商主义的国家干预主义，论证和肯定了自由竞争市场经济的历史必然性和优越性。这可以说是近年来亚当·斯密研究所取得的最大思想收获。进一步说，亚当·斯密所倡导的经济自由主义，包括自由竞争、自由经营和自由贸易。这种学说的基本理论依据在于：认定商品自由市场交换具有客观必然性和公平性。亚当·斯密将这种必然性归结为人性，将其公平性归结为交换等价性。亚当·斯密认为人的本性既非完全利己，也非单纯利他，而是利己和利他的结合。在亚当·斯密看来，市场经济的本质和优越性恰好在于为人的本性——利己与利他的结合——提供了实现的条件和途径。他强调说，在分工条件下，要利己必得利他，也就是通过商品交换为别人或社会提供有益的商品或服务。

经过这么多年的研究和讨论，人们越来越深刻地认识到，亚当·斯密经济学还有不可忽视的历史局限性的一面。这主要表现在，亚当·斯密没有看到他所推崇和论证的自由竞争的市场经济制度终有破产的一天。他始终坚信市场需求的存在和扩大不成问题，却完全没有意识到市场需求还会受到限制，更没有想到将来还会由此激发出周期性的生产过剩危机，甚至导致像20世纪30年代那样深重的世界性经济危机。历史表明，他当年批判的重商主义的国家干预主义已经是历史的陈迹，不能再要了；然而，一种新型的与市场经济机制相结合的国家干预主义不可或缺。也就是说，完全自由竞争的市场经济时代已经过去，一种竞争性的市场经济与国家对社会经济生活的科学而有效的宏观调控相结合，才是最适应社会发展要求和民众需要的体制的。这种认识不是对亚当·斯密学说的否定，而是对其所包含的科学思想的继承和发展。

第一篇　第1—4章　分工论、交换论、货币论

《国富论》第一篇"论劳动生产力增进的原因及劳动产品自然而然地分配给各阶层人民的顺序",主要论述了三部分的问题:一是分工、交换与货币;二是价值、价格与市场机制;三是三种收入分配。这些论述奠定了亚当·斯密所倡导的经济自由主义的核心和基础。本章论述其中的第一部分,包括《国富论》第一篇开头的四章:论分工,论分工的起因,论市场范围对分工的限制,以及论货币的起源和用途,等等。

劳动分工是增进生产力的主要手段

亚当·斯密从研究和论述劳动生产力增进的原因入手,说明他把研究如何发展生产力的问题置于首位,这本身就是一种创新。在亚当·斯密之前,虽已出现若干论著和文章谈及经济问题,但从未见有谁从这样的高度提出问题,从这样的角度切入分析。追求积累金银货币财富并将对外贸易看作是致富源泉的重商主义就不必说了;就是将视线逐渐转移到生产领域的英法古典政治经济学也不例外。从"政治经济学之父"(马克思语)威廉·配第一直到法国重农主义首领魁奈,他们都将研究方向从流通领域指向生产领域,这是一大进步;其成果为当时的经济决策提供了依据,也为后世经济思想的发展打下了基础;然而,它们研究和论述的角度与高度却始终没有越出具体的经济与政策问题的范畴,货币、利息、人口、地租,以至于经济运行等,先后都充当过热门课题,却始终没有提升到一般理论的层次。时代呼唤能站在前人肩膀上实践这种提升的巨人,首先是把发展社会生产力这个一般的也是最重要的命题提到首位,并以此为切入点,构建具有足够分量和内涵的理论体系。英国工场手工业的发展为实现这种提升准备好了物质条件,也准备好了实现这一历史使命的人。

亚当·斯密开宗明义，提出"劳动生产力的最大的增进，以及劳动生产力在任何方向和任何应用中所体现的熟练、技巧和判断力，似乎大都是劳动分工的结果"（上卷，第5页）。这个论断是对18世纪中叶英国社会生产力发展现状即工场手工业的鼎盛时期的准确概括，该生产方式的最大特点和优势就是劳动分工。正是这个特点和优势，使英国资本主义发展超越了延续多年的个体手工业和协作生产方式阶段，也为未来走向机器大生产阶段准备了条件。

亚当·斯密关于劳动分工的论断今天看来不过是常识，可是在当时却是认识上的一个重大成果。诚然，"劳动分工"一词在亚当·斯密之前已经有人使用过，① 然而，将劳动分工作为整个经济论著的切入点，并由此展开经济自由主义的整个学说体系，这还是第一次。

需要注意，亚当·斯密对分工原理的说明，是从小到大分两个层次进行的。他明确指出，为使读者易于理解分工的一般原理，他先说明个别的特殊的制造业分工的效果，然后再说明社会一般产业分工的效果。他指出，这是

---

① 《国富论》编者埃德温·坎南指出，"劳动分工"一词，如果此前使用过，也并不常见；它在这里出现可能要追溯到孟德维尔的《蜜蜂的寓言》（1729年版，第二部分，对话6，第335页）："克列奥门尼斯：……人们一旦处于成文法律的管理之下，其他问题便很快迎刃而解了。在这种情况下，财产、生命及后代的安全便可能有了保障，而这自然会使众人热爱和平，并使和平广为扩散。一旦人们享受到了安宁，任何数量的人群和任何个人都不必惧怕自己的邻人，即使他们不学习也会渴望自己的劳动成果被分享和再分享。霍拉修：我不懂你的意思。克列奥门尼斯：我方才提到过，人天生喜欢模仿别人的行为，而这就是野蛮民族都做事雷同的原因。这妨碍了他们改善自己的生活条件，尽管他们一直都想改善它。可是，倘若一个人专门制作弓箭，另一个人专门提供食物，第三个人专门建造草舍，第四个人专做衣服，第五个人则专事制作器皿，那么，不仅他们会变得彼此有用，而且，在同样长的年代里，他们从事的那些行业和手艺本身的改进，也会比没有专人从事它们所取得的更大。霍拉修：你这番话完全对，其正确性在钟表制造业里体现得再明显不过了，这个行业已经达到了很高的完善程度，而钟表的制作若一直都由一个人来完成，那么钟表工艺就不会发展得如此完善。你已经使我相信：钟表的丰富产量、准确性及美观，主要都应归功于钟表工艺的众多劳动分工。"（引自：伯纳德·孟德维尔著、肖津译：《蜜蜂的寓言》，中国社会科学出版社，2002年，第462页）。坎南继续说，孟德维尔该书索引有一个条目："劳动分工和再分工的用处"。另外，约瑟夫·哈里斯：《论货币与铸币》，1757年，第一部分，第12节，曾论述"不同行业的用处，或者使彼此分散的人群形成不同行业的好处"，但没有使用"劳动分工"这个词 (*the wealth of nations*, p.3, note.1)。

因为，在一个工场手工业内部，从事各部门工作的工人，往往可集合在同一工场之内，使观察者一览无遗；相反，"那些大制造业（他指的是基于分工的整个行业），要供给大多数人的大量需要，所以，各工作部门都雇有许许多多的劳动者，要把这许许多多的劳动者集合在一个厂内，势必不可能，我们也难得同时看见一个部门以上的工人。像这种大制造业的工作，尽管实际上比小制造业分成多得多的部分，但因为这种划分不能像小制造业的划分那么明显，所以很少人注意到"（上卷，第5—6页）。

关于第一个层次，亚当·斯密以著名的制钉工场为例。因为分工细密，生产钉子的效率可以提高四千八百倍。推进到第二个层次，论及各行业之间的分工时，他指出，"各个行业彼此分立，似乎也是分工具有这种好处的结果。那些产业和劳动生产力达到最高程度的国家，其各个行业之间的分立一般也达到最高的程度"（上卷，第7页）。他这里举的例证是麻织业和毛织业，说明两者内部各自分成若干部门，从亚麻和羊毛的生产到麻布的漂白熨平，或是到布料的染色和浆纱，各个部门使用的不同技艺是那么多。他还比较了农业和制造业之间的差别，指出这种分工是文明社会进步的结果，而农业生产力之所以比制造业来得低，就是因为农业上的分工不如制造业那么发达和细密。

人们以往总是认为，亚当·斯密混同了工场手工业内部的分工和社会内部的分工，而这两种分工据说固然有共同点，但也有原则性的差别，等等。[1]在我看来，这种评论并不合理。如上所述，他本来就打算分两个层次说明分工的好处，在分析了工场手工业内部分工之后，进而论及社会内部的分工，不是突发奇想、偶尔提及，而是题中应有之义；何况不管两者存在什么差别，就分工的效果来看，它们是一样的。亚当·斯密的论述从工场手工业内部扩展到了社会内部的分工，正是基于这一点。就此而言，他没有错，而对亚当·斯密来说，这就够了。不仅如此，我们甚至还应对此给予更进一步的评价，它说明亚当·斯密观察生产力发展动力的视野已经越出了一个行业或一个工场的范围，扩及到了全社会；到后来他还将这一原理运用到全世界，提出了国际分工论。这符合客观事实，反映了历史发展趋势，充分反映了作

---

[1] 类似观点，可参看鲁友章、李宗正主编：《经济学说史》（上册），人民出版社，1965年，第178—179页。

者的远大目光和深邃的思想境界。

为何能够提高劳动生产力？亚当·斯密举出了三方面的理由：第一，分工极大地提高了工人的熟练程度；第二，节省了从一种工序转换到另一种工序的时间；第三，促进了机器的发明（但他没有"把机器发明的起因仅仅归因于分工"，请勿误会！①），从而方便和简化了劳动，使一个人能干许多人的活。这些看似简单的道理，提出于两百多年以前，并且是对当时最先进的生产方式之主要特点的理论总结，其历史的、科学的意义不可低估。

亚当·斯密用充满感情的语言，热烈称颂了劳动分工会给个人和整个社会带来普遍的富裕和繁荣。他列举了各种事例后，得出结论说："如果我们考察一下所有这些东西，看一看其中每一样东西都要使用各种不同的劳动，我们就会明白，没有成千上万人的帮助与合作，一个文明国家中最底层的人就不可能得到他的生活用品，即使按照（我们很错误地想象的那样）他通常惯于使用的轻而易举的方式，也不可能有所得。的确，同富豪的奢侈浮华相比，他的生活无疑一定显得极其简单和平常，然而，这也许是真的：欧洲农民的生活要远远好过主宰着数以万计赤裸野蛮人的生命与自由的非洲国王，而欧洲君主与勤劳俭朴农民之间生活的差距，未必总是大于欧洲农民与非洲国王之间的生活的差距。"（上卷，第12页）可见分工之威力！亚当·斯密对基于劳动分工的新兴生产力发展模式的期待和自信，溢于言表。

分工缘由：人类倾向交换的本性

亚当·斯密提出分工起源问题顺理成章，而且非常必要，否则分工理论就是不完整的和不彻底的。何况这是不可避免的一个世纪课题：自中世纪末期以来，以生产资料私有制、社会分工和市场交换为基础的生产方式，在逐渐瓦解自给自足的封建主义生产方式的同时，也在为新兴生产方式开辟着道路。

问题在于怎样解释分工的起源。亚当·斯密对这个问题的回答是："带来这么多好处的劳动分工，原本不是人类智慧的产物，不是人类智慧预见到并企图从分工中得到普遍富裕的结果。它是人类本性中不以这种广泛效用为目

---

① 可参看鲁友章、李宗正主编：《经济学说史》（上册），人民出版社，1965年，第177页。

标的某种倾向十分缓慢和逐渐发展的必然结果。这种倾向就是互通有无，物物交换和相互交易。"（上卷，第12页）

相对于中世纪宗教教义将分工归因于上帝的安排，相对于重商主义者不屑于探讨此类问题，亚当·斯密正面提出这个问题，并且将人类智慧之类说法完全排除在外，并力求将其归因于人类的经济行为，这无疑是朝着科学方向迈出的一大步。

然而，作为对此类问题的最初探讨和答案，亚当·斯密的观点毕竟还显得不够彻底和不够成熟。他看到了分工与交换行为之间的联系，也想将分工起源最终归结为经济生活的需要，但是，他没有直截了当地得出这个结论，而是经过了所谓的人类倾向于交换的本性这个中间环节。为了论证这一点，他举了一些例子，说明这种本性只有人类才有，动物就没有。可是这个解释是很脆弱的，经不起推敲。难道这个所谓的倾向交换的本性足以说明分工之必然吗？它是否距离应该有的答案太远了一点？

不仅如此，就算亚当·斯密的解释说得过去，人类的这个本性又是从何而来的一类问题也是需要回答的，否则就不能算完结。可是，亚当·斯密却回避了这个不该回避的问题。他说："这种倾向是不是人类本性中不能给出进一步解释的基本的原理之一，或者，似乎更有可能的是，它是否是人类理性和语言这种才能的必然结果，不属于我们现在研究的范围。"（上卷，第13页）这等于说，他的回答是不能给出（似乎也不应要求给出）进一步解释的最终回答，是人类理性和语言所能给出的唯一答案。这当然不能保证回答的正确性。

好在亚当·斯密在进一步的论述中，又把这个限制给打破了。他说："几乎每一种别的动物，一达到壮年期全都能够独立，在自然状态下，不需要其他动物的援助，但人类几乎随时随地都需要同胞的协助。要想仅仅依靠他人的恩惠，那是一定不行的。他如果能够诉诸他们的自利心以有利于他，向他们表明给他做事对他们自己是有利的，那他要达到目的就容易得多了。不论是谁，如果要与旁人做买卖，他就要这样提议：给我想要的东西，你就可以获得你所要的东西，这是每一项交易的意义……"（上卷，第13—14页）

这不就是说，在人类倾向交换本性这种看似最终来源的背后，还有支配它的力量或因素吗？这不就是说，人的自利之心以及与之相关的人类需求是决定分工的更深层次的原因吗？

亚当·斯密承认："分工一旦完全确立，一个人自己劳动的生产物就只能满足他自己需要的极小的一部分。他的绝大部分欲望，需用他自己消费不了的剩余的劳动生产物，去交换自己需要的别人的劳动生产物的剩余部分来满足。这样一来，每个人都要依靠交换生活，或者说，在一定程度上，大家都成了商人，而社会本身也就成了真正的商业社会。"（上卷，第20页）这里明确地将交换置于分工之后，说明交换依赖于分工，而不是相反。

亚当·斯密的论述说明，他对分工原因的解释是不统一的，甚至是二元的：一个是人类倾向交换的本性；另一个是人类需求和与其相关的自利之心。在这二元的解释之中，第二种解释应该更有说服力，它在一定程度上反映了工场手工业时期客观的经济规律，以及由此客观规律决定的当事人的心理动机。

然而，这还不应是最终答案。按照马克思主义哲学和经济学原理，从男女之间的自然分工发展到社会分工，包括游牧业从农业中分离出来的第一次大分工，到制造业从农业中分离出来的第二次大分工，再到商业分离出来的第三次大分工，归根结底都是社会生产力发展到一定阶段的产物，也是与之相应的人类认知和能力发展的结果。同时，生产资料的私有制也是一个必要的前提条件，而这个条件本身也是受到社会生产力发展水平及其性质的制约的。离开这些社会经济和非经济环境条件，要科学解释分工起源是不可想象的。就最初的分工和交换的关系来说，不是先有了交换才有分工，而是先有分工、有了生产的剩余物品，而后才有交换，而且还少不了财产私有的存在。没有这两条，商品交换无从谈起。人类历史上最初的交换出现在原始氏族和部落之间，就是在自然分工和最初社会分工的条件下，生产有了一定发展，有了些许剩余产品之后，同时剩余产品为氏族或部落首领或成员私有时，才出现的现象。

市场范围对分工的限制

亚当·斯密认为："因为分工起因于交换能力，所以分工的程度必定总是受到交换能力的限制，换句话说，它受到市场的限制。"（上卷，第16页）亚当·斯密这样提出和回答问题，合乎他自己的逻辑：既然分工起源于人的倾向交换的本性，那么分工的程度必然受到交换能力或市场范围的限制，他举的许多例子似乎也能说明这一点。

问题在于，市场范围能构成对分工的终极限制吗？按照亚当·斯密的逻辑，应该这样认为，这同他关于分工起源于人交换本性的观点是一致的。可是，事实上，如同在人的交换倾向背后，还有更根本的社会经济条件决定着分工的起源和发展一样，在交换能力或市场范围背后，也有更深刻的社会经济条件或因素，这就是生产力发展水平，是一国的财富和人口，等等，而交换能力或范围不过是影响和决定生产力发展水平的因素之一。亚当·斯密将其视为唯一的决定性条件，显然是片面的。

其实，亚当·斯密自己在论述过程中，已经自觉不自觉地修正了自己刚刚说过的观点。例如，当他说市场过于狭小、就不能鼓励人们终生专务一业时，表面上看说的是市场范围，实质上涉及的是经济发展水平，市场狭小不过是生产发展程度的表现之一罢了。又如，当他说有些业务，哪怕是最普通的业务（例如搬运工），也只能在大都市中经营时，也是如此，表面上说的是市场范围，实质上说的是经济发展程度。

更有意义的是，当他说世界各地生产中最初的改进总是出现在沿江、沿海，而后才逐渐扩展到内地时，他终于得出结论说："该国的市场范围，必然在长期内与该国的富裕程度和人口的多少成比例。"（上卷，第18页）这等于他承认交换能力和市场范围本身并不是决定分工的最终条件和因素。

亚当·斯密的解释尽管有这样那样的缺点和不足，但是作为西方经济思想史上对此类问题的最初探讨，其价值不应被抹杀。他能够提出应该研究的科学命题，这本身就值得肯定；他能够进而给出接近真理的回答，更是一种具有历史意义和科学价值的贡献。

货币的起源和用途

在阐明了劳动分工及其缘由，又说明了分工会受限于交换能力之后，亚当·斯密接着论述交换工具或交换媒介的问题，这是顺理成章的安排。

在论及亚当·斯密的货币理论之前，让我们先对他所面临的货币理论的"理论遗产"作一简评。重商主义作为资本原始积累时期出现的一种观念和政策，已经逐渐告别了封建土地贵族重视土地财产而排斥商品货币关系的观念，重商主义者将货币纳入资本的视野，从来不在货币形态之外去考察财富，这是重商主义的可贵之处。然而，由于他们将货币与财富混为一谈，将财富与货币相等同，追求财富的冲动和观念淹没了一切，因而不可能形成独立的货币理论，这就是在充斥着货币身影的重商主义的货币差额论和贸易差额论中反而看不到独立的货币论的缘由。

随着重商主义的解体，财富问题和货币问题逐渐分开了，出现了独立的财富论与货币论。这本来是一种进步，但在这种进步之中也蕴含着另一种偏向，那就是脱离财富看待货币，将其看作是生产和流通的外在之物，即仅仅作为交换的媒介和工具，而不是财富本身。在这种观念支配之下，大体上形成了两种不同的看法（或者类似观点的萌芽）：一种是名目论；另一种是金属论。[1] 在名目论者看来，货币的价值是假定的，是想象的；在金属论者看来，货币的价值是和任何一种商品的价值相同的。但他们都认为货币是一种外来的东西，而不是由商品生产和流通的本质所产生的。它们之间的差别仅仅是：在名目论者看来，为了替财富的交换做媒介，创造了一种假定的价值；而在金属论者看来，为了这个目的，从许多商品中挑选了一种商品——贵金属。[2]

现在，轮到亚当·斯密说话了。他会拿出怎样的货色呢？他说，若论货币的起源，就要追溯到最初的交换即物物交换时出现的困难。在物物交换条件下，交换双方必然会遇到时间、地点、当事人以及交换的产物等方面不相一致的情况，这就会使交换无法达成。怎么办？亚当·斯密说："为了避免这种不方便，在社会的每个时期，每个聪明人，在分工确立以后，一定会自然地以这种方式来处理他的事务：除了他自己行业的特殊产物之外，随时随地带有一定数量的这种或那种商品，他设想用这种商品去和任何人的生产物相交换，都不会被拒绝的。"（上卷，第20—21页）

这就是说，货币是为了克服交换的困难才出现的，货币不是别的，就是某种商品。亚当·斯密历数了充当过货币的各种物品（牲畜、盐、贝壳、鳕鱼、烟草、糖、皮革和铁钉等），直至最终采用了耐久和可分的金属（铁、铜、金、银等）；他还指出，金属币的使用也有一个演变的过程：起初是金属粗条，后来出于准确、方便等方面的原因，逐渐使用了表明纯度和重量等信息的铸币。

谁能说亚当·斯密说得不对呢？然而，还是可以指出，他的这些说法大

---

[1] 晏智杰：《亚当·斯密以前的经济学》，北京大学出版社，1996年，第1、2、6、7、8、10、15等章节。
[2] 卢森贝：《政治经济学史》（第一卷），生活·读书·新知三联书店，1959年，第126页。

体上是对前人已经发表过的类似说法（金属货币论）的重申，在理论上并没有多少开拓或深化。物物交换的困难固然是促使出现交换工具的直接诱因，但在这诱因背后，还有更深刻的缘由，那就是商品要求实现自身的价值或交换价值。人们生产商品本来就不是为了自己直接消费，而是为了以其交换自己所需的物品或商品；如果不能实现这一目的，那它就变得一钱不值，没有意义了。商品的这种社会性质在交换之前的生产过程中就已经被注定了，不是进到交换阶段才具备的，交换只是实现这一性质的必要途径。所以，货币产生的更深刻的根源在于生产过程而不在于商品流通过程，在于商品自身的社会属性而不在于商品本身，因此，停留在对交换过程和交换工具本身的考察上是不足以揭示货币的本质和起源的。

亚当·斯密把货币归结为某种商品，甚至指出货币变成了"普遍的商业媒介"，这当然也没有错。但他还是没有认识到，充当货币的商品已经不再是一般的商品而是一种特殊的商品了，它是所有商品的一般等价物，其用途就是表现其他商品的价值或交换价值。所谓"普遍的商业媒介"还是停留在交换工具的范畴之内，而一般等价物则是对交换工具自身固有的社会性质的确定。

相对于重商主义将货币等同于财富的观念，亚当·斯密把货币与财富分离开来，并将其归结为某种商品，将其作用限定在交换媒介上，这是一个巨大的历史性进步，这对他来说似乎已经足够了。但他把货币看作是财富的外在之物，认为它不过是一种交换媒介，而没有认识到货币根本上也是一种财富———一种特殊的财富，甚至还可以是一种资本，则是其货币论的明显缺陷。

这个缺陷在他后来研究资本积累及其用途时（《国富论》第二篇第2章）仍然没有克服，而他本来是有机会克服这个缺陷的。在这里，他把货币看作是社会总资财的一个特殊分支，看作是"流动资本"的一种形式。把货币看作是流动资本肯定是不对的，流动资本是相对于固定资本来说的，它们都属于生产资本的范畴，而不属于货币资本；货币既可以作为流动资本，也可以作为固定资本；除了生产资本之外，货币资本还可以同商品资本相区别；这就是说，货币资本是资本的一种独立存在形式，不应同其他资本形式相混同。不过，撇开这一点不谈，亚当·斯密终于把货币划入了资本范畴，将其视为资本的一种形式，这比他先前仅将货币看作是一种商品是一大进步；如果他沿着这条思路走下去，极有可能将货币资本论推向一个新的高峰。

可惜这种前景没有出现，也不可能出现。原因就在于即使到现在，即分析社会总资本的构成及其用途时，尽管他已将货币纳入资本的范畴，但货币在他眼里仍然只是一种商品流通的工具和媒介，而不是真正独立存在的资本，因而它也不会发挥资本的价值增殖作用。亚当·斯密在这里提出的各种观点，包括货币与社会纯收入的关系，货币形式的演变，等等，都是基于这个金属货币的观点："货币是商业的大工具，货币只是货物借以流通的轮毂。"基于此，他指出，货币不是社会纯收入；货币资本的维持费也不应计入纯收入；以纸币替代金币可以降低货币制造和使用的费用，有利于增加社会纯收入；纸币数量应与其所代表的金银币相适应，等等。① 换句话说，就货币理论而言，没有任何进展。

在《国富论》第四篇批判重商主义时，亚当·斯密又回到货币问题上。这一次，对于断定货币不是财富本身、只不过是一种商品交换的媒介和工具的论点，更是他用来批判重商主义的主要理论武器。除此之外，看不到货币的其他职能（价值尺度、储藏货币、支付手段和世界货币）的任何踪影，更不用说货币还能充当资本，以及执行价值增殖功能了。相比之下，重商主义肯定并注重货币的价值增殖即资本功能，倒显得有几分合理成分。它们的错误在于不该视货币为财富的主要甚至唯一形式，不该将财富源泉仅仅归结为流通，更不应仅仅归结为对外贸易。矫枉不能过正，过正不仅不能矫枉，反而会走向反面。②

---

① 详见本篇第5章。
② 详见本篇第7章。

第一篇 第5—7章 价值论、价格论、市场论

现在，我们来到了《国富论》第一篇的第5、6、7章，这是《国富论》的核心部分，历来为人们所重视。亚当·斯密在这里探讨的问题关系到现代市场经济生活和现代经济学的基础，即商品交换过程中决定商品价值和价格的法则，以及决定市场经济运行的基本机制。亚当·斯密的这些理论对包括马克思主义经济学在内的整个经济学都产生了深远的影响，也引起了许多重大争议，值得认真研究。

在阅读亚当·斯密的论述以前，让我们先对《国富论》出现以前的价值论做个鸟瞰。① 自重商主义解体以来，抱持各种不同理论倾向的经济学家，几乎毫无例外地都力图打造各自的价值理论，以之作为构建其他各部分经济理论的基础。截至亚当·斯密，先后出现的商品价值论（大多处于萌芽或初期阶段），主要有劳动价值论、效用价值论、生产成本论和供求价值论等。威廉·配第（马克思称其为"政治经济学之父"）提出了劳动价值论的最初表述；美国大政治家和大科学家本杰明·富兰克林对劳动价值论提出了更明确的论证；英国人巴尔本则是效用价值论的最初代表者；意大利的加里阿尼以及法国经济学者孔狄亚克提出了最初的主观效用论；约翰·洛克提出了比较完全的供求价值论；詹姆士·斯图亚特则是生产成本论的著名代表者。这就是亚当·斯密登上经济学舞台之时，他所面临的价值论遗产。现在让我们来看看，面对这些遗产，亚当·斯密到底提出了怎样的价值或价格理论，又构建了怎样的市场经济机制论。

---

① 参看晏智杰：《亚当·斯密以前的经济学》，北京大学出版社，1996年，相关各章节。

"钻石与水"：是"价值反论"吗？

在展开论述价值规律之前，亚当·斯密举了一个著名的论题："钻石和水"。他说："应当注意，'价值'这个词有两种不同的含义，有时表示某些特定物品的效用，有时则表示占有该物品所带来的对其他物品的购买力。一个可以称为'使用价值'，另一个可以称为'交换价值'。具有最大使用价值的东西常常很少有或根本没有交换价值；反之，具有最大交换价值的东西常常很少有或根本没有使用价值。没有什么东西比水更有用，但不能用它去购买任何东西，也不会拿任何东西去和它交换；反之，钻石几乎没有什么用途，但常常能用它交换到大量的其他物品。"（上卷，第25页）

类似的说法在亚当·斯密先前的《亚当·斯密关于法律、警察、岁入及军备的演讲》中也可见到："价廉实际上即等于物博。水之所以那么便宜，就是因为它可以取之不尽，而钻石之所以那么昂贵，是因为它稀罕难得。"①

对于如何理解亚当·斯密作此区分的原意，存在着肯定与否定两种不同的看法。其中一种看法认为，这段话表明，亚当·斯密不仅明确区分了物品的使用价值和交换价值这两个概念，而且还明确排除了以使用价值或效用说明价值大小及其来源的可能性，尽管其中有绝对化的地方。抱有劳动价值论观点的人乐于持这种看法，而且认为这个论断不啻是反驳效用价值论的一个有力的论据。例如，李嘉图就是这样看的，他在全文引述了亚当·斯密的上述论断之后，得出结论说："所以，效用对于交换价值来说虽是绝对不可缺少的，但却不能成为交换价值的尺度。一种商品如果全然没有用处，或者说，

---

① 《亚当·斯密关于法律、警察、岁入及军备的演讲》，商务印书馆，1982年，第174页。该书编者埃德温·坎南（他也是《国富论》的编者）为亚当·斯密的这段话加了一个注释（注1），说明钻石和水的例证并非始自亚当·斯密，它在前人著作中已不鲜见："水由于取之不尽、用之不竭，因而价廉无比，这是古人常说的话。巴贝拉在评普芬多夫的《自然法与国际法》第五篇第1章第4节时曾引用过柏拉图《尤齐迪默》(304B)下面的话：'尤齐迪默啊，凡是稀罕的都是贵重的。正如平德所说，水是因多而贱的最显著的例子。'劳在《货币与贸易的研究》中（1705年出版，第一篇第3节）曾把用途很大的水因多而贱和用途很少的钻石因罕见而珍贵这两例作了鲜明的对照。哈里斯在《论货币和铸币》中（1757年版，第一篇第3节）也作了这样的对照。"坎南后来将此注释的内容稍作改动和调整又加到他所编辑的《国富论》中（*the wealth of nations*, p. 28, note 25。《国富论》中译本未译出该注释）。

如果无论从哪一方面来说都无益于我们欲望的满足,那就无论怎样稀少,也无论获得时需要费多少劳动,总不会具有交换价值。"① 苏联著名学者卢森贝的《政治经济学史》在我国曾有较大影响,其中许多论述都应予重新思考。在这里所谈的问题上,卢森贝的看法是,亚当·斯密的这个论断"是太矫枉过正了一些……然而,交换价值并不受使用价值所决定,这个论点是完全正确的"。② 我国几十年来出版的为数众多的经济学说史教科书及有关论著,几乎无一例外地抱持这一观点。③

另一方面,抱有效用价值论观点的人则对亚当·斯密的说法持否定态度,并视之为建立效用价值论的一大障碍。边际效用价值论的出现和流行,在这些人看来,恰恰排除了这个障碍,解开了这个"价值反论"之谜。④ 这些人认为,亚当·斯密的上述论断表明,他没有区分总效用和边际效用,而以总效用和价值相对应,这就必然陷入不可解脱的困境中,以至于排除了以效用说明价值源泉和大小的可能性;若以边际效用而论,则难题迎刃而解;水的用途虽大,但其边际效用因其数量极大而极小,所以价值低;金刚钻用途虽小,但其边际效用因其数量极少而极大,所以价值高。

---

① 李嘉图:《政治经济学及赋税原理》,商务印书馆,1972 年,第 7 页。
② 卢森贝:《政治经济学史》第一册,三联书店,1959 年,第 265 页。
③ 例如,鲁友章、李宗正主编:《经济学说史》(上册,高等学校文科教材),人民出版社,1980 年,第 185 页。
④ 罗尔指出,亚当·斯密的这个"价值反论",为 19 世纪后期的经济学家提供了建立理论的起点,并最终发展成为边际效用学说(《经济思想史》,商务印书馆,1981 年,第 154 页)。边际效用论者大都注意到了这个"反论",并对边际效用论终于能够解开这个"反论"表示肯定和庆幸。例如,奥国学派著名代表者庞巴维克承认:"效用最大而价值最小,这是一个奇怪的矛盾。这一异常的现象已经成为价值理论中的一个真正的绊脚石……曾有许多经济学者企图用各种复杂的解释来调和这一致命的矛盾,但都失败了。"(《资本实证论》,商务印书馆,1964 年,第 158 页)在阐述了边际效用决定价值的原理之后,庞巴维克宣称,"对于原来使我们感到十分惊奇的这一现象——珍珠、钻石等比较'无用'的东西,具有很高的价值;更加'有用'的东西,如面包和铁等,具有小得多的价值;而水和空气却毫无价值——我们在这里找到了十分自然的解释"(同上书,第 171 页)。持边际效用价值论的西方经济学(史)家通常也都抱类似的看法。例如,萨缪尔森认为,边际效用论有助于解释亚当·斯密所碰到的这个"价值反论",而亚当·斯密本人之所以不能解决,就是因为"亚当·斯密还没有达到能够区别边际效用和总效用的地步"(《经济学》,商务印书馆,1981 年,中册,第 82—84 页)。

以上两种看法看似对立，其实有一个共同点，即他们都认为亚当·斯密上述论断的本意在于提出价值源泉问题，并从一个侧面（即排除效用或使用价值）回答了这个问题。这个看法是站不住脚的。诚然，如前所述，水和钻石一类例证早被人们用来说明效用和价值的关系，而亚当·斯密有时也把价值的有无及大小同物品的效用和稀少性联系在一起。在《亚当·斯密关于法律、警察、岁入及军备的演讲》中，亚当·斯密曾以水和钻石为例说明"价廉在于物博"，甚至在《国富论》中我们还能读到这样的论述，其一："在原始自然状态下，衣服和住宅材料总是过剩，因而没有多少价值，甚或完全没有价值。在进步状态下，此等材料往往缺乏，其价值于是增大。"（上卷，第155页）其二："原生产物，有一部分往往要加工制造后才适于使用或消费。假设没有资本投在制造业中把它加工，则这种原生产物将永远不会被生产出来，因为没有对它的需求；或如果它是天然生长的，它就没有交换价值，不能增加社会财富。"（上卷，第333页）

可是，在他讨论价值论之前，提出这个有名的"钻石和水"的例证时，他的本意却不是这样的。从他论述的上下文来看，他的论述还没有到提出价值源泉问题的时候，当然更不到解决该问题的时候。他在这里提出这个例证的本意，可以肯定地说，并不在于说明效用和价值的关系，更不是借此排除效用价值论，而是强调指出使用价值和交换价值（价值）这两个概念的区别，为下一步展开论述价值理论作准备。这就是说，"钻石和水"的例证并不构成什么"价值反论"；至于后人不作如是观，都是出于自利动机而强加于亚当·斯密的，以至于对同一段论述却出现了截然不同的解读，这个事实本身就很能说明问题。

亚当·斯密提出了三个问题

在区分了使用价值和交换价值之后，亚当·斯密进而提出了他要探讨的三个问题："第一，交换价值的真实尺度是什么？或者，究竟是什么构成一切商品的真实价格？第二，构成真实价格的不同部分究竟是什么？第三，什么不同情况使真实价格的某一部分或全部，有时高于或低于其自然比率或普通比率？或者，妨碍商品市场价格或实际价格与其自然价格相一致的原因是什么？"（上卷，第25页）

亚当·斯密的话说得非常明白。为探讨交换价值的法则，他要阐明交换价值的尺度、真实价格的构成，以及市场价格同自然价格的关系。一些人专注于从亚当·斯密的论述中追寻他对所谓的价值源泉的看法，结果往往忽略了（或者更准确地说是不正视或不重视）他对价值尺度的分析；或者硬要从价值源泉的角度来理解他对价值尺度的分析，结果造成了不应有的混乱。另一方面，由于一些人误以为斯密所说的第三点仅仅是价格问题，而不是价值分析本身，所以在研究他的价值论时，视其为可有可无的东西而不予重视，这其实是一种极大的误解。事实上，最后这一点像前两点一样，也是作者价值分析的不可缺少的有机组成部分。总之，应当将亚当·斯密所说的这三个方面都置于我们的视野之内，才能完整、准确地把握他的价值理论。

交换价值的真实尺度和名义尺度

先谈第一个问题，即交换价值的尺度问题。价值尺度在亚当·斯密看来究竟有怎样的意义，为什么这个问题对他来说显得那么重要，他的回答是：价值尺度直接涉及商品价值数量的量度，没有一把准确的尺度，就不可能得出商品价值的准确量值，其意义非同小可。另一方面，重商主义总是把货币看得高于一切，不仅视之为财富本身，而且视之为价值的真实尺度。在亚当·斯密看来，这种观念完全错误，危害甚深，必欲除之而后快。这就是亚当·斯密首先抓住尺度问题不放的背景和原因。

那么，亚当·斯密提出了怎样的价值尺度？他指出，存在着两种价值尺度：一种是真实的，另一种是名义的；劳动是价值的真实尺度，货币则是价值的名义尺度。他论证说："一个人是贫是富，就看他能在多大程度上享受人生的必需品、便利品和娱乐品。但自分工完全确立以来，一个人自己的劳动所能提供的只是极小的一部分，其余绝大部分则需仰赖于他人的劳动。所以，他是贫是富，要看他能够支配多少劳动，或者他能够购买多少劳动……因此，劳动是衡量一切商品交换价值的真实尺度。"（上卷，第27页）他又说："任何一个物品的真实价格，即要取得它的人所付出的实际代价，乃是取得它所付出的辛苦和麻烦。对于已得该物但愿用以交换他物的人来说，它的真正价值，等于因占有它而能自己省免并转加到他人身上的辛苦和麻烦。以货物购买物品，就是用劳动购买，正如我们用自己的劳动取得一样……劳动是第一价格，是可以支付给所有物品的原始的购买货币。"（上卷，第27页）

为什么货币是名义价格呢？这是因为，在亚当·斯密看来，劳动本身价值绝不变动，随时随地可用以估量和比较各种商品的价值：等量劳动，无论何时何地，对于劳动者都可以说有同等的价值。如果劳动者都具有一般的精力和熟练与技巧程度，那么在劳动时，他们就必然牺牲等量的安乐、自由与幸福；而货币（金银）的价值则时有变动，会随着某种金属由矿山到上市所需劳动的多少而涨落，因此，等量金银货币在不同时间和地点往往不能交换或购买等量商品。货币尺度既不准确，本身价值又随生产金银的劳动量而有所变动，所以它是名义价格。

亚当·斯密指出，区分真实价格和名义价格，不仅有理论意义，而且还有实践意义。相同的真实价格总是具有相同的价值，但是由于金银价值的变化，相同的名义价格有可能具有非常不同的价值，这势必影响到契约条件的约定；由于真实价格与名义价格的区分，国家有可能减少铸币的含金量以谋利，这是要警惕和反对的；美洲金银矿的发现降低了金银的价值，这会减少货币地租的价值，因此，用谷物规定的地租比用货币规定的地租更能保持地租的价值，谷物地租比货币地租更稳定；但是，无论如何，价值的货币尺度总是比劳动尺度更方便、更可行，而要使其稳定，要求实行金属货币本位制，纸币数量应以其所代表的金属币为根据。这些观点显然反映了新兴工商业者的呼声和要求，也符合广大民众的利益。

这就是亚当·斯密关于商品价值尺度的基本论述，其意在于确认劳动是真实的价值尺度，并将重商主义看重的货币降到名义的和从属的地位，这就从一个侧面（价值尺度）摧毁了重商主义的一个重要支点（以为货币是财富与价值的唯一的绝对可靠的尺度），也为他进而论述价值源泉和市场机制问题扫清了道路、排除了障碍和准备了条件。

事实表明，在亚当·斯密那里，价值尺度只是衡量交换价值量大小的一种尺度或标准，它只涉及交换价值的数量，而不涉及交换价值的来源。那么，他将价值尺度同价值决定（源泉）明确地加以区分，究竟有没有科学依据？或者说对不对呢？诚然，这两者有一定的因果联系，而且在亚当·斯密所谓的原始未开化社会中可被视为同一数量，但是，"尺度"毕竟不是"决定"或"源泉"，它是对既定价值量的衡量和比较，其本身并不能说明这个价值量的"来源"，如同砝码可以表示物体重量却不能说明该重量的由来一样。无论就亚当·斯密的原意来说，还是就事情的客观合理性来说，应当肯定，价值尺度和价值决定是有一定联系的两个不同的概念。

然而，长期以来，在国内外学术界流行着一种看法，即认为亚当·斯密的价值论是多元的、不一贯的，甚至是混乱的、充满矛盾的理论。这些看法的一个重要特征，就是将亚当·斯密所说的价值尺度等同于价值源泉。① 以亚当·斯密学说的通俗化者著称的法国经济学家萨伊，可以说是此类看法的始作俑者。② 英国古典政治经济学的伟大代表者李嘉图③和另一位声名卓著的马尔萨斯④也抱有类似看法。在19世纪70年代兴起的"边际革命"中问世的许多阐述边际效用论的著作，在批判古典学派的劳动价值论和成本价值论时，也不时地基于这一点而对亚当·斯密的价值论提出批评。人们总是说亚当·斯密混同了价值的内在尺度和外在尺度，说他提出了互不一致的各种论点，诸如耗费劳动论、支配和购买劳动论、生产三要素成本论或三种收入论，以及供求论等。还有人认为，亚当·斯密从《关于法律、警察、岁入及军备的演讲》（1762—1763年）到《国富论》（1776年），在价值论方面发生了一个大的转变，即从效用论转到了劳动论。于是，如何理解和看待这两部著作在价值论上的关系也成了一个问题。

马克思在创建其政治经济学的过程中，对亚当·斯密的经济学说，特别是对其价值论作过全面、细微和深入的评析，他也认为亚当·斯密对于价值概念提出了上面提到的两种、三种甚至四种尖锐对立的看法，同样基于将亚当·斯密所说的价值尺度等同于价值源泉。⑤ 中华人民共和国成立以来出版的各种教材、著作及论文则一再重复了马克思对亚当·斯密价值论的这些看法。⑥ 应该说，这些看法不仅对亚当·斯密的价值尺度观点有所误解，而且也

---

① 参看罗尔：《经济思想史》中译本，第154—169页；季德、利斯特：《经济学说史》中译本，上册，第91—96页；J. A. Schumpeter, *History of Economic Analysis*, pp. 180, 307–311；J. K. Ingram, *A History of Political Economy*, pp. 104–121；M. Bowley, *NassanSenier and Classical Eccnomics*, pp. 67–74。

② 萨伊：《政治经济学概论》，商务印书馆，1963年。

③ 李嘉图：《政治经济学及赋税原理》，商务印书馆，1972年，第1章。参看晏智杰："对李嘉图评亚当·斯密价值论的再评论"，原载《江淮评论》，1994年第3期，转载晏智杰：《经济价值论再研究》，北京大学出版社，2005年，第164—170页。

④ 马尔萨斯：《政治经济学原理》，商务印书馆，1962年。

⑤ 《马克思恩格斯全集》，第26卷第1分册，第3章第1节。又见《政治经济学批判》第43页。

⑥ 例如，鲁友章、李宗正主编：《经济学说史》上册，（高等学校文科教材），人民出版社，1980年。

妨碍了对其价值源泉观点的正确理解和把握。

对于流行已久的这些观念，近些年来在国外的一些文献中已经受到怀疑和挑战，或者提出了一些与众不同的看法。[1] 我国经济学界老前辈、已故的陈岱孙教授在其《从古典经济学派到马克思——若干主要学说发展论略》一书中首次指出，亚当·斯密价值论中的二元论，实际表现在耗费劳动价值论和收入决定价值论上，而不是通常所谓的耗费劳动论和支配劳动论。这在中国经济学界是破天荒的。[2] 的确，应该说，认为亚当·斯密的价值论是耗费劳动论和支配或购买劳动论，是一种误判。如上所述，亚当·斯密从未把购买劳动或交换劳动作为价值的决定因素，而只是作为价值尺度。这里不存在对价值决定的两种并存的规定，存在的只是对价值尺度的不同规定，而就尺度来说，这几种劳动是一致的。

还应该说，把亚当·斯密所说的购买或支配的劳动量，归结为购买或支配的活劳动量，或一定量活劳动可以购得的商品量，又把这种活劳动量或商品量等同于劳动工资，于是得出亚当·斯密又把工资作为价值尺度的结论，这也是一种误判。这里的关键在于，亚当·斯密所谓的"能够购买或支配的劳动量"是否指"一定量商品所能购换的活劳动量"或者"一定量活劳动所能购换的商品量"？亚当·斯密并没有对此做出明确的回答，他甚至也没有明确提出这种问题。不过，从他论述中所暗含的前提条件来看，不会是这个意思。这种前提条件就是亚当·斯密所谓的原始未开化社会，是没有出现土地私有和资本积累的社会，它充其量只能是指资本主义以前的简单商品生产和交换。在这种条件下，交换双方都是生产者，他们提供到市场上准备交换的对象，只是自己劳动的产品，而不会是雇用工人的劳动产品。因此，在亚当·斯密的论述中，用以购换的劳动量或购换来的劳动量只能是体现在商品中的生产者本人的劳动，而不会是别人的活劳动，自然也就没有为雇工支付工

---

[1] 例如，可参看转载于 *Adam Smith*, *Critical Assessments*（Edited by J. C. Wood, Vol. III, 1983）中的以下各篇：S. kaushil, "*The Case of Adam Smith's Value Analysis*"; H. M. Robertson and W. L. Taylor, "*Adam Smith's Approach to the Theory of Value*"; A. K. Das Gupta, "*Adam Smith on Value*"; R. M. Larsen, "*Adam Smith's Theory of market prices*"。

[2] 陈岱孙著：《从古典经济学派到马克思——若干主要学说发展论略》，上海人民出版社，1981年，第62—69页。

资的必要和可能，没有工资存在的余地。至于在资本关系条件下，作为价值尺度的购换劳动不可避免地要同活劳动发生联系，但是，我们很快就会知道，到了那个时候，在亚当·斯密看来，购换来的劳动量又不仅仅是工资了。再说，我们还没有发现亚当·斯密在何处将购换劳动与"劳动的价值"相等同，倒是可以看到他对英国的工资与生活资料价格之间关系的论述，但与上述论断大相径庭。①

劳动价值论和收入价值论

亚当·斯密提出的第二个问题，即"商品真实价格的构成部分是什么？"才是（而且就是）指商品价值的源泉和决定问题。既然如此，亚当·斯密为什么不直截了当地提出价值源泉问题，而要作"商品真实价格的构成部分是什么"这样的表述呢？知晓了他对这个问题的全部答案之后，我们就会完全明白其中的道理。简而言之，这是因为，在他看来，价值源泉就是价值由哪些要素构成的问题，而价值的构成部分在不同的历史时期是不一样的，它会发生并且真的发生了重大变化，于是就有了前后两种价值决定论。

一种是："在资本积累和土地私有尚未发生以前的初期野蛮社会，（人们）获取各种物品所需要的劳动量之间的比例，似乎是各种物品相互交换的唯一条件。"（上卷，第 42 页）当然，还要考虑到人的劳动的艰苦、智巧和熟练程度。另一种是：在土地私有和资本积累条件下，商品价值构成从而价值决定法则发生了变化，原先是获取商品的劳动决定价值，现在则变成了"工资、利润和地租，是一切收入和一切可交换价值的三个根本源泉"（上卷，第 47 页）。换言之，劳动价值论变成了三种收入价值论。这就是亚当·斯密提出的真正的二元价值论：劳动价值论和收入价值论。

为什么在"原始未开化社会"中，人们获取商品所需要的劳动是商品交换的唯一条件？那是因为，"在这种情况下，劳动的全部产品都属于劳动者自己；通常用以取得或生产任何商品的劳动量，是能够调节它通常应可购买、

---

① 例如，参看亚当·斯密：《国富论》第一篇第 8 章中关于英国的劳动工资水平及其同食品价格变动相互关系的论述（第 67—72 页）。他指出，英国劳动工资显然超过了最低生活资料所需要的数额，它不随食品价格变动而变动；就不同年度来说，食品价格变动大于劳动工资的变动；而就不同地方来说，后者却大于前者。劳动价格变动，不但不与食品价格变动相一致，反而是相反。

支配或交换的劳动量的唯一条件"（上卷，第42页）。为什么在所谓的"现代文明社会"，商品价值不能只由劳动决定呢？那是因为，一旦有了资本积累和土地私有之后，劳动生产物就不能完全归劳动者所有，要在劳动者、资本家和土地所有者之间"分享"，而满足这三者各自的合理要求是进行生产的必要条件。

收入分配关系的变化是商品价值决定法则变化的根据，这就是亚当·斯密的逻辑。这个逻辑肯定是不对头的，因为它犯了倒因为果的错误。产品及其价值属于谁，在各阶级之间如何分配，这是收入分配问题，是既定价值的归属问题，它并不能说明价值决定本身。拿这个逻辑去解释"原始未开化社会"的价值决定已经不可取了，劳动的全部产品都属于劳动者，不应该是耗费劳动决定价值的理由，但因为从中得出的劳动价值论大体符合历史实际，所以这种逻辑的弊端还没有显现出来，至少还不突出。这个不能成立的理由暂时还没有危及原理本身，甚至还呈现出一定的因果相关性，然而，一旦分析到社会产品分配发生变化的条件，这个不科学的解释，或者确切些说，这个以产品的分配来论证价值决定的逻辑思路，就势必导致抛弃刚刚确认的耗费劳动决定价值的原理了。亚当·斯密往后的论述完全证明了这一点。既然现在商品价值不能由劳动者独享，而要在三阶级之间"分享"，那么劳动价值论就失效了。

从一方面说，亚当·斯密有可能继续坚持劳动价值论。因为他承认利润是对"劳动者对原材料增加的价值"的扣除，他也知道地租是不劳而获的地主从"劳动者生产或采集的生产物"中拿走的那部分产品，换言之，利润和地租都是耗费劳动的成果。既然如此，尽管工资这时不会是劳动的全部劳动产品，但仍然可以说决定价值的是劳动，而不越出他原来的思想逻辑，但他没有这样做。这不难理解，如果坚持劳动价值论，意味着不但要承认土地地租的不合理性（这一点他可以认同，称其为对劳动产品价值的第一个扣除），而且还要承认资本利润是一种剥夺（他虽然也说利润是对劳动产品及其价值的第二个扣除，但实际上他认为这个扣除是发展生产的不可或缺的条件），他不可能走出这一步。

另一方面，亚当·斯密又注意到"利润和工资截然不同，它们受着两个完全不同的原则的支配……利润完全受所投资本的价值的支配，利润的多少与资本的大小恰成比例"（上卷，第43页）。资本利润不受劳动支配而受资本支配,这样一个客观事实,也不允许他坚持原先的耗费劳动论。

还有没有其他出路?比如说,交换或购买劳动论,以及耗费劳动与指挥监督劳动共同决定论?关于交换或购买劳动在这种场合的作用,亚当·斯密有明确的交代:"必须指出,这三个组成部分(指工资、利润和地租)各自的真实价值,由各自所能购买或支配的劳动量来衡量。劳动不仅衡量价格中分解为劳动的那一部分的价值,而且衡量价格中分解为地租和利润的那些部分的价值。"(上卷,第44—45页)这就是说,交换或购买劳动在新的历史条件下仍是价值尺度。他排除了以之说明价值源泉的可能性,这同一些论者的看法是相左的。① 亚当·斯密也排除了以耗费劳动和监督劳动共同决定价值的可能。他虽肯定收入中的工资当然是工人劳动的成果,但同时肯定"资本的利润同所谓的监督指挥这种劳动的数量、强度与技巧不成比例"(上卷,第43页)。

结果只有一条路可走了:将商品价值归结为工资、利润和地租。三大阶级各得其所、皆大欢喜。这样做固然同作者的政治立场保持了一致(对当时英国社会现实君主立宪制度的承认和肯定),但在理论上也付出了代价,导致了所谓的"斯密教条"(马克思语)的错误:将社会全部商品价值统统归结为劳动工资、资本利润和土地地租等三种收入,从而否定了资本的存在。我们很难设想亚当·斯密居然不懂得资本存在的重要性和必要性,可是,按照收入价值论的逻辑,他又不能承认它们的存在,结果就用一种似是而非的分解法把资本价值从商品价格构成部分中排除出去了,确切些说,分解为收入了。例如,他说:"也许有人认为,农业资本的补充,即耕畜或其他农具消耗的补充,应作为第四个组成部分。但农业上一切用具的价格,本身就由上述那三个部分构成。"这当然是错误的,特别是当他说这种分解法或者构成法不仅适用于单个商品,而且适用于一国全部年产品时,其错误的危害就更大了:这不仅导致了错误的价值论,而且还堵塞了分析社会资本再生产的路径,因为正确划分社会产品价值构成和物质构成是分析再生产的前提之一;而否定资本的独立存在,也就失去了这个前提。

---

① 有人以为斯密提出收入价值论是为了符合其购买或交换劳动决定价值的论点。这是双重误解:一我们已经指出,购换劳动在斯密那里从未被看作是价值源泉,而始终视为价值尺度;二即使硬把它说成是斯密关于价值源泉的观点也难于以此解释收入价值论,因为购换来的劳动,按照这种逻辑,也可用来说明耗费劳动价值论。

既然亚当·斯密的二元价值论不可取,那么,应当如何考虑亚当·斯密提出的那个问题,即生产要素的变化(土地私有和资本积累)对商品价值决定的影响?对此,一些古典经济学家提出了各不相同的理论和办法,其前途也迥然相异。李嘉图坚持劳动价值论,宣称该理论与现实生活之间的矛盾(等价交换规律与资本利润的矛盾,以及劳动价值论与一般利润率的矛盾)不过是一种例外,结果导致了劳动价值论的破产和李嘉图学派的解体。

萨伊拒绝劳动价值论,也不认同收入价值论,而主张以效用价值论取而代之,即承认资本和土地同劳动一样都提供了"生产性服务",它们都是商品价值或效用的创造者。萨伊说:"人们所给予物品的价值,是由物品的用途而产生的……当人们承认某东西有价值时,所根据的总是它的有用性……创造具有任何效用的物品,就等于创造财富。这是因为物品的效用就是物品价值的基础,而物品的价值就是由财富所构成的……所谓生产,不是创造物质,而是创造效用。"萨伊的价值论,除了效用论外,还有市场供求论,以及效用论和供求论的混合。①

这就是亚当·斯密对市场机制的说明,是他对前人已经提出的类似分析的系统总结,这个系统的总结性阐述为此后西方经济学市场经济机制论的发展奠定了基础,其基本框架至今仍然有效。

自然价格和市场价格

亚当·斯密的价格理论是对其价值论的继续和发展。他将商品价格分为自然价格和市场价格,并分别加以考察,同时还进行了这两种价格之间关系的分析,后者实际上就是对工场手工业时期市场机制的分析。当时英国已经初步形成自由竞争环境,一般工资率、一般利润率和一般地租率在一定范围内和一定程度上都已经存在,亚当·斯密称之为各自的"普通率或平均率或自然率"。

有人以为"这部分没有什么理论上的意义"而不予重视,② 其实完全不是这样。这一章的理论意义集中到一点,就在于它在经济学史上首次系统地阐述了商品价值规律的作用形式和机制,它同前面阐述的价值尺度和价值决

---

① 萨伊著、陈福生译:《政治经济学概论》,商务印书馆,1963年,第59页。
② 卢森贝:《政治经济学史》,第一卷,三联书店,1959年版,第298页。

定理论一样，都是亚当·斯密价值论的不可缺少的有机构成部分。关于自然价格和市场价格问题，亚当·斯密在其《演讲》中已有论述，但相比之下，《国富论》中的论述更全面和更深入了。

亚当·斯密把商品价格分为自然价格和市场价格，这在以前未曾见过。"自然价格"被定义为按当时当地通行的或普通的、平均的报酬计算的生产成本："一种商品价格，如果不多不少恰恰等于生产、制造这商品乃至运送这商品到市场所使用的按自然率支付的地租、工资和利润，（那么）这商品就可以说是按它的自然价格的价格出售的。"（上卷，第49页）① 亚当·斯密说这价格恰相当于其价值，等于售卖者实际上所花的费用。

"市场价格"被定义为市场上实际支付的价格，它受实际供给量和有效需求量的调节："每一个商品的市场价格，都受支配于它的实际供售量和愿支付它的自然价格……的人的需要量之间的比例（的调节）。"（上卷，第50页）② 从这里可以看出，他实际上是把价值理解为供求对等时的价格（自然价格），而把价格（市场价格）理解为供求不一致时的价值，这正是斯密价值论和价格论内在联系之所在，尽管他在用词上有些不够确定。

亚当·斯密指出，商品市场价格有时高于它的自然价格，有时低于它的自然价格，有时与它等同，究竟如何，取决于供给量和有效需求量呈现何种关系：供不应求，市场价格上涨；供过于求，市场价格下跌；供求等同，市

---

① 但是，斯密在《亚当·斯密关于法律、警察、岁入及军备的演讲》中所提出的"劳动的自然价格"（工资）则有所不同："如果一个人所得的收入，足以维持他在劳动时期的生活，足以支付他的教育费，足以补偿不能长命和营业失败的风险，那么，他就得到了劳动的自然价格。如果人们能获得劳动的自然价格，那么他们就得到了足够的鼓励，而商品的生产就能和需求相称。"（《亚当·斯密关于法律、警察、岁入及军备的演讲》，商务印书馆，1982年，第191页）
② 《亚当·斯密关于法律、警察、岁入及军备的演讲》，商务印书馆1982年版中对市场价格的决定因素的论述有所不同，他说："货物的市场价格视以下三种情况而定：第一，需求或对于货物需要的情况……第二，和需求对比的货物供应的充裕或缺乏（程度）。如果缺乏，价格就会上涨；如果能够应付需求，价格就会下降……第三，需求货物的人的贫富（程度）。"（第191页）有人以为，和斯密《国民财富的性质和原因的研究》中对市场价格的说明相比，这里的说明更强调了效用（第一点），所以两者形成了强烈的对照。其实，这里所说的第一点和第三点也就是《国民财富的性质和原因的研究》中所说的有效需求，即有支付能力的需求，而第二点则是指商品的供给，两者没有实质性的区别。

场价格与自然价格完全相同或大体相同。为什么会这样？竞争机制使然。供不应求，"于是竞争便在需求者中间产生"，使价格上升到自然价格之上；反之，供过于求，卖方的竞争会使市价降到自然价格以下。此外，还有一个价格升降幅度的问题。在前一场合，"价格上升程度的大小，要看货品的缺乏程度及竞争者的富有程度和浪费程度所引起的竞争激烈程度的大小"（上卷，第51页），用现代经济学术语来说，亚当·斯密显然已经看到了有效需求函数背后的诸种因素：稀缺性、收入和效用。在后一场合，"下降程度的大小，要看超过额是怎样加剧卖方的竞争的"（上卷，第51页）。亚当·斯密提到加剧该竞争的因素，除了供过于求的超过程度之外，商品的耐久性就成了重要因素。这些都是现代经济学的供给函数论经常提到的内容。

亚当·斯密还进而描述了市场价格在自然价格上下波动时对（用现代经济学术语来说）生产资源的配置的影响。在供求关系调节下，市场价格上升（或下降）到自然价格以上（或以下）：如上升（或下降）部分是地租，地主的利害关系便促使他们准备更多的土地投入该商品生产（或撤回一部分土地）；如上升（或下降）部分是工资或利润，劳动者或资本家的利害关系便促使他们使用更多的劳动或资本来生产该商品（或由原用途撤回一部分劳动或资本），这样最终会使市场价格又下降（或上升）到自然价格的水平上，进而使全部价格又与自然价格相一致。亚当·斯密指出："这样，自然价格可以说是中心价格，一切商品价格都不断受其吸引。各种意外的事件，固然有时会把商品价格抬高到这中心价格以上，有时还会把市场价格强抑到这中心价格以下。可是，尽管有各种障碍使得商品价格不能固定在这个恒固的中心上，但商品价格时时刻刻都向着这个中心。"（上卷，第52页）亚当·斯密这里所提供的恰是一百年后所谓的新古典经济学（以马歇尔为代表）的市场长期均衡分析的雏形和框架。它还告诉人们，在亚当·斯密心目中，商品的价格决定是通例，而价值决定只是其中供求同等时的一种情形，因而是特例。

亚当·斯密还分析了使市场价格在相当长的时期内超过其自然价格的种种原因，包括特殊偶发事件、自然条件差异以及垄断法规的实施。他在《亚当·斯密关于法律、警察、岁入及军备的演讲》中也分析了这个问题，并且着重指出了属于政策和制度方面的原因及其后果。他说："……使货物市价永远停留在自然价格之上的事物，都会减少国家的财富。这些事物如下：(1) 对工业所课的一切税，对皮革、鞋（人民对这种税反对最强烈）、盐、啤酒或酒（因为任何国家都有酒）所课的税……（2）专利制度也会破坏国家的富裕。专利品的价格，总是高于足以鼓励人们去从事这种劳动的价格……（3）把独占权给予公司也有同样的结果……正像把市价抬高到自然价格以上的措施不利于国家的富裕一样，使市价跌到自然价格以下的措施也有同样的影响……因此，总的说来，最好的政策，还是听任事物的自然发展，既不给予津贴，也不对货物课税。"[①] 看起来，亚当·斯密关于自然价格和市场价格的论述不仅具有重要的理论意义，而且显然也具有鲜明的实践意义，它为斯密一贯主张的自由放任经济政策提供了一部分论据。

除此以外，斯密在这里还研究了以下问题：为使一种商品上市商品生产者每年所使用的劳动量，会依照上述方式使自己适合市场的有效需求不会过多或不足；商品市场价格的变动，主要对价格中的工资和利润发生影响，而对地租影响不大，因为地租在租期内不会变动，除非租借双方修改协议；对工资和利润的影响程度，要依积存的商品量和劳动量过多还是不足而定；有一些商品的市场价格能在一个相当长的时期内大大超过其自然价格，原因可能是：保守发明的秘密，特殊的土壤气候条件，人为的垄断，等等。不过，尽管如此，市场价格不能长期低于其自然价格，自然价格会随工资率、利润率和地租率的变动而变动，至于变动的原因，他将在分配论中做出回答。

总之，亚当·斯密的价值—价格论并不像通常人们所说的那样"不一贯"、矛盾百出和混淆不清。在价值尺度问题上，他明确区分了商品价值的真实尺度和名义尺度，并着重强调了购换或支配的劳动量作为价值尺度的意义。在价值决定问题上，他确有二元论的观点，但这并不表现在耗费劳动论和购换或支配劳动论的并列上，后者从未被他看作是价值决定的因素，而只看作是价值的衡量尺度；他的二元论表现在从耗费劳动论转向收入决定价值论。且不说其中是否包含着历史的合理性和丰富的教训，单就他并不想也没有将这二者并列同等看待，在往后的分析中始终遵循劳动价值论来说，也不宜过分强调收入价值论在斯密著作中的分量，笼统地肯定他的价值论就是二元论或多元论；在价值规律的作用机制及其后果方面，亚当·斯密也作了系统说

[①] 《亚当·斯密关于法律、警察、岁入及军备的演讲》，商务印书馆，1982年，第193—196页。

明。当然，斯密的价值—价格论还存在着种种的不足和错误，从问题的提出到问题的解答，从范畴和概念的确定及阐释到分析工具的选择和应用，用现代经济分析的水平来看，无不显露其粗糙、不准确以及层次较低等特点，但这无损于二百多年前出现的这部巨著在人类经济思想发展中的里程碑式的历史地位。

第一篇　第8—11章　收入分配论

《国富论》第一篇第8章到第11章，阐述了"劳动生产物自然而然地分配给各阶层人民的顺序"，篇幅占了全书的近三分之一，可见其分量之重；其中的地租一章，包括"前四个世纪银价变动的离题论述"在内，则占了分配论篇幅的一半以上，可谓重中之重。与《国富论》第一篇前7章的生产分工论和市场机制论相比，这四章的分配论更具现实性和实践性。透过亚当·斯密冷静周密的论证、生动细致但略显冗长的描述，人们仿佛能够感受到当时英国社会充满矛盾和冲突的现实，领悟到作者对新兴资产阶级的称颂，对广大民众的同情，以及对土地所有者阶级的某种鞭挞，同时感受到他对新兴资本主义制度的期待和自信。亚当·斯密的分配论同其生产论和市场论一样，都是为发展新兴资本主义生产力服务的，属于近现代先进思想的范畴，因此当然也不可避免地包含着许多与生俱来的缺点和不足。

劳动工资

斯密在工资一章中一开始就对劳动工资、土地地租和资本利润的性质作了说明，然后（包括资本论和利润论在内）便完全聚焦于对相关具体问题及数量关系的描述和说明，这是需要注意的第一点。在对各种分配范畴的定性中，斯密肯定了劳动报酬的正当性，同时又指出了土地地租是对劳动生产物的第一个扣除，资本利润则是第二个扣除，这是需要注意的第二点。斯密始终把收入分配问题（无论是定性还是定量分析）放在一定的历史条件下加以考察，很注意历史条件的变化对分配关系的影响，这是斯密分配论的一大特点，也是需要注意的第三点。

关于工资、利润和地租的性质，斯密是这样说的："劳动生产物构成劳动的自然报酬或自然工资。在既无土地私有又无资本积累的原始状态下，劳动的全部产品属于劳动者，既无地主也无雇主来同他分享……但劳动者独享他自己劳动的全部产品的这种原始状态，一到有了土地私有和资本积累，就不能继续下去了……土地一旦成为私有财产，地主就要求从劳动者在土地上生产出来的或采集到的几乎所有物品中分享一定份额。因此，地主的地租便成为从在土地上的劳动的生产物中扣除的第一个项目……很少有农户能维持生活到庄稼收割的。他们的生活费通常须由雇用他们的农业家从其资本中予以垫付。除非能让这些农业家分享劳动者的生产物，或者说，除非他们在收回资本时得到相当的利润，否则他们就不愿雇用劳动者。因此，利润成为从在土地上的劳动的生产物中扣除的第二个项目。其实，类似于利润这样的扣除，在几乎所有其他劳动生产物中也都存在。在一切工艺或制造业中，大部分劳动者在作业完成以前都需要雇主给他们垫付原材料、工资与生活费，雇主则分享他们的劳动生产物，或者，分享劳动对原材料所增加的价值，分享的份额便是他的利润。"（上卷，第58—59页）

这里至少有两个问题需要澄清。首先，工资这个概念，在亚当·斯密那里指的是劳动者所得的报酬，而不管这报酬出现在土地私有和资本积累之前的"原始状态"，还是在那之后的"现代文明社会"。换言之，亚当·斯密的工资概念是一个普遍概念，它适用于所有社会发展阶段，连他所谓的"原始未开化社会"也不例外。可是，把这种"原始状态"下的劳动者的报酬，例如独立的小生产者的收入叫作工资，是否有点离谱？要知道，这些劳动者与现代文明社会中受雇于人的雇工是不能相提并论的。如果再往前推，把封建社会的农奴所获得的报酬也叫作工资，是否离谱得近乎荒唐？可是，在亚当·斯密那里，这些疑问好像都不存在，只要是劳动者所获得的报酬，统统都是工资。这是需要辨别和注意的。

其次，亚当·斯密这里对工资、地租和利润的定性的理论根据，是他从"原始状态"下得出的劳动价值论，而不是从土地私有和资本积累条件下得出的收入价值论。这是不是有问题呢？亚当·斯密没有提出这个问题，甚至也没有觉察到这个问题，但问题却是存在的。依照他的劳动价值论，土地地租和资本利润一定是对劳动生产物的扣除，可是按照亚当·斯密的说法，劳动价值论只适用于原始未开化社会，此时尚无土地私有，也无资本积累，当然也就不会有土地地租和资本利润；另一方面，到了出现土地私有和资本积累的现代文明社会，土地地租和资本利润倒是出现了，可是此时的价值论，按照亚当·斯密的说法，又不可能是劳动价值论了，它变成了收入价值论，而从收入价值论上引不出地租和利润属于对劳动生产物的扣除这样的结论。在劳动价值论为一方，土地地租和资本利润为另一方之间，显然存在着不可调和的矛盾。后来的事实表明，这个矛盾最终导致了劳动价值论的破产，以及建立在劳动价值论基础上的李嘉图学派的解体。亚当·斯密并没有感觉到这种威胁，可在亚当·斯密学说体系中已经埋下了这个致命的矛盾的种子。看起来，劳动价值论和收入价值论都不是观察现代市场经济条件下价值创造和收入分配的科学理论依据，时代发展要求创造一种新的价值论和分配论。这是后话。

以下是亚当·斯密对劳动工资相关现象和数量关系所提出的主要观点。

第一，亚当·斯密设想，如果原始状态及其劳动工资的决定情况得以继续，那么，劳动工资将会随着分工所引起的劳动生产力的提升而增加起来，但是一切物品却将日渐低廉，因为生产它们所需要的劳动量变小了。在这种情况下，等量劳动的产品可以相互交换，而且只需要少量的劳动生产物即可购买其他产品。这里所说的是一切产品的劳动生产力以相同比率提高的情况，如果劳动生产力提高的比率在各部门之间不一致，有的提高得快，有的提高得慢，那么，若以花费同样劳动时间（例如一天）的产品相交换，则后者就会以较少的产品去交换前者较多的产品。

第二，亚当·斯密指出，实际的工资取决于雇主与工人之间的合同。合同是双方谈判的结果。在这种谈判中，雇主总是处于有利地位，因为他们人数较少，容易结成联盟，在谈判中保持一致；工人处于弱势地位，他们得靠工资生活，在谈判中一般不可能要求太高、坚持太久，故常以妥协告终。工资实际上总以维持劳动者及其家庭生活所需为限，除非有特殊需求，否则工资不会大大超过这个比率。到此为止，亚当·斯密所说的不无道理，但他由此推论说社会上必然会存在预定用于支付工资的基金，这就很成问题了。这笔基金据他说来自有钱人的剩余收入，以及雇主的剩余资本，且会随着社会财富的增长而增长。这就是著名的"工资基金说"。该理论此后引起了巨大的争议，成为19世纪70年代初期兴起的经济学"边际主义革命"中，主观效用论者投向古典政治经济学派的一支利箭，其危害甚大，逼使古典经济学第二代传人詹姆斯·穆勒不得不公开声明放弃该理论。

第三，不过，亚当·斯密认为，对工人的需求会随着国民财富的增长而增长，这是对的。他还有根有据地指出，工资的高低同国民财富的增长有关，而不一定同其大小有关。就财富总量来说，北美比不上英格兰，但其工资水平却比英格兰要高，就是因其财富增长得快；同样道理，总体上富裕但发展缓慢甚至停滞的国家（例如中国），劳动工资就会很低，但还能养家糊口；至于处在倒退状态的国家（例如印度），工人就难以摆脱食不果腹、衣不蔽体的悲惨境地了。"所以，劳动报酬优厚，是国民财富增进的必然结果，也是国民财富增进的自然征兆。另一方面，贫穷劳动者生活费用不足，是社会停滞不前的自然征兆；劳动者若处于饥饿状态，则说明社会正急速地走向倒退。"（上卷，第67页）此外，亚当·斯密还指出，由于种种原因，会使英国的工资超过供养家庭的最低水平。这些原因主要包括：季节工资有差别，一般来说，夏季工资最高，但冬季的开销最大（需要大量燃料等）；工资水平长期保持不变，不会随着食物价格而波动，等等。

第四，亚当·斯密认为，劳动报酬高对社会是有利的。大部分社会成员陷于贫困悲惨境地，绝不能说这个社会是繁荣和民众是幸福的；劳动者为社会做了贡献，他们从中分享一部分，这才是公平的；贫穷不能阻止劳动者生育，但却不利于他们子女的抚养；丰厚的工资会鼓励工人多生育，但也不是没有限制的，像对其他商品的需求必然支配其他商品的生产一样，对人口的需求也必然支配人口的生产，这个规律支配和调节着世界各地人口的增减。言外之意，对劳动人口的增加不必多虑。"丰厚的劳动报酬，既是财富增加的结果，又是人口增加的原因。对丰厚劳动报酬发出抱怨，也就是抱怨最大的公共繁荣的必然结果和原因。"（上卷，第74页）亚当·斯密力主劳动高报酬，认为这有利于鼓励劳动者勤勉，激发他们的生产积极性和创造性。

资本利润

重商主义者将利润归结为贱买贵卖的结果，这一点直到"最后一位重商主义者"詹姆士·斯图亚特·穆勒也没有改变。他是亚当·斯密的同时代人，他的集重商主义之大成的《政治经济学原理的研究》出版于1767年，只比亚当·斯密的《国富论》早9年。尽管他已经意识到利润不是在流通中产生的，而且在流通中是不能创造利润的，他因此还区分了所谓的"积极利润"和"相对利润"，前者是指"使社会财富增长的利润"，后者是指"让渡利润"，让渡不过是财富在买卖双方之间的"平衡的变动"，而非财富的增长，但他还是坚信，唯有对外贸易顺差才是国家致富的源泉，从而坚守了重商主义的立场。

威廉·配第从地租引出利息，以地租的合理和正当为由，说明利息的合理性和正当性，他应该算是从生产领域观察经济剩余的第一人。威廉·配第的后继者洛克等人，虽然把利息看作是一个独立的范畴，但作为独立范畴的资本利润，在他们的观念中还是没有的。只是到了马希和休谟，才把利息与利润联系起来，并从利润中引出利息。然而，他们对资本利润的本质仍然没有任何研究，唯有亚当·斯密，才第一次将资本利润作为一个独立的范畴、一个同劳动工资和土地地租相对应的概念确立下来，并且提出了真正的资本利润理论，这是他的一大功绩；他把利润归结为对劳动生产物的扣除，更是认识上的一大飞跃。不过，除此以外，他对资本利润的性质和来源没有再说什么，他最感兴趣的是资本利润数量变动的原因及趋势问题。

第一，亚当·斯密指出："资本利润的增减，与劳动工资的增减，同样取决于社会财富的增减。但财富状态对两者的影响却大不相同。资本的增加，提高了工资，因而倾向于减低利润。在同一行业中，如有许多富商投下资本，那他们的相互竞争，自然倾向于减低这一行业的利润；同一社会各种行业的资本，如果全都同样增加了，那么同样的竞争必对所有行业产生同样的结果。"（上卷，第81页）这就是说，竞争是导致资本利润下降的动因。

第二，亚当·斯密指出，资本利润率会受到各种因素的影响，因而难以确定。这些因素包括：经营商品价格的变化，竞争对手和顾客财务状况的好坏，货物在储藏和运输等环节受损的程度等意外情况，等等。不过，他指出，可以由资本利息率的变动加以推断，因为国内资本的一般利润会随利率的升降而增减，而利息的多少是有迹可寻的：使用货币较多的地方，对货币的使用支付的报酬较高；反之，使用货币较少的地方，对使用货币支付的报酬较少。因此，可以从利息的变动中得知利润的变动情况。

第三，亚当·斯密指出，利率趋向下降，并不意味着财富的减少。例如，市场利率在英格兰是下降的，但英格兰国家的财富和收入却一直在增长。他随后详细分析了各国的利润（率）或利息（率）与财富之间的对比关系，说明富国的资本多、竞争激烈，资本利息从而资本利润通常要比穷国的低。城市资本数量庞大而且竞争者众，其利润一般都较乡村的要低；苏格兰与英格兰的法定利率一样，但其资本的市场利率通常要比英格兰的市场利率高，因为与英格兰相比，苏格兰是个穷国，资本较少，发展较慢，竞争程度较低；同样的道理，法国没有英格兰富裕，它的利息要比英格兰高；荷兰的利息较低，因为它比英格兰富裕；在北美和西印度群岛的各新殖民地，无论劳动工资、资本利息，甚至资本利润，都比英格兰高；而在一个富到不能再富、已经陷入停滞的国家，其工资和利润都很低，原因就是资本和人口等都已经达到饱和，使用资本和人口就业的竞争很激烈，例如中国。在亚当·斯密看来，资本利息和利润的高低，同财富数量和竞争的程度密切相关。

第四，亚当·斯密坚决主张由市场供求关系来调节资本利润和利息，反对人为的垄断和干预。他指出，在自由竞争条件下，除了起因于职业本身性质的不平等（是否愉快、学习成本的高低、是否稳定、责任的大小、成功的可能性等五种情况）难以避免之外，工资率和利润率在不同行业是可以大体实现平均化的，但这要具备若干条件：在一个地方，劳动和资本的用途是众所周知的和长期稳定的；这些用途必须处于自然状态，即不包括季节、战争、行业衰落等因素的影响；用途必须是当事者的主业而不是兼职等。

第五，不过，亚当·斯密又指出，欧洲各国政策的不同造成了更重要的不平等。这主要是通过赋予同业公会以独享的特权：要求很长的学习年限并限制学徒人数，维持价格，以损害乡村为代价而维持和发展城市，等等；各国政府还通过强化一些行业的竞争程度，使其从业人数超过自然所需的人数，例如过多的牧师、律师和教师等，从而造成了另一种不平等；各种不当立法（《学徒法》、《济贫法》等）阻碍了资本和劳动的自由转移等。亚当·斯密的论述表明，消除这些不平等对于发展经济至关重要。

土地地租

亚当·斯密反复强调地租的不劳而获的性质。本文前述已指出，亚当·斯密认为地租是对劳动所得的第一次扣除。现在他又进一步说明："作为使用土地的代价的地租，自然是租地人按照土地的实际情况所能支付的最高价格……对于未经改良的土地，地主也要求地租……有时，地主对于完全不能由人力改良的自然物也要求地租……所以，这样看来，作为使用土地的代价的地租，当然是一种垄断价格。它完全不和地主改良土地所支出的费用或地主所能收取的数额成比例，而和租地人所能缴纳的数额成比例。"（上卷，第137—138页）

他明确指出,地租是土地产品价格中除了工资和利润以外的部分;这个部分的多少,依照土地生产产品的价格而定,而这个价格又取决于对土地产品的需求。亚当·斯密由此指出,工资和利润的高低是价格高低的原因,而地租的高低则是价格高低的结果。换句话说,地租不是商品价格的必然组成部分,地租的存在和高低所影响的只是产品价值在各个要素之间的分配。可见,地租与工资和利润是对立的。

亚当·斯密详细论述了"总能提供地租的土地产品",即食物。因为食物为人类生活所必需,所以用食物总能购买或支配或多或少的劳动;而土地生产食物的数量通常总是多于维持其进入市场所必需的劳动的食物量,除此之外,还能补偿土地资本的利润并进而有余,所以总能提高地租,这个剩余的部分就是地租。亚当·斯密还看到,影响这种地租的因素多种多样:土地的品质和位置、交通道路、土地用途、产品等。

亚当·斯密详细论述了"有时提供而有时不提供地租的土地产品",这种产品有两大类:一类是用于满足衣服需求的土地产品;另一类是用于满足住宅需求的土地产品。用于这些生产物的土地能否提供地租,取决于对它们的需求和这些产物的供给之间的关系。影响对这些生产物的需求的因素:一是人口;二是食物。人口增长了,对食物的需求也增长了,随之而来的就是对衣服和住宅需求的增长,于是生产这些产品的原料的土地的价格就会提高,从而使它们能够提供地租。不过,它们在当时也不一定总能提供地租,例如,某些煤矿过于贫瘠,其产品价格上不去,便不能提供地租;同样道理,位置太差的煤矿也不能提供地租。贵金属的最低价格必须能补偿资本及其平均利润,但其最高价格则决定于其稀少性。对贵金属和宝石的需求出于它们的美观和实用,这些产品的价格,在世界范围内都是由最丰饶的矿藏的产品价格决定的,所以,这两种矿藏能向矿主提供的地租,不与矿藏的绝对丰饶程度成比例,而与其相对丰饶程度成比例,即与矿藏对同类矿藏的优越程度成比例。总之,情况是比较复杂的,不可一概而论。现实生活证明,亚当·斯密的这些分析和看法是有道理的。

亚当·斯密还分析了总能提供地租和有时提供而有时不提供地租的这两类产品的价值变动关系。他指出:"不断地改良和耕作(土地),使食物日益丰富,这必然会增加对各种非食品的土地产品和供实用及装饰用的土地生产物的需求。所以,可以预期,在整个改良进程中,这两类生产物的相对价值只有一种变动。就是说，有时提供而有时不提供地租的生产物的价值，和总能提供地租的生产物的价值相比，将会不断地增长。随着技术的进步和产业的发展，衣服和居住材料、地下有用的化石和矿石，以及贵金属和宝石的需求会逐渐增多，它们所能交换的食物越来越多，也就是说，其价格会逐渐提高。"（上卷，第168—169页）所以说，一切都取决于相关产品的供给和需求的对比关系：供不应求，价格会提高；供过于求，价格会下降。亚当·斯密指出，产品供给从而价格变动会受生产技术状况的影响。他说，随着机械的改善、技巧的进步、更妥当的分工，会使任何作业所需的劳动量大减，从而逐渐降低一切制造品的真实价格。

斯密就此指出，这需要一定的条件。一个是劳动的真实价格尽管也会随着社会的进步而大为提高，但生产商品的必要劳动的减少一般足以补充劳动价格的提高而有余。关于影响劳动的真实价格的各种原因，斯密在前面已经阐述过了，其结论是，劳动的真实价格（真实工资）有一个底线，那就是最低生活费用，包括养家糊口、生养后代等费用；名义工资会随着劳动力市场的供求关系而上下波动，但总会围绕着真实价格这个底线，不会长期背离它。

另一个条件是，原料价格没有增高或增高有限，最终制造品的价格才会随着技术的进步而大大降低。例如，近两个世纪，物价跌落最显著的要算那些以贱金属（价格低廉）为原料的制造品；又如，由于西班牙羊毛贵了好多，所以最上等毛织物的价格在最近25—30年间上涨了不少。如果把这些制造品的现在的价格和更远的15世纪末的价格相比较，则其跌价就显得明确得多，那时的分工程度远不及今日精细，使用的机器也远不如今日完备。斯密列举了纯毛织物、粗呢、长袜等产品的历史数据并加以说明（上卷，第237—238页）。可以看出，斯密这里立论的基本依据就是生产产品所花费的劳动量，技术进步减少了单位产品中所包含的劳动量，进而使其价格降低。

最后一个条件是，货币（白银）价值的变动直接影响谷物价格，从而影响地租。斯密指出，这里存在着三种情况。如果对白银的需求增加了，而其供给量没有以相同的比例增加，那么它的价值比例于谷物的价值会逐渐上升，一定量的白银会交换到更多的谷物，也就是说，谷物的货币价格会更低廉；反之，如果白银数量的增加连续多年比需求增加的比例更大，则白银就会变得更低廉，换言之，谷物价格会逐渐变得更贵；最后，如果白银的供求比例保持不变，那么它就会继续交换到相同数量的谷物，而谷物的平均价格将保持不变，谷物价格也不会因为一切改良而下降。斯密指出，在过去的四个世纪中，英、法两国白银价值变化的情况说明，上述三种情况在欧洲已经产生了，而且其顺序也与这里列出的几乎相同。也就是说，谷物价格先后经历了一个从更低廉到更昂贵再到高位稳定的过程。

这种情况同地租直接相关。如前所述，工资和利润的高低是价格高低的原因，而地租高低则是价格高低的结果。银价从而谷物价格的变动趋势既然呈现出如上述所指出的那样，最终维持在高位水平上，那么这就证明了地租高水平的根源。这就是斯密在"论地租"这一章中不惜花费大约八十页篇幅回顾前四个世纪银价变动的原因。亚当·斯密把这个部分称为"离题论述"，可能是考虑到地租论的基本原理前面已经阐述过了，这里涉及的内容属于对这些原理的引申和补充。所以，读者完全可以越过这个"离题论述"，直接阅读在此论述之后所得出的分配论的结论。

"离题论述"

斯密这个长篇"离题论述"首先聚焦于前四个世纪银价的变动，说明谷物价格先后经历了一个从低到高再到高位持续稳定的过程，根据前面阐述的高地租缘于高价格的原理，说明这就是土地地租居高不下的缘由。然后分析了社会进步对土地生产物的生产及其价格的影响，其目的还是在于说明高价格导致高地租。最后，围绕银价变动的意义作了总结，批判了重商主义的观念，重申了关于生产才是财富源泉的基本观点。

第一，关于银价变动的论述。斯密将前四个世纪分为三个时期，并首先确定每一时期谷物的银价是升还是降，然后说明银价升降的原因主要在于供求关系的变动，最后指出在每一时期出现的某些特殊情况，以及人们不正确的看法和根源。

在第一时期（1350—1570年），英格兰的谷物的白银价格逐渐下降，法国等欧洲其他国家也是这样。其原因可能是由于这一时期对白银的需求增加或供给减少，或者两者兼而有之。可是大多数学者都误以为白银的价值（请注意，不是指谷物的白银价格）在不断下降。出现这种误解的原因很多，其中主要是他们在观察白银价值时，往往用其他东西（牲畜、家禽等）来衡量银价，而不是用谷物，更不是用劳动。亚当·斯密就此指出："白银及其他一切商品的真正尺度，不是任何一个商品或任何一类商品，而是劳动。这一点我们应当随时牢记……可以确信，在一切社会状态下，在一切改良的阶段中，等量谷物比等量其他土地原产物，能更近似地代表或交换等量劳动。"（上卷，第179页）

在第二时期（1570—1640年），白银价值和谷物价值的比例按完全相反的方向变动。这期间，银的真实价值下降了，换言之，它所能换得的劳动量比以前少；谷物的名义价格上升了。美洲丰饶矿山的发现可能是这一时期白银对谷物的比价减低的唯一原因。白银供给大大超过需求的增加，导致银价大大跌落，人们对此的看法是一致的。

在第三时期（1640—1764年），因美洲矿山发现引发的白银价值的跌落大约到1636年已告终止，而与谷物的价值相比，这种金属的价值自那时起就从未降低过。到了现世纪，银价多少趋于上升。这种趋势也许在上个世纪以前即已出现。其主要原因在于欧洲市场的扩大，以及美洲、东印度商业扩展对白银需求的增加等。但是，亚当·斯密指出，1630—1700年间，英格兰谷物的价格有所上升，倒不是由于银价下跌，而是因为发生了三大事件：一是内战，它破坏了耕作，中断了商业，以致谷物价格猛升，甚至超过了农业歉收所造成的程度。二是1688年颁布的鼓励谷物出口的法令。该法令的初衷在于以出口促进谷物生产，增加谷物产量，从而降低谷价。但未曾想恰好相反，奖励每年剩余谷物的出口，致使前一年的丰产不能弥补后一年的歉收，所以反倒抬高了国内市场的谷价。三是因磨损、剪削而导致银币贬值。此种恶劣行为始于查理二世时代，一直延续到1695年。

第二，关于社会进步对土地生产物的生产及其价格的影响。他指出："原生产物可以分作三类：第一类产物几乎全然不能由人类劳力使之增加；第二类产物能适应需要而增加；第三类产物虽能由人类勤劳而增加，但人类勤劳的实效是有限的或靠不住的。第一类产物的真实价格可随财富的增加和技术的改进而无限制地上升；第二类产物的真实价格有时虽可大大上升，但绝不能长久超越一定限度；第三类产物的真实价格在自然倾向上虽依改良程度的增进而增高，不过在同一改良程度下，其价格有时甚至反而下落，有时保持原状，有时或多或少地上升，要看偶然事变使人类勤劳的努力在增加此等产物时所收的实效如何而定。"（上卷，第208—209页）

随社会进步而价格提高的第一类产物，几乎完全不能由人类勤劳而增加。大部分稀少特异的鸟类鱼类，各种野禽野兽，各种候鸟，都属于此类。这些产物不能由人力大量增加,而随着财富和奢侈品的增加,对这些产物的需求会大幅增加,其价格也会随购买者的竞争范围不断扩大而无限制地上升。

"价格随社会进步而腾贵的第二类原生产物,其数量能应人类需要而增加。它们包括那些有用的动植物,当土地未开辟时,自然生产物很多,以致无价值可言;到了耕作进步,就不得不让位给那些更为有利的别种产物。在社会日益进步的长期过程中,此类产物的数量日益减少,而同时对其需求却继续增加,于是,其真实价值,即它所能购入或支配的真实劳动量,逐渐增加,终而增加得这么多,以致与他种由人力在土壤最肥沃、耕作最完善的土地上产出的任何物品相比较,也不相上下。但是,一旦达到这个高度,就不能再增高了;如果竟超过这限度,那么马上就会有更多的土地和劳动用到这方面来生产此等物品。"(上卷,第211页)例如,牲畜价格的腾贵程度,如果使人们觉得开垦土地以生产牲畜牧草和开垦土地以生产人类食物有同等利益,那就不能再进一步上涨了;如果进一步上涨,那么马上就会有更多的谷田转化为牧场。在这类原生产物中,最初达到最有利价格(最高价)的是牛肉(必需品),最后达到这价格的是鹿肉(奢侈品),其他原产物介乎其间,例如家禽、猪、奶牛等。

在结束对第二类产物的价格分析时,斯密强调指出了两点。第一,要使全国土地完全用于耕种和得到改良,那么各种生产物的价格就要足够支付良好谷田的地租,因为其他大部分耕地的地租都视谷田地租为转移;还要能对农家所付的劳动和费用,给予同良好谷田通常所提供的一样好的报酬。换言之,农家必须由这价格取回其资本,并获得资本的普通利润。第二,"上述一切原生产物的名义价格或货币价格的上涨,并非银价下落的结果,而是这些产物自身真实价格上涨的结果。这些生产物不但值更大的银量,而且值比以前多的劳动量和食品量。"(上卷,第220页)

"第三类即最后一类原生产物的价格,随着改良程度的增进而自然地上涨。人类勤劳对增加此等产物所收的实效或为有限,或为不确定,因此,这类原生产物的真实价格,虽有随改良的进步而上升的自然趋势,但有时甚或会下落,有时在各个不同的时代会继续同一状态,有时又会在同一时期里或多或少地上升,视所发生的不同的偶发事件使人类勤劳的努力在该产物的增产上所取得的成就大小而不同。"(上卷,第220页)例如,羊毛和皮革、鱼、矿物金属等。

第三，在结束银价变动的冗长论述后，斯密围绕着金银价格变动的意义作了总结，他得出的主要结论是：一国贫富不在于金银数量从而一般物价的高低，而是在于实际农业和制造业是否发达，在于封建制度是否崩溃，以及自由竞争资本主义新制度是否建立起来。

他指出，有些人以谷物及一般物品货币价格的低廉，换言之，大都以金银价值的昂贵，不仅作为此等金属不足的证据，而且作为当时一般国家穷困野蛮的证据。这种概念是和那以一国富裕由于金银丰饶、一国由于金银不足的经济学体系分不开的。斯密这里指的就是重商主义。关于重商主义，斯密在第四篇有全面而详细的批判，在这里他仅限于指出这样一个事实：金银价值的昂贵，只能说明某金属矿山的贫瘠，绝不能以此说明某一国家的贫穷或野蛮。贫国不能像富国那样购买那么多的金银，也不能对于金银支付那么高的价格，所以此等金属的价值，在贫国绝不会比富国更高。中国比欧洲任何国家都富得多，但贵金属价值在中国却比欧洲各国高得多。欧洲的财富，自美洲矿山发现以来，大有增加，同时金银价值亦逐渐跌落，但这种价值的下降，并非起因于欧洲真实财富的增加，或其土地和劳动的年产物的增加，而是起因于其旷古未有的丰饶矿山的偶然发现。欧洲金银量的增加与制造业及农业的发达，虽然是几乎发生在同一个时期，但其原因却非常不同，两者相互间简直没有任何的自然关系。金银量的增加事出偶然，与任何深虑、任何政策无关，而且深虑与政策亦无能为力。所以，"正如金银价值的低落并不能证明一国的富裕繁荣一样，金银价值的腾贵，换言之，谷物及一般物品货币价格的低落也不能证明一国的贫困、野蛮"（上卷，第231页）。斯密的论述是很有说服力的，这是对前已阐明的财富源泉的根本原理的重申。

分配论之结论

斯密在结束分配论时再次明确提出了"三阶级论"，即土地所有者阶级、劳动者阶级或雇工阶级，以及资本家阶级或雇主阶级。他说："此三阶级，构成文明社会的三大主要阶级，一切其他阶级的收入，归根到底，都来自这三大阶级的收入。"（上卷，第240页）斯密的社会三阶级论显然比重农主义的阶级论（所有者阶级、生产阶级、不生产阶级）要规范得多，这当然同英国资本主义发展得比较成熟有关。

斯密着重指出了地主阶级不劳而获的属性。他说："这三大阶级中，第一阶级即地主阶级的利益,是和社会一般利益密切相关、不可分离的。凡是促进社会一般利益的,亦必促进地主的利益;凡是妨害社会一般利益的,亦必妨害地主的利益……他们在上述三阶级中,算是一个特殊的阶级。他们不用劳力,不用劳心,更用不着任何计划与打算,就自然可以取得收入……"(上卷,第241页)

"一切社会状况的改良,都有一种倾向,直接或间接使土地的真实地租上升,使地主的真实财富增大,使地主对他人的劳动或劳动生产物有更大的购买力。改良及耕作的扩大,可直接抬高土地的真实地租。地主所得的那一份生产物,必然随全部生产物的增加而增加。"(上卷,第239页)这就是说,地主是一切改良成果的享受者。

"土地原生产物中,有一部分的真实价格的腾贵,最初是土地改良和耕作扩大的结果,接着,又是促进土地改良和耕作扩大的原因。例如,牲畜价格的腾贵,会直接而且以更大比例提高土地地租。地主所得部分的真实价值,换言之,他支配他人劳动的能力,会随土地生产物真实价值的提高而增大,而他在全部生产物中所分的比例亦会随之增大。这种生产物,在其真实价值增高以后,并不需要使用比以前多的劳动量来取得它。因此,在土地全部生产物中,只需以一较小部分来补偿雇用劳动力的资本及支付普通的利润。由是就有较大部分归地主所有。"(上卷,第239—240页)这就是说,地主是土地投资所带来的新增价值的受益者。

"劳动生产力的增进,如果能直接使制造品真实价格跌落,亦必能间接提高土地的真实地租……于是,地主便能购买更多的他所需要的便利品、装饰品和奢侈品。社会真实财富的增加,社会所雇用的有用劳动量的增加,都有间接提高土地真实地租的倾向。这种劳动量,自然有一定部分流向土地方面。土地上将有更多的人和牲畜从事耕作。土地生产物将随所投资本的增加而增加,而地租又随生产物的增加而增加。"(上卷,第240页)这就是说,地主又是一切间接效益的受益者。

关于工人阶级。"第二阶级即靠工资过活的阶级的利益,也同样与社会利益密切相关。如前所述,劳动工资最高的时候,就是对劳动的需求不断增加、所雇劳动量逐年显著增加的时候。当社会的真实财富处于不增不减的状态时,劳动者的工资马上就会跌落,只够他们赡养家庭、维持种类。当社会衰退时,其工资甚至会降低到这一限度以下……"

关于资本家阶级。"劳动者的雇主即靠利润为生的人,构成第三个阶级。推动社会大部分有用劳动活动的,正是为追求利润而使用的资本。资本使用者的规划和设计,支配并指导着劳动者的一切最重要的动作……利润率不像地租和工资那样,随社会繁荣而上升,随社会衰退而下降。反之,它在富国自然低,在贫国自然高,而在迅速趋于没落的国家最高。因此,这一阶级的利益与一般社会利益的关系,就和其他两阶级不同……他们通常为自己特殊事业的利益打算,而不为社会一般利益打算……"(上卷,第242—243页)

斯密的收入分配论,尽管存在着不少缺点和不足,但整体来说,勾画了资本主义社会收入分配的基本框架,为后世收入分配理论的发展奠定了坚实的基础。

第二篇 论资财的性质、积累及使用

亚当·斯密认为，劳动分工是增进国民财富的主要方法，而资财的积累及使用则是增进国民财富的基本条件。① 劳动分工论和资本论构成了《国富论》的基本理论，它们为此后进行的各项研究和批判奠定了坚实的基础。亚当·斯密的资本论从分析资财的性质和分类入手，依次研究了作为社会总资财一部分的货币、生产性劳动和非生产性劳动，以及贷出取息的资财和资本的各种用途。

《国富论》以专篇研究资财的性质、积累和使用，将资本理论提升到了一个新的高度，极大地加深了对资本主义发展初期经济发展规律的认识，具有重大的理论和现实意义。亚当·斯密的资本论的内容十分丰富，其中包含一些在当时和后世引起极大关注和争论的观点，影响十分深远。

资本是能带来收入的资财；固定资本和流动资本

亚当·斯密认为，在原始未开化社会，自给自足是基本的生活方式，无须事先储蓄资财；但出现社会分工以后，每个人所能生产的产品不足以满足自己的需要，于是就出现了交换；交换之前需要生产出可供交换的产品；要生产产品，必须事先具备足够的资财，其中包括食物等生活必需品，以及进行生产所必需的工具和原料等。因此，积累资财是发展生产的必要条件；资财积累必定在劳动之前，而且它必能促进劳动分工。

亚当·斯密认为，个人的资财可以分为两部分：一部分供他直接消费；另一部分则是"他希望为他带来收入的部分，称为资本"（上卷，第254页）。

---

① 亚当·斯密以 Stock 指资财，以 capital 指资本，他认为资本是"能够带来收入的资财"。这就是说，资本是资财的一部分，而非资财的全部。

亚当·斯密的这个定义虽然显得粗糙，但它还是准确地反映了资本的本质——价值增殖。

亚当·斯密从"为投资者产生收入或利润的资本有两种使用方法"的角度，把资本划分为流动资本和固定资本两部分：所谓流动资本是指必须通过交换和流动才能为投资者带来利润或收入的资本，包括货币，以及作为生产者或商人售卖品的食品、原材料和制成品；所谓固定资本是指不必经过流动、不必更换主人即可提供收入或利润的资本，主要包括机器工具、营业用的不动产（如商店、工场、农舍等）、土地改良费用以及人的本领。

亚当·斯密认为，固定资本都是由流动资本变成的，而且要不断地由流动资本来补充，因为如果没有流动资本，也就没有必要的生产条件（不包括机器工具）。至于固定资本和流动资本的目的，他认为是共同的，而且只有一个，即提供并不断增加供目前消费的资财。

相对于法国重农主义对资本的划分仅限于农业部门，而且把农业资本划分为年预付和原预付两部分，斯密的划分普遍化了，不再限于农业。他提出的固定资本和流动资本这两个更普遍化的概念和名词，也被后人所采纳，这是他的一大科学贡献。但他划分的标准不大科学和准确，难免会带来一些混乱。这一划分最主要的缺点在于，资本分类的依据不应在于所谓的带来收入的方式，而是资本价值转移的方式，即是一次性转移还是多次转移。依照这个标准，机器工具、厂房设备之类固然是固定资本，但其理由并不在于斯密所说的"不经换手即可获利"，而是因为其价值的转移是多次进行而不是一次完成的。此外，货币在一定条件下可以表现为资本的一种形式，即货币资本，它区别于生产资本和商品资本；作为资本的一种形式，货币可以是固定资本，也可以是流动资本，本不该只归于某一类，当然更不只属于流动资本；待售制成品已经是商品资本了，其中已经包含着当初生产它们时所花费的资本，它既不是固定资本也不是流动资本，而是商品资本，而固定资本和流动资本只是在生产资本范畴内的划分。至于固定资本和流动资本的关系，也并不像亚当·斯密所说的，流动资本显得比固定资本更重要，实际上两者共同构成生产的物质条件，缺一不可，而且随着现代化机器生产的发展，固定资本的比重是愈益增加了。不过，斯密的观点在一定程度上反映了当时英国工场手工业的现实，即流动资本似乎起着更突出的作用。

货币在资本流通中的作用：仍只是交换媒介或工具

《国富论》第一篇"货币的起源和效用"，研究的是作为商品的交换媒介和工具的货币，第二篇研究的则是"作为社会总资财的一个特殊分支的货币"。这里所谓的"社会总资财的一个特殊分支"指的就是资本或国民资本（含固定资本和流动资本），所以他又说这里研究的是"作为维持国民资本的费用的货币"。是否存在"社会总资财的这个特殊分支"，以及应该怎样对待这个分支，则是他研究的中心问题。

按照《国富论》第一篇提出的三种收入价格论，在社会总资财中不会存在这个"特殊分支"或维持它们的费用，因为按照这种理论，商品的价格最终会分解为三部分：劳动工资、资本利润和土地地租。单个商品如此，构成全国土地和劳动的年产物的全部商品的总价格或交换价值也不例外。亚当·斯密没有忘记这一点，而且再次重申了这一点。

既然如此，从理论上说，各种收入可以全部消费掉，于是就没有资本（无论是固定资本还是流动资本）存在的余地。可是，我们发现，这个曾被他一笔勾销的资本，现在又在区分总收入和纯收入的名义下被找回来了，而这个区分据说是借鉴了总地租和纯地租的区分。亚当·斯密说："一国土地和劳动的年产物的全部价值，虽如此分归各居民，而成为各居民的收入（这里说的就是分解为三种收入。——作者），但是，好像个人私有土地的地租可以分为总地租和纯地租一样，国内全部居民的收入亦可以分为总收入和纯收入。

"个人私有土地的总地租，包含农业家付出的一切；在总地租中减去管理上、修缮上的各种必要费用，其余留给地租支配的部分，称为纯地租。换言之，所谓纯地租，就是在不损害其财产的条件下可留供地租目前消费的资财，或者说，可用来购置衣食、修饰住宅、供他私人享乐的资财。地主的实际财富不视其总地租的多寡，而视其纯地租的多寡。

"一个大国全体居民的总收入，包含他们土地和劳动的全部年产品。在总收入中减去维持固定资本和流动资本的费用，其余留供居民自由使用的便是纯收入。换言之，所谓纯收入，乃是以不侵蚀资本为条件，留供居民享用的资财。这种资财，或留供目前的消费，或用来购置生活必需品、便利品、娱乐品等。国民真实财富的大小，不取决于其总收入的大小，而取决于其纯收入的大小。"（上卷，第261—262页）

亚当·斯密首创社会总收入和纯收入这两个概念，这是他对经济学的贡献，他着意于区分这两个概念无疑也是对的。不过令人费解的是，何以原先说商品价值被完全分解为收入、资本不再存在了，现在怎么又存在了呢？何以在论及资本积累时才注意到资本的存在？既然从总地租和纯地租的区分中得到启发，做出了总收入和纯收入的区分，何以没有据此对先前的收入价值论做出更正？又何以没有据此再进一步对社会总资本的再生产过程做出分析？要知道，做出总收入和纯收入的区分，意味着已经肯定了商品价值不会完全分解为收入、肯定了资本的存在，这就具备了分析再生产的前提之一。可是，亚当·斯密终于没有越过这个所谓的"斯密教条"（马克思语）的束缚，没有迈出通过分析社会总资本再生产的步伐，与法国重农学派首领魁奈《经济表》对社会总资本的再生产过程的分析进行对比，这是一个退步。

确立了总收入和纯收入的概念及其区分，并且指出纯收入（而不是总收入）关乎国民的真实财富之后，亚当·斯密对资本的各个构成部分做了长篇分析，意在强调压缩资本支出以增加纯收入。这是亚当·斯密资本理论的重要组成部分。

亚当·斯密论述的要点如下：补充固定资本的费用绝不能算入社会纯收入之内，机器的修补、房屋的修缮不可缺少，但应尽量减少费用和支出，何况使用固定资本的目的本来就是为了提高劳动生产率；所谓流动资本的后三项（食物、材料和制成品）的维持费用，就个人说，不能算作个人的纯收入，个人的纯收入全由个人的利润构成，但是作为社会的流动资本，这三项则不能从纯收入中扣除；但是流动资本中的货币（流动资本的第一项）的维持费用必须从纯收入中扣除，所以要尽量节省。这与固定资本相类似：货币资财的维持费用（制造货币所消耗的金银）是总收入的一部分，而不是纯收入的一部分；货币本身不构成纯收入的一部分，它只是商品流通的工具；维持货币资财成本的每一项节约都是一种改进，用纸币替代金币，则降低了制造和流通货币的成本，这就是一种改进，而银行券是最好的纸币。

亚当·斯密说："货币是商业上的大工具，有了它，社会上的生活必需品、便利品、娱乐品，得以适当的比例，经常地分配给社会上的各个人。但它是非常昂贵的工具。这昂贵工具的维持，必须费去社会上一定数量的极有价值的材料即金银和一定数量极其精巧的劳动，使其不能用来增加留供目前消费的资财，即不能用来增加人民的生活必需品、便利品和娱乐品……货币只是货物借以流通的轮毂，而和它所流通的货物大不相同，构成社会收入的只是货物，而不是流通货物的轮毂。"（上卷，第265页）

纸币作为流通工具，又怎样增加社会总收入和纯收入呢？亚当·斯密作了如下说明：用纸币代替金币，节省了金银币，然后将这些节省下来的金银币送往国外去交换商品，或者供他国消费，其利润增加了国家的纯收入。或者供本国人消费：如果消费了奢侈品，则挥霍和消费都会增加；如果用来购买原料等，就提供了一种支持消费的永久基金，于本国生产、生活均有利。不过，全部纸币绝不能超过没有纸币时所需要的金银币，而且银行券应该能够随时兑现，这就是金本位制。亚当·斯密说："任何国家，各种纸币能毫无阻碍地到处流通的全部金额，绝不能超过其所代表的金银的价值，或（在商业状况不变的条件下）在没有这些纸币的场合所必须有的金银币的价值。"（上卷，第275页）他分析了纸币过量发行的有害后果，坚决反对滥发纸币，并且批判了轰动一时的企图通过增发纸币来促进产业恢复和繁荣的"约翰·罗制度"。① 亚当·斯密的观点反映了新兴工商业者渴望节省资本以发展社会生产力的要求与呼声。

生产性劳动和非生产性劳动

这是亚当·斯密资本论中另一个具有重大意义的学说，它曾引起巨大反响和争议。他提出这一学说的目的在于减少非生产性劳动、增加生产性劳动和发展资本主义生产。

在一定意义上，法国重农主义甚至英国重商主义是亚当·斯密该学说的先驱，亚当·斯密学说则是对前人观点的继承和发展，并赋予了其正确的表述方式。重农主义实际上将只有生产"纯产品"的劳动界定为生产性劳动，

---

① 约翰·罗（1671—1729年），苏格兰经济学家和财政金融家。他起初向苏格兰议会提出创办银行发行纸币的建议，但未被采纳。随后他流浪于欧洲大陆，1716年他的建议被陷于经济困境的法国政府所采纳，受国家委托创办国家银行，以土地为担保大量发行银行券，并以低息向工商企业大量贷款。1717年他创立的"西方公司"，从事北美密西西比等地区的殖民开发。1719—1720年，他被任命为法国财政大臣，继续大力推进其金融活动。这些活动最初对法国经济起到了一定的刺激作用，出现了短暂的繁荣。但由于滥发纸币，以致不久引致疯狂的金融投机和通货膨胀，1720年国家银行终因无法应对挤兑而破产，罗本人也只身逃往国外，几年后客死他乡。约翰·罗制度的破产再一次证明了重商主义的破产，它在一定程度上催生了法国重农主义。

并将其来源限制于农业的雇佣劳动。这里的"纯产品"就是农业产品"增加的价值";重商主义实际上将只有带来更多利润的劳动视为生产性劳动,而将其来源视为对外贸易,他们所说的得自对外贸易的"更多的利润"指的也是商品的"增加值",他们的学说都是以对"经济剩余"的性质和来源的某种理解为基础的。

亚当·斯密对生产性劳动和非生产性劳动所下的定义是:"有一种劳动,投在劳动对象上能增加它的价值,另一种劳动却不能;前者因生产价值,可称为生产性劳动,后者则可称为非生产性劳动。"(上卷,第303页)他以制造业者和家仆为例来说明两种劳动的区别,前者可以增加价值并将其固定在特殊商品或可卖商品上,可以经历一些时候,不会随生随灭;后者却不能增加价值,也不能固定在特殊商品或可卖商品上,它是随生随灭的。

需要指出的是,亚当·斯密这里所说的"增加的价值",指的是商品价格(价值)中超过补偿本消耗和劳动工资以上的剩余部分,也就是所谓的经济剩余。这个剩余同马克思所说的剩余价值在来源和数量上都不能相提并论。马克思所说的剩余价值是指商品全部价值与劳动力价值的差额,其基础是劳动价值论;可是,如前所述,在亚当·斯密那里,作为劳动价值论萌芽的论点只存在于所谓的原始未开化社会中,而在土地私有和资本积累的所谓现代文明社会中就不存在了;此时存在的是三种收入价值论,而他所说的剩余则是商品投入和产出之差额。[①]

还需要指出的是,亚当·斯密认为上述区分两者的关键在于它们是否增加价值,而增加到实际商品体上的不过是一个附加的特征,并不是一个独立的条件。在这里,增加价值和增加价值到商品体上是一致的,不是截然分开的。这其实是当时生产发展实际情况的反映,即生产性劳动还限于物质的、有形的产品领域,远未发展和扩大到非实物生产的领域,因此,将这个附加特征理解为另一个单独的条件,并不符合亚当·斯密的原意。当时和此后不久的反对论者将这个附加特征单挑出来加以攻击,显然是别有用心的曲解。而后来基于马克思的劳动价值论和剩余价值论,断定亚当·斯密的生产性劳动定义具有二重性:一个是生产性劳动,是增加价值的劳动;另一个是生产

[①] 参看晏智杰:《经济剩余论》,上篇,第4节,北京大学出版社,2009年。

实际商品体的劳动。也多为不妥。①

让我们回到亚当·斯密。按照上述标准,亚当·斯密指出,除了家仆以外,属于非生产性劳动者行列的大有人在,其中不乏社会上等阶层人士,包括君主、官吏和海陆军官,还有牧师、律师、医生、文人,以及演员、歌手、舞蹈家等。两类劳动者都要依赖于土地和劳动年产品,资源有限,用以维持非生产性劳动者的部分越多,用以维持生产性劳动者的部分就越少。

亚当·斯密强调说,决定下一年年产品的是生产性劳动,其所生产的产品价值的一部分用来补偿消耗的资本,通常用以维持生产性劳动者(雇用生产性劳动者),另一部分则构成由利润和地租组成的收入,收入可能用在两种劳动上。另一方面,非生产性劳动者和不劳动者都要依靠收入,这些收入,一部分直接来自地租和利润,另一部分则从别处转移过来(原本是用来补偿资本和雇用生产性劳动者的,后被这些人用于维持非生产性劳动者,例如,工人也可能雇用家仆),因此生产者和非生产者的比例,在很大程度上取决于资本和收入之间的比例;资本和收入之间的这个比例,似乎都支配着勤劳的人和游手好闲的人的比例。资本占优势的地方,勤劳者多;收入占优势的地方,游手好闲者多。

关键是增加资本。亚当·斯密说:"任何国家土地和劳动的年产品的价值的增加,都只有两种方法:一是增加生产性劳动者的数目,一是提高受雇用劳动者的生产率。很明显,要增加生产性劳动者的数目,必先增加资本,增加维持生产性劳动者的资金。要增加同数受雇劳动者的生产率,只有增加方便劳动、节约劳动的机械和工具,或者对它们加以改良,不然,就是使工作的分配更为适当。但无论怎样,都有必要增加资本。要改良机器少不了增加资本,而要改良工作的分配也少不了增加资本。把工作分成许多部分,使每个工人一直专做一种工作,比由一人兼任各种工作一定会增加不少资本。"(上卷,第315—316页)

如何增加资本?亚当·斯密强调要节俭和储蓄。当然,节俭之前要勤劳,但如果没有节俭,有所得而无保留,资本也就不能增加。他强调说,节俭是公众的恩人,奢侈浪费则是公敌,不谨慎地使用资本无异于浪费。亚当·斯

---

① 类似观点,可参看鲁友章、李宗正主编:《经济学说史》,上册,人民出版社,1965年,第213—214页。

密的资本积累论，充分表达了新兴工商业者积累资本的热切愿望，以及对节俭致富的期待和信心。

亚当·斯密关于生产性劳动和非生产性劳动的学说，一开始就吸引了公众的注意，其后不断发酵，在英、法学界展开了持续多年的争辩。根据马克思在《1861—1863年经济学手稿》中对相关争辩进行的系统梳理与考察，①可以看出，除了李嘉图和西斯蒙第等人拥护亚当·斯密的观点外，其他人大多持有异议。持异议者一般把注意力集中在劳动的物质内容而不是它的社会形式上，特别集中在反驳亚当·斯密关于生产性劳动还需要固定在比较耐久的物品这一点上。在反驳这一点的同时，他们力图扩大生产的含义，以便把各种各样非生产的活动以及寄生阶级的奢侈消费行径都囊括进生产性劳动的范畴之内。

其他论点大体可以归纳如下：第一，"节约劳动"的观点，即认为凡节约别人的劳动的活动或劳动都是生产性的劳动，如仆人。第二，凡有报酬的劳动都是生产性的，因为它们提供了效用或服务，否则就不能得到报酬。第三，消费是生产的源泉，消费促进生产，因此，一切和消费有关的劳动都是生产性的。第四，效用的观点，即认为生产就是创造效用，因此，凡生产效用的活动均是生产的，不管其结果是否体现在有形物品上。由萨伊和西尼尔着重发挥的这种观点，成为此后资产阶级经济学中的价值论以及生产劳动论的中心论点。第五，亚当·斯密的区分对政府官吏、教会神父过于严厉，十分有害，是荒谬的。第六，亚当·斯密只片面地注意到生产的结果，并依此划分生产劳动和非生产劳动，但生产本身除了结果之外，还有行为或力量的使用，例如，和制作皮鞋一样，擦皮鞋这种行为也是生产性的。②

亚当·斯密的生产性劳动和非生产性劳动学说，不仅具有历史的进步意义，而且对研究现代社会经济下的相关问题，仍具有参考和借鉴价值。首先，这个区分至今仍是必要的，它直接关系到经济体的结构是否合理，经济发展方式是否科学；其次，相关内涵和衡量标准应与时俱进，不可能仅仅局限于亚当·斯密所说的一切，但在考察这一问题时，应该像亚当·斯密一样，立

---

① 马克思：《剩余价值理论》(《资本论》第四卷)，见《马克思恩格斯全集》，第26卷第1册，第4章，以及附录12。
② 参看北京大学经济系《资本论》研究组：《剩余价值理论》，山东人民出版社，1985年，第141页。

足于有利于发展社会生产力，这应是必须坚持的根本原则；再次，立足于科学的商品价值论和经济剩余论，才能对这个区分做出科学的与社会发展相适应的判断，避免出现片面性，或者得出极端的结论，等等。

贷出取息的资财：性质与作用

亚当·斯密在这个题目下发表的观点，给人最深刻的印象就是作为新兴工商业者的代言人，他关注的中心问题是借贷资本的性质、用途以及借贷资本的利息。

第一，贷出取息的资财是贷款人的资本，但借款人却不一定将贷来的款项用作资本，也可能用于消费。在这两者之中，亚当·斯密当然对前者更加肯定，令他感到鄙夷的是，以不动产作借款抵押的乡绅，他们贷款的目的还不是目前的消费，而是用来偿还以前消费的欠款。

第二，几乎所有收取利息的贷款都是用货币进行的，但借款人想要的和得到的却是货物。它们或是可直接享用的商品，也可以是雇用劳动力的资本，以及生产所需的各种工具、原料，等等，贷款实质上就是贷款人将自己对土地和劳动的年产品的一部分支配权转让给借款人。所以，可以贷出的资财的数额，不是由货币的价值决定的，货币只是贷款的工具，而是由代替资本所有者自己不使用的资本的那一部分年产品的价值决定的。由于同一笔货币可以先后多次充当贷款，所以贷款数额可能比实际使用的货币额要大得多。这就说明货币本身与其所转让的东西完全不同。这是虚拟经济形成的途径之一。

第三，贷出取息的资本的数额会随年产品总量的增长而增长，而利息则会随着贷出资本数额的增加而下降：一是因为贷出的货币供求关系的影响；二是资财增加必然导致资本利润的下降，为使用资本而付出的价格即利息必然下降。可见，将资本利息下降归因于金银数额的增加是不妥当的。金银数额的增加只是降低了金银的价值，促使名义工资上涨，但真实工资仍然相同，资本利润无论在名义上还是实际上都是一样的。利息通常是由利润支付的，利润未变，利息也不会变。但是，每年流通的货物在增加，而用来使其流通的货币总额保持不变，这种情况除了会提高货币的价值以外，还会产生其他一些重要的影响，其中之一，便是资本利润的下降（竞争所致），因而也会使利息下降。

第四，以法律禁止收取利息是错误的。一方面，"使用货币在任何地方都能取得一些东西",另一方面,借款人还需为贷款人支付风险补偿费用等,所以贷出取息是应该的。为了防止高利盘剥,法律可以规定最高利率,这种利率总是应该略高于最低的市场价格,即略高于有良好保证的市场利率。如果法定利率低于最低市场利率,则几乎等于完全禁止借贷:债权人不会贷出,而债务人则必须为债权人所承担的使用货币全值的风险支付补偿费;如果法定最高利率与最低市场利率相等,则不能提供最可靠担保的人便不能从遵纪守法者手中接到钱,不得不求助于高利贷。如果法定利率比市场利率过高,则贷款大多落入投机者或浪费者之手,只有他们才肯支付这样高的利息。只有略高于市场利率,才会使国家的大部分资本落入最可能将其使用在有益用途的人手中。这显然是广大中小新兴工商业者的心声。

资本的四种用途

这个部分的主题是分析和比较资本各种用途的利弊得失,衡量的基本标准是其能否增加年产品的数量及其价值。

第一,亚当·斯密认为,资本有四种用途,它们全都是必要的,而且其中的每一种,既是其他三种方法存在和扩大所不可缺少的,也是社会的一般福利所不可缺少的。这四种资本的使用方法是:用于进行土地、矿产和渔业等天然产物的生产,用于制造业的生产,用于批发贸易,用于零售商业。他指出,从事其中任何一种的人,都是生产性劳动者,因为他们增加了产品价值(价格),而且固定地体现在劳动对象或待售商品上。亚当·斯密的这个说法,同重商主义和重农主义都划清了界限,也同那些不认同商业的生产性的观点拉开了距离。

第二,亚当·斯密认为,在这四种用途中,等量资本直接推动的生产性劳动数量和所获得的收入极不相同,其所增加的土地和劳动的年产值的增加比例也完全不同。他指出,零售商的资本只雇用了他自己,他本人是他自己的资本所雇用的唯一的生产者,他的利润包含了他对土地和劳动年产品所能增加的全部价值,他的资本补偿了批发商的资本和利润,使其能够继续经营,但也仅此而已。批发商的作用进了一步,他不仅补偿了农民和制造商的资本,使其能够继续经营,从而对支持社会生产性劳动和增加社会年产值间接地做出了贡献,而且通过雇用海员和搬运工进而增加了生产性劳动和产品的价值。制造商通过增加固定资本和流动资本及其使用程度,包括雇用工人、购买原材料和工具等，不仅会比批发商更多地增加生产性劳动量，而且也会更多地增加社会年产品的价值量。

亚当·斯密继续说："没有任何等量资本所推动的生产性劳动比农业家的生产性劳动更大的了。他的雇工是生产性劳动者，他的役畜也是生产性劳动者。在农业中，自然也在和人一起劳动；它的劳动虽无代价，但它的劳动却和最昂贵的工人一样，有它的价值……农业上雇用的工人与牲畜，不仅像制造业工人一样，再生产他们消费掉的价值及资本家的利润，而且生产更大的价值。他们除了再生产农业家的资本及利润外，通常还要再生产地主的地租。这种地租，可以说是地主借给农业家使用的自然力的产物……减除了所有人的劳作之后，所余的便是自然的劳作，它很少占全部生产物的四分之一以下，更多地占三分之一以上。用在制造业上的等量生产性劳动绝不可能进行这样大的再生产。在制造业上，自然没有做什么，人做了一切……在各种资本用途中，农业投资最有利于社会。"（上卷，第333—334页）这就是亚当·斯密的结论。他的这些观点显然反映了重农主义的影响。这些说法为他此后（见下章）提出的投资顺序提供了理论根据。

需要指出的是，依据传统劳动价值论，当然会认为亚当·斯密为农业生产性提出的论据不免荒唐可笑，事实上过去的人们就是这样看的。然而，从多元要素价值论出发，人们就会看到亚当·斯密的观点不无道理，因为自然界也是商品价值的源泉之一，而且是最根本和最基础的源泉，不承认这一点是很有害的。至于包括牲畜在内的资本，也是财富及其价值的源泉之一，应得到肯定。不过，把牲畜和自然界的作用都说成是劳动，当然不可取，那是对劳动这个观念的滥用和误用，但是由此否定牲畜和自然界是商品价值的源泉，显然是不可取的。①

第三，关于使用资本进行投资的地点和当事人究竟为何，在重商主义支配的大背景下，居然也成为亚当·斯密论述的一个问题。他指出，农业和零售业使用的资本当然必须留在国内；批发商的资本似乎没有必要固定在一个地方，它可以留在任何地方，只要能赚钱就行；制造商的资本当然必须留在

---

① 参见晏智杰："自然资源价值刍议"，原载《北京大学学报》（哲学社会科学版），2004年第6期；转载于晏智杰：《经济价值论再研究》，标题改为"自然资源没有价值吗？"北京大学出版社，2005年，第52—63页。

制造业的所在地,但究竟应在何处,并没有确定的必要。当然,他们的资本留在国内,能推动更多的本国的劳动,为本国增加的土地和劳动年产品也会较大,但是,尽管制造商的资本不在国内,仍然可以对国家非常有用。利用别国原料进行生产的本国制造商,其资本使用肯定对原料国有利,否则该国原料就没有价值。出口商补偿了生产者的成本,从而鼓励了他们继续生产,而本国的制造商又补偿了出口的成本。至于从事出口的批发商是否为本国人,这无关紧要。

第四,如果一个国家资本不足,不能同时投资于各种产业,基于上述理由,最好的办法就是集中投资于农业,即使没有对外贸易也不妨碍致富。"就连一切记载所说的世界上最富的这三个国家(古埃及、古代印度和古代中国。——作者),也只主要得益于它们在农工业上的优势。它们的国外贸易并不繁盛。古埃及人有畏惧海洋的迷信,印度人也常有这种迷信,至于中国的对外贸易,向来就不发达。"(上卷,第337页)

第五,有三种不同的批发贸易:国内贸易(包括内陆贸易和沿海贸易),对外消费贸易(购买外国货物供国内消费)和运输贸易(转口贸易)。就等量资本在支持和鼓励生产性劳动的数量及年产品的增加值来说,国内贸易比对外消费贸易要多,而后者又比转口贸易要多。不过,这三种贸易都是有利的和必要的,国家应该不加干涉地任其自由发展。

第三篇　西欧各国经济发展的经验教训

亚当·斯密在《国富论》的前两篇确立了经济自由主义的基本理论，随后在第三篇对欧洲各国经济发展的经验教训进行了总结和评述。其要点在于说明正反两方面的结论：一方面，资本投资或国民经济发展有其"自然的顺序或进程"，从而为评判各国发展进程的利弊得失树立了标准和尺度；另一方面，这种自然顺序在欧洲的所有现代国家中却在许多方面被完全颠倒了，而重商主义就是顺序颠倒的集中表现。他详细论述了这种违反自然的秩序得以形成的背景、原因及后果，既为前两篇已经阐明的产业资本发展论提供了一个反证，也为下一篇从理论和政策上批判重商主义做了准备。此外，这一篇的论述事实上也成为后来逐渐形成的经济史学科的雏形。

投资的"自然顺序"：农业—制造业—批发贸易—零售贸易

在论及投资顺序之前，亚当·斯密首先肯定了国内城乡之间贸易的重要性。他指出，在文明社会中，城市和乡村、工业和农业是互相支持和互相依赖的，它们之间的通商往来是完全必要的和正常的。这种贸易是每个文明社会的最大商业，它对城乡都有利。对于这一点，连重商主义者都不否认。问题在于，在农业和制造业之间、在城乡之间，资本投资运用该不该有先有后呢？这就大有疑问了。

亚当·斯密认为，在农业和制造业之间，投资的顺序应该是先农业后制造业。他指出，一方面，经济生活的需要，决定了生活资料必先于便利品和奢侈品，所以，生产前者的产业，亦必先于生产后者的产业。提供生活资料的农村的耕种和改良，必先于只提供奢侈品和便利品的城镇的增加，乡村居民需先维持自己，才以剩余产物维持城镇的居民。所以，要先增加农村产物的剩余，才能谈得到增设城镇。这是事物的本性。另一方面，这也是人类偏爱农业和农村的天性使然。投在土地上的人力资本，可受到投资人自身更直接的关照和支配；与商人比较，土地财产不易遭受意外，更安全，而且，乡村风景的美丽，乡村生活的愉快，乡村心理的恬静，以及乡村所提供的独立性，等等，都具有吸引人的巨大魅力。耕作土地既为人的原始目标，在有人类存在的一切阶段，这个原始的职业将永远为人类所喜爱。诚然，土地耕种离不开工匠的帮助，而工匠的出现催生了城镇；但是，城镇产业的发展总是同农业和农村的需要密不可分，如果这种自然进程不受人类制度的干扰，财富的增加和城镇的发展，必然是乡村和农业耕种发展的结果。

亚当·斯密还认为，在制造业和对外贸易之间，投资的顺序应该是制造业在先，对外贸易居后，其主因仍然是投资安全。他指出，正如在农业和制造业中选择农业一样，与国外贸易的资本相比较，制造商的资本更为稳当，随时都可在自己的监管之下，因而制造商会首先选择制造业而不是对外贸易。诚然，外贸是必要的，可以互通有无，但是外贸资本究竟是外国资本还是本国资本，这无关紧要。如果本国资本不能完全满足发展农业和制造业的需要，那么由外国资本来出口一部分农产品甚至还有一个很大的好处，因为社会全部资本都可以投入最有用的目的。古代的埃及、中国和印度就是例证，北美和西印度群岛的进步也是例证，虽然那里的外贸大部分都是由外国资本经营的，但这些国家和地区仍然可以达到很高的富裕程度。

亚当·斯密最后得出结论："按照事物的自然进程，每一个成长中的社会的大部分资本，首先应该投入农业，其次是制造业，最后才是对外贸易。这种顺序是很自然的，我相信，在每个拥有一定规模的社会，在一定程度上总是这样的：在建立任何可观的城镇之前，总得先开垦一些土地；在投身于对外贸易之前，在这些城镇里总得先有某些粗糙的制造业。"（上卷，第349页）

亚当·斯密的这些论断在今天看来不免浅显，但对重商主义尚处于统治和支配地位的时代来说，却具有创新性和突破意义。它是对将对外贸易置于首位的重商主义的根本否定，也是对发展产业资本的有力支撑。

罗马帝国崩溃后西欧农业的衰落，从根本上动摇了自然顺序

为什么资本投资的自然顺序或进程（农—工—商）大都没有延续下来？它为什么反而几乎被完全颠倒，形成了外贸优先，而制造业和农业则服从于外贸的结局？特别是农业为什么会衰败？

亚当·斯密认为,其根源在于日耳曼和塞西亚民族侵扰西罗马帝国并导致其崩溃以来,① 几百年间延绵不断的骚乱和扰攘,使欧洲社会发生了巨大的变迁。他指出,野蛮民族对原住民的掠夺和迫害,中断了城乡间的贸易;城市成了废墟,乡村无人耕作;在罗马帝国时期很富裕的西欧,一变而为极度贫困和野蛮之地。最重要的是,西欧的全部土地被这些野蛮民族的头目或大地主所独占,进而取代了罗马人的自然继承制的长子继承制和限定继承制,② 并进一步阻止了土地的分割,强化了大地主或贵族对土地的吞并和独占,其后果就是农业的衰败。

亚当·斯密指出,大地主很少是大改良家,他们通常总是忙于捍卫自己的领地,扩展自己的势力范围,根本无暇进行土地的耕作与改良。更不能指望隶属于土地而没有任何土地所有权的奴隶对土地进行改良,他们非但没有任何改良土地的积极性,反而会尽可能多吃、尽可能少干活,所有奴隶劳动是最昂贵的劳动。继奴隶之后出现的分益佃农,有了自由身,也可以拥有财产,而且出于分得更多产物动机的驱使,其生产积极性比奴隶要高些,但是用资产去从事改良对他们没有利益可言,因为这只会有利于不劳而获的地主

---

① 罗马帝国(公元前27—公元476年),古罗马文明的一个阶段。公元前27年,盖乌斯·屋大维被加冕为"奥古斯都"即罗马的第一个皇帝,罗马共和国由此进入帝国时代。他在位期间(公元前27—公元14年)罗马以和平与安定闻名于世,他建立了一种被称为早期帝政的政府形式,把共和国与传统君主制国家政权的一些特点结合起来。安敦尼王朝皇帝图拉真在位时(公元98—117年),罗马帝国达到极盛,经济空前繁荣,版图也达到最大,包括蛮族领域在内,控制了大约590万平方公里的土地。狄奥多西一世(公元379—395年在位)是统治统一的罗马帝国的最后一位皇帝,他将帝国分给两个儿子,从此罗马帝国一分为二,实行永久分治。公元476年,西罗马帝国在内忧外患下灭亡,欧洲从此进入近千年的中世纪(公元476—1453年)。1453年,奥斯曼帝国苏丹穆罕默德二世率军攻破君士坦丁堡,东罗马帝国(拜占庭帝国)灭亡。
② 自然继承制,指罗马人视土地像动产一样是生活和享受的手段,故而在土地继承中不分长幼、不分男女。长子继承制,按照法律、习俗、惯例,继承上的优先权给予长子。实行这种制度的动机通常是为了确保死者的财产完整无损。在西方,法律禁止分割土地,并以法令规定将其给予长子,不仅作为一种保留不动产的规模的方法,而且作为一种保留贵族权力和特权的方法,这种权力和特权是以土地所有制为基础的。限嗣继承制,在英国封建时期的法律中,指与承受人及其直系后裔联系在一起的、永远不可分离的地产权,旨在防止大宗地产通过继承分割或者由于缺乏继承人而分散,以维护封建贵族的统治。

以及收纳什一税的教会。在这以后极其缓慢出现的真正的农民的情况又如何呢？他们使用自己的资产耕种土地，向地主缴纳一定的地租。他们发现在土地租期内改良土地对自己有利，但是他们对土地的占用是没有保障的，除了缴纳地租之外，农民还得为地租服大量的劳役，以及贡税。总之，在所有这些阻碍之下，无论土地所有者还是农民，都不能指望他们对土地进行任何改良，而中世纪欧洲各国政策历来都禁止谷物出口，也限制国内其他农产品的贸易，这些都不利于土地的改良和耕种。

西欧各国城市工商业的兴起与发展，进一步颠覆了自然顺序

罗马帝国崩溃后，在西欧各国农业衰败的同时，城市工商业却逐渐发展了起来。这是亚当·斯密关注的另一个现象，其意义在于为重商主义的兴起提供进一步的历史背景。在亚当·斯密的笔下，这一历史背景演变的关键，在于城市市民在与国王和大领主及贵族的相互博弈中，其地位和作用的巨大变化及显著提升，最后的结果就是城市工商业的兴起和发展。

亚当·斯密指出，商人和技工作为城市的主要居民，起初的处境并不比乡下人好：他们从事摊贩售卖之类的活计，要缴纳各种税款，贫穷、低贱，地位接近奴隶；但取得城市收税承包权，尤其这种税收承包权从短期变成长期的特权之后，加上还被赋予了其他特权（嫁女权、子女承继权和遗嘱处理财产权等），他们比乡下人开始有了更多的自由。他们还被允许成立自己的政府，甚至被国王赋予一定的司法权，以使其能够迫使自己的公民缴税。亚当·斯密还指出，在君主与大领主、大贵族的争斗中，城市市民成为君主的天然同盟军，君主需要新兴资产者（城市市民）为其提供经济和物资的支持，而市民也需要得到君主的支持和保护，以对抗领主和贵族的压迫及盘剥。

在这种错综复杂的斗争和相互关系的演变中，领主、贵族的城堡的地位逐渐下降，而城市逐渐兴起和发展起来，其支撑的力量便是市民所从事的工商业。在这些工商业中，适于向远方销售的制造业大致是通过以下两种方式产生的：一种方式是模仿外国的制造业，通常使用外国的原料，例如绸缎、丝绒、呢绒等，这是国外通商的结果，可以叫作"两头在外"的来料、来样加工。另一种是从比较粗放的家庭制造业基础上发展起来的。通常用国内原料，以自己的制成品向国外交换更多的原料和食物；不断增加的剩余产品的交换促进了本国的生产发展和土地改良，这种制造业是农业发展的结果，当

然，它的扩大和改进比对外国通商产生的制造业要晚。

总之，各种制造业的扩大和改进，随着农业的扩大和改进而产生，而农业的扩大和改进又是对外商业及其直接产生的制造业的最后的、最大的结果。重商主义就是在这样的历史条件下走上历史舞台的。

城市商业对乡村改良做出的贡献固化了"非自然顺序"

亚当·斯密这部分论述的要点有三：第一，城市商业的发展对乡村农业改良有所贡献。第二，城市商业的发展对整个社会生活都产生了重大而深刻的影响。第三，由于这种贡献和影响是违反自然顺序的，所以由此引起的发展是缓慢的和不确定的。很明显，这是对重商主义的进一步否定。

亚当·斯密指出，工商业都市的增加和富裕，对农村改良和开放的贡献的途径主要有三：一为农村的原产物提供巨大而方便的市场；二商人渴望购置与改良土地；三工商业的发展逐渐使农村居民有秩序、有好政府、有个人的安全和自由等。

关于对外贸易和制造业的发展对整个社会的影响，主要表现在它逐渐瓦解了原先封建制度赖以生存的自给自足经济，使大领主也卷入商品交换的洪流之中，以其土地的全部剩余产品与其他商品相交换。由此而得来的商品，也无须与佃农和家奴分享，完全由自己消费，这意味着为了满足最幼稚、最可鄙的虚荣心，大领主们终于放弃了以往那种支配佃农和家奴的权威。封建法制在以往凭借一切强制力量都没有办到这一点，却由对外贸易和制造业的潜移默化逐渐实现了。亚当·斯密说："对于公共福利，这真是一种极重要的革命，但完成这种革命的，却是两个全然不顾公众幸福的阶级。满足最幼稚的虚荣心，是大领主的唯一动机。至于商人、工匠，虽不像大领主那样可笑，但他们也只为一己的利益行事，他们所求的，只是到一个可赚钱的地方去赚钱。大领主的痴愚，商人、工匠的勤劳，终于把这次革命完成了，但他们对于这次革命，却既不了解，亦未预见。因此，在欧洲大部分地方，城市工商业是农村改良与开放的原因，而不是它的结果。"（上卷，第378页）

亚当·斯密指出，这种由对外贸易和制造业引领农业的改良和发展模式是违反自然趋势的，所以它的发展当然是迟缓的和不确定的。以工商业为国富基础的欧洲各国缓慢进步，而以农业为国富基础的英国北美殖民地的急速发展，就是一个有力的证据。英格兰是又一个例证。两百多年来，工商业和对外贸易早已引领了英国经济的生活,而农业却一直发展缓慢,即使赋予各种便利(如出口谷物津贴,对进口谷物禁止重税,禁止活牲畜进口,法律保障自耕农的安全、独立和受尊敬,等等)也无济于事。施行重商主义的法国和葡萄牙也是如此,唯有意大利是个例外,制造业和外贸的发展使其每一部分国土都得到了耕种和改良,当然,那也是得益于其特殊的地理位置和存在许多小国的特殊国情。

然而,亚当·斯密认为,通过商业和制造业获得的资本,在没有将其一部分保存于和体现在其土地和耕种的改良上之前,还是非常不可靠、不确定的财产。他说了几种情况:为了追求利润,资本易于转移;战争和政治上的大事变,很容易使靠商业产生的财富来源枯竭。在亚当·斯密看来,唯有由坚实的土地改良所产生的财富,除了由敌对野蛮民族入侵造成激烈动荡外,是不可能被摧毁的。

亚当·斯密的自然顺序论和非自然顺序论,视农业为经济发展的基础和引领者,他承认制造业和对外贸易的积极作用,但必须是服务于农业的范围内;如果颠倒了这种关系,尽管经济可以有一定程度的发展,但由于农业这个根本动力和基础受到了削弱,并成为制造业和对外贸易的结果,那么其经济发展必然缓慢,所得财富也必然不可靠和不确定。

亚当·斯密的这些观点在今天看来可能存在诸多缺陷和不足,但它是对资本主义初期发展阶段的生产方式和经济结构的真实反映,具有鲜明的时代特点和烙印。18世纪中叶的英国,虽然工场手工业达于鼎盛,但它不可能上升为整个生产领域的主宰和基础,只有机器大生产才能完成这个历史使命。而农业生产领域在当时的英国已经基本完成了资本主义改造,成为经济发展的主角。亚当·斯密的学说就是对这个历史发展方向的准确把握和深刻认识,同延续两百多年的重商主义相比,这个学说反映了生产力发展的客观要求,属于经济思想史的创新,值得予以肯定。

在完成了对重商主义历史背景的考察之后,下一步,就该对重商主义的基本原理及各项举措展开彻底的批判和清算了。

第四篇　批判重商主义和重农主义

亚当·斯密对重商主义的批判几乎占了《国富论》四分之一的篇幅。这是因为，在亚当·斯密看来，到18世纪中叶，农业和制造业虽然已经有了一定的进展，但仍然受到源远流长的重商主义思潮和政策的严重阻碍和负面影响，诸多思想和认识方面的障碍有待清除。因此，彻底清算和批判重商主义仍是一项急迫而艰巨的任务。

关于重商主义产生和发展的社会根源及历史背景，亚当·斯密在前章所论"不同国家中财富的不同发展"中已经作了说明，本章则集中从理论和政策角度对之作出分析和批判。他首先批驳了重商主义的基本原理，然后逐一批判了重商主义的各项政策举措。

批判重商主义并非始自亚当·斯密，[①] 但唯有亚当·斯密的批判最为彻底，其力度之大，分量之重，在西方经济学说历史上都是空前的。经此批判，重商主义作为一种政策和理论体系实际上被彻底摧毁了，从而宣告了长达两个多世纪的重商主义时代的终结和经济自由主义新时代的开始。

重商主义概述

重商主义（mercantilism）是15世纪下半叶到18世纪中叶支配西欧各国的经济政策，它所体现的是与封建王权相结合的垄断性对外贸易集团的利益和要求；在为此政策所作的解释和说明中也包含着对资本主义生产方式的最初理论考察，并由此构成了现代经济学前史的一部分。

[①] 参看晏智杰：《亚当·斯密以前的经济学》，北京大学出版社，1996年，第17—21章。亚当·斯密以前对重商主义的批判应以法国重农主义最具代表性。重农主义是作为重商主义的对立面出现的，他们的经济理论和主张实质上就是对重商主义的批判和否定，但由于其理论和历史条件的限制，其批判的深度远不及亚当·斯密。

15世纪末,商品货币关系的产生和发展,促进了西欧封建社会的瓦解和资本主义生产关系的萌芽及成长;陆续实现的数次地理大发现扩大了世界市场,极大地推动了商业特别是对外贸易、相关制造业和航海业的发展;商业资本在促进国内市场和世界市场的形成过程中发挥了举足轻重的作用;他们要求国家给予保护,封建君主在巩固王权并建立新的民族国家进程中也迫切需要得到日益壮大的商业资本的支持。重商主义是两者结合的产物并为两者效力。重商主义推动了商业资本的发展,同时加剧了封建专制和中世纪生产方式的瓦解,为后来产业资本的兴起奠定了基础。

重商主义的核心,一言以蔽之,就是认定金银货币是财富的唯一形式;认定国外贸易顺差是国家致富的源泉;要求国家执行保障贸易顺差的各项政策措施。资本原始积累时期西欧各国商业资本集团疯狂追逐利润和财富的集中体现,也符合封建王国向民族国家转型的需要。

与中世纪经院哲学的宗教伦理相比,重商主义转向世俗标准和原则,这是历史的进步;在中世纪封建生产方式瓦解、商品货币关系初步发展的条件下,重商主义者聚焦流通领域,特别是对外贸易,也有其历史的现实性和必然性:产业资本兴起并占据支配地位毕竟是后来的事,何况重商主义的施行也的确积累了资本、开拓了市场、建立了殖民地、增加了财富。

重商主义经历过早期和晚期两个阶段,它们的核心思想和基本信条是一致的,但在如何聚敛更多财富的方法上,两者的做法和看法有所不同。早期重商主义,亦称重金主义或货币主义,主张直接控制货币本身,即把得自对外贸易的金银货币直接运回国内,同时禁止外国人的经营所得流出国外,这被称为货币差额论。晚期重商主义则主张追求和保障贸易顺差即可实现汇聚财富的目的,而不必直接控制货币本身,这就是所谓的贸易差额论。后者显然比前者显得更为成熟,是更合理的重商主义形式,因为后者对贸易中通行的等价交换法则开始有了进一步的理解,而前者,如恩格斯所讥讽的那样,"各国彼此对立着,就像守财奴一样,双手抱住它们心爱的钱袋,用嫉妒和猜疑的目光打量着自己的邻居。它们不择手段地骗取那些和本国通商的民族的现钱,并把侥幸得来的金钱牢牢地保持在关税线以内"。[①]

英国是最早走上资本主义道路的国家之一,也是重商主义理论和实践的

[①] 恩格斯:《政治经济学批判大纲》,《马克思恩格斯全集》,第1卷,第596页。

策源地及最具代表性的国度。16 世纪末 17 世纪上半叶，在战胜荷兰等对手之后，英国成了无可争议的海上强国，重商主义随之也成为它的国策。意大利事实上是最早的商业国家，虽然其经济不如英、法等国发达，但在施行重商主义政策和表述重商主义观念方面仍然有其历史地位。法国的重商主义理论和实践稍逊于英国，但带有明显的时代和民族特色，对其后经济思想和政策的发展产生过重要影响，特别是催生了法国重农主义。

英国早期重商主义文献中最著名的两篇是：1581 年发表的署名"绅士 W. S."的小册子①和 1600 年初问世的马林斯的小册子。② 英国晚期重商主义的最重要文献是托马斯·曼（1571—1641 年）于 1621 年发表的《论英国与东印度的贸易》，以及在他身后由其子约翰·曼于 1664 年出版的《英国得自对外贸易的财富——对外贸易差额是我们富裕的尺度》。

马克思评论说："……托马斯·曼的《论英国与东印度的贸易》，这一著作早在第一版就有了特殊的意义，即它攻击当时在英国作为国家政策还受到保护的原始的**货币制度**，因而它代表重商主义体系对于自己原来体系的自觉的**自我脱离**。这一著作已经以最初的形式出了好几版，并且对立法产生了直接影响。以后经作者完全改写并在其死后于 1664 年出版的《英国得自对外贸易的财富》一书，在一百年之内，一直是重商主义的福音书。因此，如果说重商主义具有一部划时代的著作，作为'某种入门牌号'，那么这就是托马斯·曼的著作。"③

托马斯·曼明确表述了贸易差额论的观念。他说："商品贸易不仅是一种使国家之间交往具有意义的值得称道的活动，而且，如果某些规则得到严格遵守的话，那它还恰恰是检验一个王国是否繁荣的试金石……那些竭力使出口超过进口，并且尽量少使用外国产品的王国，也是这样繁荣起来的。因为，毫无疑问，这多出口的部分是必须用货币支付的。"④ 他又说："对外贸易是增加我们的财富和现金的通常手段，在这一点上我们必须时刻谨守这一原则：在价值上，每年卖给外国人的货物，必须比我们消费他们的为多。"⑤

---

① 参看晏智杰："W. S. 究竟是谁？"《经济科学》，1990 年第 3 期。
② 参看晏智杰：《亚当·斯密以前的经济学》，北京大学出版社，1996 年，第 21 页。
③ 参看《马克思恩格斯全集》，第 20 卷，第 252—253 页。
④ 参看《贸易论》（三种），商务印书馆，1982 年，第 5 页。
⑤ 参看托马斯·曼：《英国得自对外贸易的财富》，商务印书馆，1965 年，第 4 页。

意大利早期重商主义的代表者是安东尼奥·塞拉（Antonio Serra，生卒年代不详），他在1613年的文章中提出了无矿之国通过对外贸易致富的办法；法国重商主义先驱是巴塞尔米·德·拉菲玛（Barthelemy de Laffemas，1545—1612年），他曾任法国贸易和制造业总监，任内竭力推行贸易保护主义政策，大力发展对外贸易；安东尼·蒙克莱田（Anthony Montchretien，大约1575—1621年），在其著名的《献给国王和王后的政治经济学》（1615年）中重申了前人已经提出的重商主义观点；法国重商主义最著名和最重要的代表者是让－巴蒂斯特·柯尔贝尔（Jean－Baptiste Colbert，1619—1683年），他是法国路易十四时期的财政大臣，在他任内实施了一系列旨在巩固王权并为之称霸欧洲效力的重商主义政策，其特点是以牺牲农民利益为代价片面发展制造业和对外贸易。[①]

18世纪中叶以后，产业资本在英、法等国逐渐发展起来，工场手工业在经济生活中的主体地位日益显现。尽管贸易仍是生产发展的必要条件，但它已经不是财富的主要源泉了，财富的主要源泉已经毫无疑问地转向了生产领域。社会环境和经济发展条件的巨大变化，最终导致了重商主义的衰落和产业资本主义的兴起。当初商业资本主义兴起是对中世纪封建主义生产方式的否定，现在产业资本主义兴起是对商业资本主义的否定。这是否定之否定。商业资本主义是从封建主义走向现代资本主义的桥梁和纽带。

批判货币差额论和贸易差额论

这个基本原理就是早期重商主义的货币差额论、晚期重商主义的贸易差额论。

亚当·斯密首先十分客观地概述了重商主义的观点。人们通常视货币与财富为同义语，或者认为金银货币是一国动产中最坚固、最可靠的部分，因此增加金银货币被认为是政治经济学的重要目标。还有人认为，只有拥有很多货币才能维持海陆军，一旦需要才能进行战争，于是欧洲各国都在设法积累金银；积累金银的办法最初是禁止金银出口，但是商人们觉得这种办法很不方便，而且认为出口金银或者未必会减少财富数量，只需使对外贸易保持顺差即可达到将金银货币留在国内的目的。

[①] 详见晏智杰：《亚当·斯密以前的经济学》，北京大学出版社，1996年，第1—3章。

针对这些观点，亚当·斯密指出，其中的一部分言之有理，但另一部分却是强词夺理。认为金银出口常常有利于国家，这是有道理的；同时认为当私人发现出口金银有利可图时，任何禁令都无济于事，这也是有道理的。但是，认为保持或增加本国金银的数量，比增加或保持本国其他有用商品的数量更需要政府的关注，这是强词夺理。在亚当·斯密看来，真实的财富是商品，而不是金银货币；再说，自由贸易通行的法则是等价交换。所以，他直截了当地指出，政府不必给予自由贸易这样的关注，即可适量供应这些商品。

早期重金主义者认为，国家外汇管理不当，以致出现高汇率，必然增加贸易逆差，造成更多的金银出口。① 亚当·斯密指出，这种说法也是强词夺理。诚然，高汇率的确不利于该欠外国债务的商人，"但是，虽然由禁令而产生的风险可能使银行索取额外的费用，却未必会因此而输出更多的货币。这种费用，一般是在走私货币时在国内支付的，很少会在所需金额之外多输出一分钱"（下卷，第5页）。汇兑的高价，也自然会使商人努力平衡进出口，以便尽量缩小支付额。此外，汇兑的高价会提高外国货物的价格，从而减少国人对外国货物的消费。所以，高汇率不会增加而是会减少所谓的贸易逆差，从而减少金银的出口。

亚当·斯密指出，尽管商人的上述说法站不住脚，但却被不懂得贸易内在机制而只知外贸可以富国的议会和王公会议所接受，于是他们接受了商人的建议，从而将政府从监控金银出口转向控制贸易差额，把贸易差额当作国内金银数量增减的唯一原因。托马斯·曼《英国得自对外贸易的财富》一书就是对贸易差额论的最集中的表达，于是成为英国和一切商业国家政治经济学的基本准则。

亚当·斯密说，按照这一准则，国内贸易的重要作用被毫无道理地排除在外；按照这一准则，国家要监督对外贸易以保证顺差，而这在亚当·斯密看来完全没有必要。"他们放弃了一种毫无结果的监督（指监控货币流通。——作者），转向了另一种更为复杂、更为困难但却是同样毫无结果的监督（指监控贸易。——作者）……"（下卷，第6页）因为货币只是一种交

---

① 针对早期重商主义者马林斯的观点。重商主义者关于外汇对贸易的影响的观点及其争论，可参看晏智杰：《亚当·斯密以前的经济学》，北京大学出版社，1996年，第23—37页（米塞尔顿与马林斯的争论、托马斯·曼对马林斯观点的反驳等）。

换媒介，其数量受对商品需求的调节，在商品与货币之间总能实现一种平衡，总能得到应有的商品，也总能得到应得的货币。"我们完全有把握地相信，自由贸易无须政府注意，也总会给我们提供我们所需要的葡萄酒；我们可以同样有把握地相信，自由贸易总会按照我们所能购入或所能使用的程度，给我们提供用以流通商品或用于其他用途的全部金银。"（下卷，第7页）。如果存在着对货币的有效需求，货币就会比其他商品更容易、更准确地根据这种需求进行调节；相反，如果金银数量超出有效需求，那么想要阻止它出口也不可能，这已为西班牙和葡萄牙的实践所证明。

此外，重商主义者历来强调，为了进行战争就必须积累金银。亚当·斯密则持相反的看法："一国要对外进行战争，维持远遣的海陆军，并不一定要积累金银。海陆军所赖以维持的不是金银，而是可消费的物品。国内产业的年产物，换言之，本国土地、劳动和可消费资本的年收入，就是在遥远国家购买此等可消费的物品的手段。有了这种手段的国家就能维持对遥远国家的战争。"（下卷，第13页）亚当·斯密考察了西欧国家支付军饷的方式，指出18世纪所进行的战争几乎不依靠出口金银货币来维持，而是靠出口商品（制成品或天然物品）来支付。在商品的进出口中，各国之间会有大量的金银块流通，这些金银块就好像是各国共同的货币。它们究竟流向哪里，完全取决于商品的流通需要。"所以归根到底，仍是商品，仍是一国土地和劳动的年产物，才是使我们能够进行战争的基本资源。"（下卷，第16页）这就用事实反驳了重商主义的又一个重要信条。

重商主义笃信金银货币是得自对外贸易的主要利益，亚当·斯密对此直截了当地加以了否定："金银的输入，不是一国得自对外贸易的主要利益，更不是唯一利益。"（下卷，第17—18页）他指出，国家的确会从外贸中得到利益，但不是重商主义者所说的那种利益，而主要是这样两种利益：一种是将国内不需要的土地和劳动的剩余产物运往国外；另一种是运回国内所需要的其他产物。这样一来，不但扩大了国内产品市场，还满足了国内需求，这有利于增加社会的真实财富和收入。斯密承认，没有金银矿产而对金银有需求的国家，进口金银无疑是外贸的一部分。但他指出，相对于进口商品来说，这是最不重要的部分。他还语带讽刺地说，如果一国仅仅为了进口金银而经营外贸，那么一个世纪都不会运来一船金银。重商主义者常说美洲的发现使欧洲致富是由于进口了金银的缘故，斯密则指出，事实并非如此。事实上美洲金银矿藏丰富，使这些金属更便宜了，现在购买金银器皿所需的谷物或劳动，与 15 世纪相比，约为当时的三分之一，所以金银器皿的数量大为增加了。美洲的发现还为欧洲所有商品开拓了广阔市场，带来了新的劳动分工和工艺改进，使欧洲的劳动生产率提高了、产量增加了、居民的实际收入和财富增加了。至于与东印度贸易的利益，也是如此，即不在于带来货币，而是扩大了市场，丰富了商品供应，增加了人们的享受和收入。如果说这种贸易的利益还不够大的话，那是由于垄断的缘故。亚当·斯密说得多好啊！

亚当·斯密在这样批驳了重商主义的主要原理之后，接着对重商主义的各项举措进行了更为详尽的考察。他将这些旨在增加金银货币的方法分为两类：一类是限制进口的方法（两条）：限制进口国内能生产的商品；限制进口贸易差额被认为不利于本国的国家的商品。另一类为鼓励出口的方法（四条）：退税，发放出口奖金，签订通商条例，建立殖民地。在考察这些方法时，斯密着重指出了它们对国家年产物从而对国家财富和收入的不利影响。

限制进口国内能生产的商品是不明智的

这是英国长期实施的一项举措，其涵盖的种类繁多，从农产品到制造品，无所不包。亚当·斯密对这项措施的分析和批判涵盖了非常丰富的内容。他提出的中心论点是：以高关税或绝对禁止的办法限制进口国内能生产的产品，其直接后果就是使国内生产这些产品的产业能够多少确保对国内市场的垄断；这种垄断不但会使享有垄断权的产业受到鼓励，而且还会使社会劳动和资本转移到这些产业中来。"但是，这样做会不会增进社会全部的产业，会不会引导全部产业走上最有利的方向，也许并不十分明显。社会全部的产业绝不会超过社会资本所能维持的限度。任何个人所能雇用的工人必定和他的资本成比例……它只能使本来不纳入某一方向的一部分产业转到这个方向上来。至于这个人为的方向是否比自然的方向更有利于社会，却不能确定。"（下卷，第 24—25 页）请注意，亚当·斯密提出问题的着眼点，不是资源配置方式对个人利益的影响，而是对全社会或全部产业的影响。他的意思是，"人为方向"对个人有利，对社会却未必有利；只有"自然的方向"才对个人和社会都有利。

为什么？亚当·斯密以其著名的"看不见的手"学说作了回答。他说，每个人都在不断地努力为自己所能支配的资本寻找最有利的用途。固然，他所考虑的是自己的利益，而不是社会的利益，但他对自身利益的关注自然会或者必然会引导他选定最有利于社会的用途。这表现在每个人都想把他的资本尽可能地投资在国内或离自己家乡最近的地方并设法生产出最大的价值。按照亚当·斯密所谓的商品价值＝工资＋利润＋地租的说法，最大的价值也就是最大的收入，所以个人使其产品达到最大价值，也就必然会竭力使社会年收入尽量增加起来。

于是，亚当·斯密得出结论："确实，他通常既不打算促进公共的利益，也不知道他自己是在什么程度上促进那种利益的。由于他宁愿投资支持国内产业而不支持国外产业，所以他只是盘算他自己的安全；由于他管理产业的方式和目的在于使其生产物的价值能达到最大程度，所以他所盘算的也只是他自己的利益。在这种场合，像在其他许多场合一样，他受着一只看不见的手的指导，去尽力达到一个并非他本意要达到的目的。也并不因为事非出于本意，就对社会有害。他追求他自己的利益，往往使他能比在真正出于本意的情况下更有效地促进社会的利益。"（下卷，第27页）这是对自由竞争市场机制优越性的一个精彩的解说，它说明只有通过自由市场的竞争，才能实现商品供给与需求的结合、实现个人利益与社会利益的结合，这是资源配置的最佳方式。

在肯定了"自然的方向"之后，亚当·斯密对"人为的方向"的弊端作了进一步的说明。他指出，限制进口国内能生产的商品，"人为地"管制市场，指导私人如何运用资本，这种做法要么无用，要么有害。如果国内产品在国内的价格同外国产品一样低廉，那么这种管制显然无用；而如果这种价格不能一样低廉，那么这种管制必定有害。它指导人们去生产那些本来可以从国外以低廉价格获得的商品，这是愚蠢的，它会使那些受到保护的产业迅速发展起来，这样，相关的商人和制造业者是大发其财了，但是由于这种发展未必符合本国先天或后天的优势条件，未见得能使劳动和资本得到最佳使用，所以生产物的价值（从而社会收入）一定会减少。

亚当·斯密还将上述原理运用于国际产业分工，他提出了著名的国际地域分工论或绝对成本论。他认为，各国之间按各自的优势进行分工才是合理的。"至于一国比另一国占有优势，无论是固有的，还是后来获得的，都无关紧要。只要甲国有此优势，乙国无此优势，乙国向甲国购买，总是比自己制造有利。"（下卷，第30页）这个原理显然符合生产力发展的要求。

值得注意的是，亚当·斯密随后指出，即使放开对农产品进口的管制，恢复牲畜、腌制食品和谷物的自由贸易，但是能够进口的数量也很有限，对农牧民不会有太大的影响。不过，恢复制造品自由贸易就不那么容易了：长期的限制措施所形成的生产格局改变起来需要一个过程，需要给相关厂家一定的时间（特别是设备之类不易处理），更何况还有来自商人和制造业者的阻力，他们比乡绅和农业家更有垄断精神，所以不宜操之过急。此外，斯密没有忘记需要对进口品征税的两个例外：一个是对国防需要的特定行业（例如航运业）的限制（他对1651年颁布的《航海法》表示理解和肯定）；另一个是对国内产品征税时，也需要对相关外国产品征税。这些看法都显示了亚当·斯密的务实主义精神。

限制进口贸易差额被认为不利于本国的国家的商品不可取

亚当·斯密认为，前面所说的限制进口国内能生产的商品是"源于个人的私利和垄断精神"，现在所说的限制则"源于国民的偏见和敌意"。例如，英国多年来对法国（还有荷兰）进口的大部分农产品的关税甚至达到75%以上，这等于禁止从法国进口。法国也针锋相对地施以重税，这种相互的限制几乎断绝了两国间的一切正常贸易，以致主要靠走私才能使货物进入对方国家。亚当·斯密又进一步指出：即便根据重商主义原理，这种限制也不合理；而即使根据其他原则，这种特殊限制也不合理。

关于即便根据重商主义的贸易差额原理，这种限制也不合理，亚当·斯密提出三点：

第一，即使与法国的自由贸易会使贸易差额对法国有利，也不能断言此种贸易就一定对英国不利，同时也不能由此断言英国的全部贸易总差额会因此种贸易而更不利于英国，一切均应以贸易的效果是否有利为转移。不过，这个效果不应指货币是否能流回英国，这是没有意义的，而应指英国由此贸易是否享受到物美价廉的商品。亚当·斯密分析说，如果法国的某两种商品比其他国家的都价廉物美，那么这两种商品就都应该从法国进口。这样做的结果，尽管每年从法国进口的商品的价值会因此而大增（请注意这就有可能带来贸易逆差），但因法国商品比其他国家的商品便宜，所以每年全部进口商品的总价值定会按照便宜的比例而减少；即使每年进口的法国商品完全在英国消费，情况也是一样。这就是说，仅从同法国的贸易来说，贸易差额对英国可能不利，但是从全部商品的总价值来说也定会减少，因而同法国的这种贸易对英国还是有利的。着眼点不同，结论也就不同。

第二，何况，从法国进口的商品的大部分还可能再出口到其他国家以赚取利润。这种再出口，也许会带回与法国全部输入品的原始费用同等价值的回程货，东印度公司的再出口贸易就是一个例证，而荷兰最重要的贸易部门之一就是从事这种再出口的部门，也是一个例证。这就更进一步说明，不能依照当初法国与英国之间的贸易差额来定夺了。

第三，没有一个明确的、可以作为依据的标准，来判定两国间的贸易差额究竟对哪国有利，即哪国的出口的价值最大。这类判断往往根据由个别贸易者的私利所左右的国民偏见和敌意来进行。在这种场合，人们往往使用关税账簿和汇率这两个标准，然而，由于各种经济的或技术的原因，这两个标准都不可靠。亚当·斯密的这些分析，从根本上否定了依照贸易差额来决定是否限制贸易的合理性。

亚当·斯密补充说，即便根据其他原则，这种异常的限制也是不合理的。这里所谓的其他原则，是指完全以贸易差额来衡量利弊得失。他说："这种限制和其他许多商业条例所根据的整个贸易差额学说，是再荒谬不过的。该学说认为，当两地通商时，如果贸易额平衡，则两地各无得失；如果贸易略有偏倚，就一方亏损，一方得利，得失程度与偏倚程度相称。这两种设想都是错误的。"（下卷，第60页）亚当·斯密指出，在贸易差额平衡的情况下，如果两国交换的都是本国商品，双方获利几乎同等；如果一国出口的全是本国商品，而另一国出口的全是外国商品，那么双方都可以获利，不过前者获利更大。在同时交换本国和外国商品的情况下，上述原则依然成立，即国产商品占交换商品的极大部分，同时外国商品占交换极小部分的国家，总是主要的获利者。

分歧之点还是在于着眼点的不同：重商主义的错误在于他们始终不能跳出以货币能否回流本国为判断标准的限制；而亚当·斯密则认为，利害得失的根据不在于金银量的多少，而是一国土地和劳动年产物交换价值的增加，或是一国居民年收入的增加。

亚当·斯密批判了重商主义追求贸易差额时所体现的那种自私和垄断精神，他指出，这种精神在各国关系上的表现就是以邻为壑而不是以邻为伴，不愿见到邻国富裕而希望邻国贫穷，以嫉妒和仇恨代替公平竞争与和平合作，所有这些做法都是不利于增加国民财富和收入的愚蠢行为。实际上，没有一个国家由于贸易差额不利而贫穷，但是最富裕的国家却是源于最自由的对外贸易。

值得注意的是，斯密最后提出了另一种与贸易差额极不相同的差额，彻底推翻了贸易差额论的神话。他说："一国的盛衰，要看这差额是有利还是无利。这就是年生产与年消费的差额。"（下卷，第69页）如果这个差额是正数，即社会收入超过社会支出，才能有资本积累和收入的继续增加，否则资本和收入必然减退。这个差额与贸易差额完全不同，即使没有对外贸易，也可以产生这种差额；无论在哪种社会发展状态下，都可以产生这种差额；即使在贸易差额不利于一个国家时，生产与消费的差额仍然可以不断地有利于这个国家，因为它的真正的财富——土地和劳动年产品的交换价值——仍可以经由其他途径而不断地增加，例如北美殖民地。

亚当·斯密用来与贸易差额相对照的这个"生产和消费的差额"，其实就是我所提出的"经济剩余"之一，即广义的经济剩余；而生产经营活动投入和产出之间的差额则是狭义的经济剩余。[①] 在亚当·斯密看来，这个差额或剩余比重商主义者所热衷的贸易差额要有意义得多，只有这个差额才是值得重视的，因为它直接关系到国家财富的增长。

评退税

亚当·斯密指出，商人和制造业者不满足于垄断国内市场，总想为其货物谋求最广阔的国外市场，但是他们的国家在国外市场没有管辖权，难以垄断国外市场。因此，一般情况下，他们只好请求政府奖励出口。亚当·斯密的这番议论生动地揭示了商人和制造业者在奖励出口上不可能获得满足时不得不退而求其次的心态。

[①] 我在《劳动价值学说新探》（北京大学出版社，2001年）中提出"多元要素价值论"，认定商品价值的源泉除了劳动之外，还应包括土地、资本、经营管理、科学技术等。基于这种多元要素价值论，我又在《经济剩余论》（北京大学出版社，2009年）中进一步提出了"经济剩余论"，将"经济剩余"归结为经济活动的投入与产出之差额。这个经济剩余概念与基于劳动价值论的剩余价值概念有原则性的区别，而同亚当·斯密这里所说的剩余概念是相通的，宁可说，我提出经济剩余论时，受到亚当·斯密论述的启发，并在《经济剩余论》相关论述（第3章）中肯定了亚当·斯密的贡献。

应该怎样看待退税呢？亚当·斯密从他的一贯立场出发，即视其是否影响资本和劳动的自然分工和国民收入，提出了如下判断，他说："在各种奖励中，所谓退税似乎是最合理的了。在出口时，向商人部分或全部返还国内产业上的各种国内税，并不会使商品的出口量大于无税时商品的出口量。这种奖励不会引导国内大部分资本违反自然趋势，进而转向某一特定用途，只是防止税收导致这部分资本转向其他用途；这种奖励不会打破社会上各产业间自然形成的平衡关系，只是防止这种自然平衡被税收所打破；这种奖励不会破坏社会上劳动的自然分工和分配，而是起到保护作用。在大多数情况下，这种保护作用是有益的。同理，对于进口的外国商品，再出口时也可退税。"（下卷，第70—71页）

在详细评析了各种退税办法的利弊之后，亚当·斯密指出，只要所退的税款不是先前所征收的全部税款，收入还是会增加的；即使对本国和外国商品的出口全部退税，也是合理的，因为这样做，国内税收虽然会略受损失，关税收入的损失更大，但是这有利于恢复被税收打乱的产业自然均衡，即劳动的自然分工和分配。

论发放出口奖金

这是重商主义主张的鼓励出口的举措之二。亚当·斯密指出，在重商主义的所有办法中，他们最喜欢的就是出口奖金，因为这种办法最有利于谷物商人和谷物出口商，他们借此既可将过剩产品运往国外，又可维持留在国内的那部分商品的价格，从而有效地防止出现商品过剩。亚当·斯密还语带讥讽地说，由于不能强迫外国人购买本国商品，所以重商主义者甚至还主张付钱给外国人来购买本国产品，以此实现贸易顺差。

亚当·斯密对维护出口奖金办法的各种论点做出了令人信服的分析和评论。

有人认为只应向那些亏损的部门发放奖金。亚当·斯密指出，这个说法看似有理，然而，"发放奖金的结果，就如同重商主义提出的其他各种办法的效果一样，只是迫使一国贸易不按自身规律自由发展，而是向极为不利的方向发展"（下卷，第76—77页）。

有人认为，奖励谷物出口对国家有利，因为出口价值对进口价值的超过额，除了补偿奖金外，还大有剩余。亚当·斯密指出，这种说法有些夸大其词，因为它只注意到了奖金，却忽视了种植谷物的其他成本，包括资本和利润等。

有人指出，发放出口奖金之后，谷物价格下降了，以此证明发放出口奖金是必要的。亚当·斯密则指出，一方面，在发放出口奖金之前，就存在谷物价格下降的事实，说明它与发放出口奖金无关；另一方面，发放出口奖金之后，谷物价格的逐渐下降，可能不是由于任何条例调控的结果，而应最终归因于银的真实价值在不知不觉中的逐渐提高。事实证明，在丰收和歉收年份，出口奖金都会使谷物的价格偏高（影响市场供求关系之故）。

但是，仍然有人认为，发放出口奖金能够鼓励耕种，从而使谷物价格下降。亚当·斯密说："对于这种意见，我的答复如下：无论由奖励带来的国外市场多么扩大，在每个特定年份，都必然以牺牲国内市场为代价。因为那些靠奖金才出口的谷物，如无奖金就不会出口，必定留在国内市场，从而增加了消费，降低了价格。应该看到，谷物出口奖金同其他商品的出口奖金一样，给国民增加了两种税：第一，为支付奖金，国民必须纳税；第二，人民大众都是谷物的消费者，必定要缴纳国内市场上因这种商品价格的提高而带来的税。因此，在谷物这种特殊的商品上，这第二种税比第一种税要重得多……所以长期来说，奖金减少了而不是增加了谷物的整个市场的整体消费。"（下卷，第77—78页）

在分析和评论了上述各种意见之后，亚当·斯密得出结论说："对任何国产商品的出口奖金的反对，首先出于反对重商主义体系各种措施的一般理由，它们使国内一部分产业强行流入利益较少的产业。其次特别因为奖金不仅会强行使产业流入利益较少的产业，而且流入实际上不利的产业；没有奖金就不能正常经营的产业必然是亏损的产业。对谷物出口的奖金更应予以反对，它并没有起到提升某种特殊产品的作用，而这种产品的生产是本该得到鼓励的。乡绅们要求设置此种奖金时，虽然是模仿商人们和制造业者们的，但商人们和制造业者们完全理解他们的利害关系，其行动通常受到这种理解的指导，然而乡绅们对此却并没有完全的理解。他们使国家负担一笔极大的开支，给人民大众加上了极重的赋税，而他们自己商品的真实价值却并未明显提高；而且由于略微降低了白银的真实价值，因而他们在某种程度上阻碍了国内一般产业的发展，因为土地改良程度必然取决于国内一般产业，所以他们没有促进土地的改良，反而或多或少地延缓了土地的改良。"（下卷，第86—87页）

这里所谓的"一笔极大的开支",是指乡绅们要求的谷物出口奖金;所谓"极重的赋税",是指国民作为消费者必须缴纳由于国内市场谷物价格提高而带来的赋税;所谓谷物的真实价值并未提高,是指谷物维持的劳动量并未提高,变动的只是谷物的名义价格,这种价格之所以变动,是由于白银的真实价值发生了变动。总之,发放出口奖金的办法有百害而无一利。

关于通商条例

通过签订相关的通商条例以鼓励出口,是重商主义的又一重要举措。亚当·斯密首先指出,在通商各国中,受惠国通常会从中得到如下好处:一是扩大市场;二是更有利的商品价格。反过来,施惠国则处于不利地位,因为这等于将一种不利于自己的垄断给予了对方,又以比其他自由贸易国家更高的价格来购买对方的商品。

亚当·斯密接着指出,如此明白的道理在重商主义者那里却完全被颠倒了。重商主义视货币为真正的财富,视外贸出超为取得更多货币的最佳的和唯一的途径,所以,他们认为1703年英国和葡萄牙的通商条约对英国最为有利,因为英国通过这种贸易可以得到更多的金银盈余。在亚当·斯密看来,重商主义者的这种认识和做法简直是愚不可及。

该条约仅有三条:"第一条,葡萄牙国王陛下以他自己及其继承人的名义,约定在未受法律禁止以前,以后永远准许英国呢绒及其他毛制品照常输入葡萄牙,但以下条所述为条件。第二条,即英国国王陛下以他自己及其继承人的名义,必须以后永远准许葡萄牙产的葡萄酒输入英国,无论何时,亦无论英、法两国是和还是战,并无论输入葡萄酒时所用的桶是105加仑桶、52.5加仑桶或其他,都不得在关税名义下,亦不得在任何其他名义下,对于此种葡萄酒直接或间接地要求比同量法国葡萄酒所纳更多的关税,并须减除三分之一。如果将来任何时候上述关税的减除,竟在任何形式上被侵害,则葡萄牙国王陛下再禁止英国呢绒及其他毛制品的输入,亦就是正当而合法的。第三条,两国全权大使相约负责取得各自国王的批准条约,并约定在两个月内交换批准文件。"(下卷,第117—118页)

亚当·斯密对此作出了如下分析和评论:

第一,该条约明摆着不利于英国而有利于葡萄牙。他说:"该条约规定,葡萄牙国王有义务按照在禁止进口英国毛制品前的条件,准许进口英国毛制品,即征收关税不得比禁止进口之前还高,但他没有义务以比进口其他任何国家如法国或荷兰的毛制品更好的条件准许进口英国毛制品。相反,英国国王却有义务以比进口最有可能与葡萄牙竞争的法国葡萄酒更好的条件,准许进口葡萄牙的葡萄酒,所纳关税仅为法国葡萄酒的三分之二。仅就这一点而言,该条约明显对葡萄牙有利,而不利于英国。"(下卷,第118页)

第二,根据该条约,葡萄牙的确会将更多的金银运送到英国,但这对葡萄牙来说是求之不得的事情,因为葡萄牙每年从巴西得到的大量黄金多有剩余,它是在以这些剩余的黄金来购买它所需要的英国商品。

第三,英国拿这些黄金做什么用呢?除了极少量用于国内器皿和铸币之外,其余必然运往国外购买消费品,可是消费品的直接国际贸易总是比这种迂回国际贸易更有利。

第四,即使与葡萄牙没有贸易往来,英国也完全可以从其他国家获得黄金。要知道,对黄金的有效需求,如同对其他任何商品的有效需求一样,在任何国家都有一定的限量。从这个国家得到的黄金多,那么从其他国家得到的就会少;输入的黄金超过器皿和铸币所需的黄金越多,那么从本国向别国输出的黄金也就越多。所以,"近世政策最无意义的目标——贸易差额,对某些国家来说,越是有利于我国,则对其他许多国家来说,就必然越不利于我国"(下卷,第120页)。

重商主义所钟爱的又一富国妙策,即经由通商条例制造贸易差额以取得更多的黄金,就这样被亚当·斯密彻底否定了。

关于建立殖民地

建立殖民地是重商主义主张的鼓励出口的第四项举措,亚当·斯密对此作了长篇分析和批判,包括建立殖民地的动机,新殖民地繁荣的原因,欧洲人从发现美洲以及经由好望角绕道东印度的通道中获得的利益,等等。这种分析和批判不仅在他对重商主义的批判中占有突出地位,而且对于了解亚当·斯密的政治立场及其经济学说的基本精神都具有重大意义。

第一,亚当·斯密认为,古希腊建立殖民地是为城邦无法容纳的人口寻找居住地,而这种殖民地不属于宗主国管辖;古罗马建立殖民地则是为了掠取土地并在被占领土上建立军队,这些殖民地完全隶属于宗主国。总之,这些殖民地都起源于所谓的"迫不得已的需要和明显的实惠"。然而,14—15

世纪期间欧洲屡次向西印度和南、北美洲的探险及殖民的动机,起初并不十分明显,但自哥伦布发现新大陆以后,西班牙等国冒险家的探索新世界的动机,则大都出自对黄金的狂热渴望,虽然掠取金银的计划有些不免落空、有些实现得较晚。

亚当·斯密说:"一项与东印度通商的计划引发了第一次发现西印度。而一项征服计划又引起了西班牙人在那些新发现的国家里的一切设施。促使他们去征服的动机是寻找金银矿的计划,而一连串意料之外的事件,居然使该计划取得大大出乎人们合理预期的成功。欧洲其他各国最初试图去美洲殖民的冒险家,也是受同样的妄想的驱使,但他们并不怎么成功。"(下卷,第135—136页)很明显,新殖民制度是在重商主义动机的支配和驱使下建立起来的,而且它也成为重商主义实践的重要组成部分。

第二,亚当·斯密分析了自古希腊和古罗马以来,欧洲各国(特别是英国)的殖民地发展和繁荣的各种原因,包括土地和其他自然资源丰富、人口众多、农业技术和知识的引进,以及对殖民地贸易所实行的总体限制和局部开放政策,等等。但是,亚当·斯密指出,宗主国自私自利和贪得无厌的殖民政策妨碍了殖民地的发展,而且欧洲各国的殖民政策对殖民地的建立和发展没有做出什么值得称道的贡献。亚当·斯密的论述是对重商主义极力赞美的一项重大政策和事业的又一激烈抨击和沉重打击,它表现了这位先进思想家尊重历史和实事求是的科学精神。

他说:"关于美洲殖民地最初的建立以及随后的繁荣(仅就内政方面来说),欧洲政策几乎没有值得夸耀的地方。

"支配着最初计划建立这些殖民地的动机,似乎是痴想而且还不义:探求金银矿山,足见其痴想;贪图占有一个从未损害欧洲人而且亲切并殷勤地对待欧洲最初冒险家的善良土人居住的国家,足见其不义。

"后来建立殖民地的冒险家,除了妄想寻觅金银矿山外,似乎还有其他比较合理、比较可称颂的动机,[①] 但就是这些动机,也不是为欧洲政策增色。"(下卷,第159页)

"那么,欧洲政策对美洲各殖民地的最初建立或当前的繁荣有何贡献呢?在一个方面,仅仅在一个方面,欧洲政策贡献巨大,它培养和造就了能完成

[①] 主要指为欧洲各国受到政府和宗教迫害的人提供避难地和自由发展的条件等。

如此伟大事业并为如此伟大帝国打下根基的人才。这些殖民地的积极进取的创建人的教育水平以及远大眼光,应该归功于欧洲的政策。而对于某些最大、最重要的殖民地,就其内政来说,除了这一点之外,其他方面与欧洲政策关系不大。"(下卷,第159—160页)

亚当·斯密指出,殖民地繁荣的真正原因是多方面的,而且不同国家的殖民地繁荣的原因也各有不同。他论述的一般原因包括:殖民者带来了农业等技术和政府观念;土地多,人口少;工资优厚;宗教自由;专营公司垄断被打破;赋税适中;允许自由贸易,等等。

第三,亚当·斯密指出,欧洲人从发现美洲以及经由好望角绕道东印度的通路中获得了巨大的利益。斯密将这种利益分为两大类:一类是欧洲作为一个整体所获得的一般利益,这其中包括享乐品增多了、产业规模扩大了,而且这种规模扩大甚至还会影响到与殖民地没有直接贸易关系的国家;另一类是宗主国从各自殖民地那里得到的特殊利益,有的为宗主国增加了军队,有的则为宗主国提供了收入,而最主要的是宗主国对殖民地所实行的专营贸易即垄断贸易。

亚当·斯密还以英国的垄断殖民地贸易为重点,就重商主义建立殖民地的主要目的——企图从对殖民地的垄断贸易中获利——作了进一步的分析和批判。他指出,这符合重商主义通过外贸致富的基本信条,而且这种殖民政策的范围广泛,影响深远,后果严重。他的基本结论是,殖民地贸易永远是有益的,但垄断殖民地贸易对国家和民众则永远而且必然有害。这主要是因为"对殖民地贸易的垄断,像重商主义所有其他卑劣有害的方案一样,抑制其他一切国家的产业,但主要是殖民地的产业,而为本国利益设立的产业,不但没有一点增加,反而减少了"(下卷,第181页)。

亚当·斯密指出,造成这种后果的具体原因包括:垄断殖民地贸易会使宗主国的生产性劳动减少,工资降低,商业垄断利润的提高有降低土地地租和价格的倾向。"诚然,垄断提高了利润率,因而稍稍增加了我国商人的利得,但由于它妨碍了资本的自然增加,所以不会增加国内人民从资本利润率上所得的收入的总额,反而会减少这个总额……垄断提高了利润率,但增加的利润总额不如没有垄断时那样多。由于垄断,所有收入的来源:劳动力的工资、土地的地租和资本利润,都不如没有垄断时那样充裕。为了促进一个国家一个小阶层(指垄断商人。——作者)的小利益,垄断损害了这个国家所有其他阶层和所有其他国家所有阶层的利益。"（下卷，第82—183页）垄断高额利润还助长了奢靡之风和不知节俭，这会阻碍资本积累，更不消说为了维持殖民地还需花费巨大的费用了。

总之，在斯密看来，英国治理殖民地的这种垄断贸易制度是有百害而无一利的。他的建议是，逐步取消垄断贸易，提倡自由贸易，并在殖民地推行代议制，让殖民地代表参与宗主国对殖民地的相关决策，从而获取殖民地民众的支持和配合。

亚当·斯密在关于重商主义的结论中强调指出："消费是生产的唯一目的，而生产者的利益，只在能促进消费者的利益时，才应当予以注意。这原则是完全自明的，简直用不着证明。但在重商主义下，消费者的利益，几乎都是为着生产者的利益而被牺牲了；这种主义似乎不把消费看作一切工商业的终极目的，而把生产看作工商业的终极目的。"（下卷，第227页）

应该说，亚当·斯密对重商主义的理论和实践的清算是全面和彻底的。他承认对外贸易对国家经济繁荣发展的积极作用，但他依据对重商主义理论、历史和实践的全面而系统的考察，完全破除了货币差额论和贸易差额论的合理性和正当性，指出对外贸易不应当也不会是国家繁荣发展的主要途径，更遑论唯一的途径了。亚当·斯密的批判宣告了曾经主宰一些欧洲国家长达两个世纪之久的重商主义学说和政策的彻底终结，使它不可挽回地退出了现代经济学发展的主流。

重商主义已是历史，它作为当时一些欧洲国家的意识形态和经济政策，早已寿终正寝。然而，类似于重商主义的贸易保护主义，却在现代发达国家的国际贸易和经济政策中不时出现，成为它们维护本国私利和损害他国利益，尤其是遏制发展中国家崛起的一种工具。在这种情况下，重温斯密二百五十多年前对重商主义的批判，无疑是很有教益的。

论法国重农主义

对重商主义批判之后，亚当·斯密对法国重农主义进行了温和的评论。他指出，与重商主义不同，重农主义从未被任何国家所采用，它只是一种理论，这种理论虽有缺点，但也有若干合理的成分。

我们知道，亚当·斯密的基本观点是：土地和劳动的年产品构成了国家各部门、各产业和全体人民的全部收入，而能带来这些年产品的是包括农业、手工业和商业在内的全部产业，劳动分工和资本积累则是经济发展的主导力量。从这个基本理论出发，亚当·斯密认定，重农主义的主要缺陷是："这种学说的主要错误，似乎在于把工匠、制造业工人和商人看作是全无或全不生产的阶级。"（下卷，第241页）而将生产性劳动和商品价值的源泉仅仅局限于农业。

重农主义为什么会坚持这种看似奇怪的观点呢？亚当·斯密认为，那是对重商主义的矫枉过正。法国科尔贝尔推行的重商主义，以牺牲农业为代价，片面发展手工业和外贸，给法国造成了深重的灾难；重农主义则反其道而行之，强调只有农业才是生产的，而把手工业和贸易列入不生产领域，从而在反对一种极端时又走到了另一种极端。其实，重农主义的这种观点也是当时法国社会经济状况的真实反映，当时只在法国北部沿海几个省份出现了资本主义农业经济成分。

此外，亚当·斯密指出，重农主义首领魁奈对于国家抱有一种过于理想化的想法和要求，"认为只有在完全自由和完全公平的正确制度下，国家才能繁荣发达起来。他似乎没有考虑到，在国家内，个人为改善自身境遇自然而然地、不断地所做的努力，就是一种保卫力量，能在许多方面预防并纠正在一定程度上是不公平和压抑的政治经济的不良结果"（下卷，第240页）。换句话说，斯密认为魁奈等人对个人的积极作用估计不足。

亚当·斯密将重农主义的错误具体归纳为以下五个方面：第一，即使按照重农主义的说法，即工匠、制造业工人和商人只再生产他们自身每年消费的价值，也不能说他们是非生产或不生产的，因为这种情况只能说明他们没有生产剩余，而不能说他们完全没有生产价值。这是一个生产力大小的问题，而不是生产力有无的问题。第二，无论如何，不能把他们与家仆一样看待，家仆的劳动不能使雇用和维持他们的资金继续存在，他们的工作由随生随灭的服务所构成，并不固定或实现在任何可售商品上，因此他们是非生产性劳动者；而工匠、制造业工人和商人的劳动却自然地固定并实现在可售商品上，所以他们是生产性劳动者。第三，不能说工匠、制造业工人和商人不增加社会的真实收入或土地和劳动年产物的真实价值，因为他们在消费掉一定量年产物时，又生产了一个等价值的产品，使他们自己或别人能购买同等的收入，这同家仆或士兵在消费的同时不能生产出同等价值的产品或社会收入是不一样的。第四，工匠和制造业工人的劳动，能比农业劳动实行更细密的分工，更易于采用机械工具,因而在提高劳动生产率方面,工匠和制造业者比农业劳动者更优越;另一方面,重农主义者承认,工匠和制造业者自然而然地比地主和耕作者更有节俭与储蓄的倾向,这样,他们也就应该承认,这些人也能像农业劳动者一样,通过节俭来增加资本,从而增加社会所雇用的有用劳动量和收入。第五,工商国家能比农业国家通过外贸得到更多的生产资料,而且少量的制造品能购买大量的原生产物。

亚当·斯密揭示了重农主义基本信条的缺陷以后,又充满善意地肯定了他们的贡献和长处:"尽管这个学说有许多缺陷,但在政治经济学这个题目下发表的许多学说中,要以这一学说最接近于真理……这一学说把投在土地上的劳动看作唯一的生产性劳动,这个见解未免失之偏颇;但这个学说认为,国民财富并非由不可消费的货币财富构成,而由社会劳动每年所再生产的可消费的货物构成,并认为,完全自由是使这种每年再生产能获得最大程度增进的唯一的有效方法。这种说法无论从哪一方面来说,都是公正而又毫无偏见的。这个学说的信奉者众多……他们的著作不仅将许多从前未曾仔细研究的题目提交大众讨论,而且使国家行政机关在一定程度上赞助农业,所以对于他们的国家,他们确有贡献。由于他们的这种说法,使法国农业一向所受的各种压迫,就有好几种得到了解脱。"(下卷,第245页)包括延长土地租期,废除各省间运输谷物的限制,国家习惯法确认谷物在一切普通场合都可以自由输出,等等。

在批判重商主义和评论重农主义之后,亚当·斯密提出了关于未来社会经济制度的理想模式。他说"一切特惠或限制制度,一经完全废除,最明白、最单纯的自然自由制度就会树立起来。每一个人,在他不违反正义的法律时,都应听其完全自由,让他采用自己的方法,追求自己的利益,以其劳动及资本和任何其他人或其他阶级相竞争。这样,君主们就被完全解除了监督私人产业、指导私人产业、使之最适合于社会利益的义务。"(下卷,第252页)这就是自由竞争的资本主义市场经济制度。

第五篇　论君主或国家的收入

《国富论》第五篇的重点是研究君主或国家的收入，不过他先用了差不多同样的篇幅论述了君主和国家的开支，这当然是顺理成章的和非常必要的。通读该篇后，你会深感作为经济自由主义大师的亚当·斯密，决非无政府主义者，相反，他对国家和政府有明确的要求，不过这种要求同以往重商主义时代应当大不相同了。这种新型政府不应当是高高在上的社会的主人和支配者，而应当是为自由竞争市场经济服务的廉洁高效的仆人。这种政府的财政政策应当遵循收支平衡的基本原则，反对铺张浪费，践行勤俭节约，按照尽可能增加财富或价值的原则配置一切可用的资源，包括土地、劳动和资本。亚当·斯密的理论符合经济法则，也反映了新兴资产阶级的心声，具有历史的进步意义，也不乏现实的参考和借鉴价值。

论君主或国家的开支

亚当·斯密论述的费用包括四项：国防费用，司法续费，公共工程和公共机构的开支，以及维护君主尊严的费用等。

国防费用

亚当·斯密开宗明义的一段话，概括了国防费用这一章的主旨，彰显了作者对民族主义的具有独立主权的国家这一现实的首肯，也表现了他对英国早已确立的君主立宪制度的认同。他说："君主的首要职责，是保护国家免受其他独立社会的暴力和侵犯，而该项职责只能通过军事力量才能完成。不过，和平时期的备战和战时使用军事力量的费用，在不同社会状态及不同进化时期，是很不相同的。"（下卷，第254页）

亚当·斯密结合欧洲的古代和近代史，回顾了国防费用从古到今产生和演变的历史。他说，最粗野的狩猎民族，人人都是猎手，同时也是战士。当他们进行作战时，整个民族或部落的财产同时也跟着转移，酋长或君主无须为训练他们而承担任何费用。可是，历史上人数庞大的游牧民族对邻近文明民族的威胁和侵害是很大的。

在初级农业社会中，农夫平时务农，战时打仗，也不需要君主或国王承担费用，但到更高级的农业社会，制造业的进步和战争方式的改变，使得作战人员自费维持自己战时生活费用成为不可能的事。工匠一旦离开作坊服兵役或参战，便失去了收入的唯一来源，他们无法维持自己的生活，必须由国家来供养；战争方式变得越来越复杂，作战持续时间很久，均加重了农民的负担，于是出现了由国家出钱维持的雇佣军。

到了文明社会，只有两种方法才能提高基本的国防力量：一种是民兵，另一种是常备军。亚当·斯密花了不少篇幅说明常备军在纪律性、操控武器进行作战的能力等各方面都比民兵优越，说明只有建立常备军，国家才能保卫自己的文明，而建立和维持常备军的费用随之越来越多了。

亚当·斯密强调指出："现代战争中火药武器的浩大开支，对能担负这种费用的国家提供了巨大的好处，使富裕文明的国家高居于贫穷和野蛮国家之上。在古代，富裕文明国家很难抵御贫穷野蛮国家的侵略。在现代，贫穷和野蛮国家则难于抵抗文明富裕国家的宰割。火器的发明，初看对文明的延续和传播似乎有害，实际上是有利的。"（下卷，第271页）

司法经费

亚当·斯密论述的第二项费用是司法经费。他沿着与研究国防费用相同的思路探讨司法经费的起源和性质。他认为："君主的第二项职责是尽可能地保护每个社会成员免受其他成员的欺负或压迫。换言之，就是要设立一个严正的司法行政机构，而履行这种职责的费用在社会不同时期是很不相同的。"（下卷，第272页）

亚当·斯密认为，私有财产和财产不均等是司法行政的起源，设立民政政府的初衷就在于保护私有财产，而人们追求财产也需要政府的支持和保护。原始野蛮社会没有财产，也就没有必要设立这样的机构；随着私有财产的增加，设立行政政府的必要性就愈发迫切了。亚当·斯密还指出，行政政府的建立和履行职责，要求人民服从，而在民政政府形成之前，由于以下四方面的原因，某些人已经拥有了支配其他人的权力。这些原因是：个人特质的优越（体力、容貌、智慧、灵敏德行、正义、刚毅等），年龄的优越（年轻人比老年人有年龄优势），财产的优势，还有门第的显贵，等等。具备这些优势的人容易获得对众人的支配和控制地位。

不过，司法权力长期以来还是当权者的一项收入来源，这使贪腐和不公等弊端丛生，无论君主和酋长亲自执法还是由其代理人执法，结果都是一样的，而且游牧民族的君主只有土地和司法费用收入，这些弊端无法消除。到后来国防费用不断增加，仅靠君主的土地收入和司法费用无法承担，这时需要民众纳税的制度出现了。在税收制度下，有了一系列适用于所有民众的普遍的规定，例如，不允许接受礼物等不当行为。但执行司法从来都不是免费的，需要给法官、律师、检察官等人支付报酬，司法手续费也不能免。

亚当·斯密指出，社会进步和社会事务增加，促使司法权和行政权分离，这不仅有利于提高效率，而且有利于司法独立和执法公正。亚当·斯密的这些思想观点与当时法国和英国的其他启蒙思想家是完全一致的。

公共工程和公共机构的开支

亚当·斯密在这个题目下谈了三项开支：一是为社会商业提供便利的公共工程和公共机构的开支；二是青年教育开支；三是各个年龄层的人的教育费用。

关于第一项开支，他说："君主或国家的第三项也是最后一项职责，就是建立和维持某些公共机构和公共工程。这类机构和工程对于一个大社会来说有极大的好处。但是，如要个人或少数人举办此类设施，就其性质来说，可能得不偿失，所以不能指望任何个人或少数人经办此事。在社会不同发展阶段，履行这种职责所要求的开支也是很不相同的。"（下卷，第284页）

亚当·斯密将这项费用又分为两部分：一部分是便利一般商业的；另一部分是便利特殊商业的。前者指的是良好的道路、桥梁、运河、港湾等公共工程和机构。这类支出会随生产和运输量的增加而不断增加。这种费用不必由一般公共收入来支出，可以通过征收通行费或其他特别税来筹集，征收的标准应以车船重量和船舶吨位为根据才是公平的。对于奢侈品运输征重税，也是富人为救济贫民所做出的贡献。按照商业模式建造公共设施，很容易做到按需要建设。亚当·斯密说，事实证明，运河由事关个人利害关系的个人来管理比较有利，他们比较操心和负责，但是公路的通行税则不宜由个人来管理和收取。因为运河管理不善可能导致河道完全不能通行，而公路还不至于造成这样严重的后果，所以公路应由公共工程委员会或受托人管理。有人建议由国家来管理收税公路，亚当·斯密认为，这固然可以为政府增加不少收入，但这种计划存在重大缺点：以增加政府收入为目的，就很可能任意修改和提高通行税标准，损害商业利益，最终把不合理的税收负担转嫁到消费者身上，而且极其容易忽视道路维修。

关于便利特殊商业的公共工程和机构的费用，亚当·斯密指的是：经济繁荣的国家与野蛮未开化的国家通商，为求安全，常需要特别的保护和修建堡垒，而同其他国家通商，则需要互派大使。此类特别费用当然应由受保护的部门负担，而相关管理事务也常常交由商人集团或公司来执行。这些公司有与同业公会类似的受管制公司（俄罗斯公司、东方公司、土耳其公司、非洲公司等），也有股份公司（哈德逊公司、南海公司、东印度公司等）。亚当·斯密用大量篇幅详细评析了此类公司的利弊得失，说明它们已经成为累赘或无用了，而其经营管理，不是失当，就是范围过于狭窄。

亚当·斯密关于青年教育经费问题的论述篇幅很大，论题也相当分散，但总的来说他对当时英国的教育是很不满意的，这恐怕同他当年在牛津大学所看到的种种弊端有关。他首先关注教育经费的来源问题，认为如同道路和运输费用一样，教育经费也应由其本身的收入来支付，包括学生付给老师的学费和礼金；他不太赞赏社会捐赠的做法，认为社会的捐赠会使老师努力的必要性减低，甚至完全消失。他赞成学校应由老师组成的法人团体管理，用现在的话来说就是教授治校，同事之间比较宽容，如果由主教或政府官员等外部人员来控制学校，则可能出现无知和某种程度的强制。他赞成学生自由选择学校和老师，认为强迫学生到指定学校学习并给予一定的优惠或特权，而且不允许学生转学，等等，无异于行会的学徒制度，不利于老师努力工作，也不利于学生健康成长。

亚当·斯密还对学校种种偏向于老师而不利于学生的规定表示不满。关于课程设置，他指出，欧洲各大学原是为教育僧侣而设立的宗教团体，目的是为了教授神学，因此拉丁语必不可少，后来又引进了希腊语和希伯来语。大学还教授古代希腊哲学，其中包括物理学和自然科学、伦理学和道德哲学，还有逻辑学,他认为这样的区分是合理的。但是后来被改成五部分:逻辑学,本体学(无聊的学科),形而上学或精神学,变了质的道德哲学,简单粗浅的物理学。亚当·斯密认为这种大学不可能教育出世俗的学生,这种倾向至今犹存。尽管如此,大学还是几乎把一切人民的教育,特别是有钱人和绅士的教育吸引过来了。最后,还值得指出一点,亚当·斯密很强调国家应该对普通人民子女的教育给予更多的关注和投入,因为有钱人或有身份的人的子女一般都有条件获得充分和良好的教育,而且成人后一般都能从事脑力劳动一类的工作。所有这些均表现了亚当·斯密对普通民众的人文情怀。

关于各个年龄阶层的人的教育经费问题,亚当·斯密主要是指宗教教育经费。如同上述一般教育一样,他比较倾向于人们的自由捐献,而不是来自国家的税收和薪金等,他认为前者更有利于鼓励宗教教师努力工作。罗马教会下级牧师比较勤勉和热心,就缘于他们的利己动机,其薪金主要靠自愿捐献。亚当·斯密回顾了罗马教会牧师们的特权及其来源,说明这种特权的危害,以及教会权力演变和衰落的过程。他指出,罗马教会在中世纪是反对自由、理性和幸福的,后来大领主权力的瓦解则缘于技术、制造业和商业的发达。各国君主借机力图恢复对教会的权力和影响力,特别是任命主教的权力。亚当·斯密最后特别强调教会牧师的薪金不宜过高,否则不利于他们的职业,也有损于他们应该具备的神圣品格。

维护君主尊严的费用

短短三百多字,言简意赅。亚当·斯密强调说,君主除了要负担各项相关费用外,为了维护自己的尊严,还必须有一定的开支,而且这笔开支的大小,随着社会发达程度的不同而不同,随着政治体制的不同而不同。这充分体现了作者对英国政体的肯定和支持。

本章结论:国防和维护君主尊严的费用应从一般收入中支付;司法经费可以从法庭手续费中支付;为地方利益所作的支出应从地方收入中支付;道路支出从一般税收中支付有失公平,从通行税中支付比较合理。教育和宗教教育费用,可以从一般收入中支付,但从学费和自愿捐赠中支付更好。事实证明,有利于全社会的各种设施或土木工程,不能全由受益者维持,不能不依靠全社会的一般收入加以弥补,因此,社会一般收入还必须补充许多具体部门的不足。

一般收入或公共收入的源泉

国家用于履行职责的各项费用从何而来？亚当·斯密说可以从两个渠道获得：一个是专属君主或国家的财产，与人民的收入没有关系；另一个是来自人民的收入，即税收。

可能专属于君主或国家的基金或收入的源泉

专属君主或国家的财产由资本和土地构成。君主或国家使用其资本的方式可以有两种：或是亲自直接经营事业以获取利润，或是将资本贷出以取息。以君主资本直接经营获取利润的做法只在最初期和原始状态才会占君主或国家公共收入的主要部分。阿拉伯酋长的利润即来自牛奶及饲养牲畜；汉堡共和国从葡萄酒窖和药店中获取的收入就属于此类。君主或国家经商一般是不成功的，但邮政局可能是一个例外。这里所说的可能就是最早的国营经济了。

将君主或国家的资本贷出取息是另一种使用资本的方式。贷出的对象可以是别的国家，也可以是个人。亚当·斯密举了一些例子，比如伯尔尼联邦政府投资国外购买公债；汉堡市设立当铺；宾夕法尼亚政府向国民贷出纸币并要求国民取得的贷款须以土地作担保，还要支付利息。这里说的其实就是最早的国外投资和国内信贷。亚当·斯密指出，由于这些收入来源不属于稳定的、确实的和恒久的收入，所以，一切已经越过游牧民族的大国政府的主要公共收入都不是来自上述资源了。

相比之下，从土地上获得的收入更为可靠。君主或国家使用其土地的方式，或是经营土地并出售土地产品以获利，或者是租出土地收取地租。后者成为近现代国家公共收入的一项主要来源。一些王国（例如古希腊和意大利）战争期间靠地租即可完全承担一切必要的开支。在封建时代，当国家开支比较小时，君主或国家的土地地租通常也可以负担政府的一切开支。现代文明国家情况有了很大的变化，土地管理和经营是大大改进了，但其土地地租以及土地税（很大部分来自房租和资本利息）不足以弥补国家的一般开支。在欧洲现代文明国家中，将君主或国家的土地（包括森林等）出售，因获利颇丰，已经成为相当普遍的做法。这里说的可能就是最早的国有土地的经营和买卖了。

"因此，公共资财和公共土地，专属君主或国家的这两项收入来源，既不适合也不足以支付任何文明大国的必要开支，这些开支的大部分必须依靠这样那样的税收；人民必须从他们自己的私人收入中拿出一部分上交给君主或国家，以弥补公共收入。"（下卷，第383页）

赋税四原则和各种赋税

亚当·斯密首先提出了税收四原则，然后分别论述了来自不同收入（地租、利润、工资以及这三种共同收入）的税收。不用说，收入四原则具有重要意义。

这四个原则是：平等、确定、方便和经济。所谓平等，是指国民应该按照各自的能力或收入纳税，以确保政府的正常运转。因此，如果任何赋税仅由地租、利润和工资中的某一项承担，那肯定是不平等的。所谓确定，是指国民完税的数额、日期和缴纳方式都必须是确定的，不得随意更改，否则就会造成比不平等还严重的危害。所谓方便，是指收入的日期和方式必须给予纳税人最大的便利。所谓经济，是指征税的成本要低。利润税官人数不应过多；税收不妨碍或不应削弱人们经营的积极性；不产生逃税的诱惑；避免对纳税人造成烦恼和困惑。

第一项 地租税和房租税

地租税可以有两种征收办法：一种是固定税额（例如英国），即按照某种标准，给不同地区评定出一定的地租水平，评定之后不可变更；另一种是按照地租的变动而变动。第一种办法初期可能是平等的，但随着各地耕作情况的改变和发展，过一段时间后它就会变得不平等，但它符合上述标准中的其他三条要求（确定、方便、经济）；英国大革命后，土地地租不断增加，而地租税额仍按旧时地租计算实付税额，所以地主从应付与实付的差额中获利良多；银价稳定也有利于地主；法国重农主义主张地租唯一税制，即只对地主征税，而且地租税应当随地租的变动而变动，他们认为只有这样才是最公平的赋税。亚当·斯密认为其实这种办法有利有弊，这种办法的缺点之一就是税额不确定，这会使地主深感烦恼，而且征收费用可能增加。

如果地租不与地租成比例而与土地农产品成比例，那么这种赋税最初虽由农民垫付，但最终仍由地主负担（例如什一税）。从表面上看这似乎十分公平，但实际上非常不公平，因为它完全不顾及农业生产丰歉的实际情况，一律要求按农产品的十分之一交税，其结果要么对农业家不利，要么对地主不利，所以这种地租阻碍土地的改良和耕种。

房租税包括建筑物租金和地皮租金，前者是建筑房屋时所投资本的利息或利润。投资者获取这些建筑物租金是使建筑业与其他行业保持同一水平（获得平均利润）的必要条件，其中包括资本利息和建筑物维修费用，因此它与资本利息直接相关。地皮税是全部房租中超过合理利润的剩余部分。地皮租金大多同房屋的位置与环境等相关，此种租金在偏远地区很低甚至完全没有，而在大都市尤其中心区可能最高。对房屋租金所征的税要由住户和地皮所有者共同分担。房租容易确定，空房应当免税。地皮租金比建筑物租金更易成为征税的对象，也是比土地地租更合适的征税对象。

第二项　利润税

利润税是加在资本收入即利润上的赋税。这种利润分为两部分：一部分是支付给资本所有者的利息；另一部分是支付利息后的剩余，也就是后来所谓的企业家经营利润。亚当·斯密的论述鲜明地反映了新兴资产阶级的心声。

亚当·斯密认为，利润中支付利息后的这个剩余部分显然不应是被直接征税的对象。那是一种补偿，在大多数情况下不过是对使用资本的风险和困难的轻微补偿。从业者必须得到这种补偿，否则依其自身利益，他是不会继续做下去的。如果要按照全部利润的一定比例直接征税，那他就不得不提高他的利润率，或者把这种负担转嫁到货币利息上，即少付利息。如果按照赋税的比例抬高利润率，那么尽管这些赋税先由他垫付，但是结果还是会按照他的投资方法由别人来承担。如果他投资土地，那他就只能通过保留较大比例的农产品（即扣除地租）来提高利润率（或者提高农产品价格），所以最终支付此赋税的就是地主了。如果他投资于商业或制造业，那他就只能通过提高货物价格来提高利润率，这样一来，最终支付此赋税的就是消费者了。如果他没有提高利润率，那他就不得不把赋税转嫁到货币利息上，对其所借资本少支付利息（下卷，第406—407页）。

亚当·斯密还认为，利润中的另一部分（货币利息），初看上去似乎像地租一样适合征税，因为它也是扣除正当收入后的剩余收入。然而，个人的资本量作为一种秘密不易确定，而且一旦情况不利，资本极易转移到国外去，所以货币利息最终并不适合作为直接课税的对象，实际上各国对资本利息课税的做法也是很宽松和很灵活的（下卷，第407—408页）。

第三项　劳动工资税

亚当·斯密指出，当劳动的需求价格和食物价格没有变动时，对劳动工资直接征税的唯一结果就是将工资数额提高到稍稍超过这个税额水平上。因为在劳动供给不变的情况下，决定劳动工资的就是对劳动的需求价格，以及劳动者所需要的食物的价格。

对劳动工资征税初看上去可能由劳动者付出，但实际上连他垫付都说不上，在制造业中最终要由雇主支付，在农业中则由地主支付。如果对劳动工资征税却没有使劳动者工资相应提高，那就是因为劳动需求大规模减少。农业的衰退，穷人就业的减少，农产品下降，大概就是这种税的结果。

亚当·斯密指出，虽然这种税不合理而且十分有害，但在许多国家仍然存在。例如，法国对农民的重税，波西米亚对手工业者的重税。

最后，亚当·斯密指出，自由职业者的报酬通常会同一般劳动者的工资保持一定差距，所以对劳动工资征税，不仅会促使一般劳动者的报酬有所提高，而且会提高自由职业者的报酬。但是，对政府官员的报酬征税不会提高他们的报酬，因为他们的报酬不受自由竞争的影响。可是官员的报酬一般较高，所以对他们的报酬是可以征税的。

第四项　人头税和消费品税

这两种税的特点是不加区分地从纳税人的各种收入中征收，不管收入来自工资、利润还是地租。关于人头税，亚当·斯密认为，如果与收入成比例地征收，那税额肯定是随意的，因为人们的收入不断发生变动，不可能及时精准地确定，只能靠税务人员的推测。在这种情况下，出现许多乱象就不可避免，对民众来说这无异于一种苦难。如果按身份征收，那就是不平等的，因为身份相同的人的富裕程度是很不相同的，如果是轻税也就罢了，而如果负担很重，那就不可忍受了。

不能按照收入征税催生了消费品税，也就是对人们的支出收税，包括对必需品和奢侈品的消费。所谓必需品，不仅是指生活中不可缺少的物品，而且还包括在一定的社会风俗习惯下所形成的消费品。对于必需品征税，其效果与向劳动工资征税一样，会提高商品价格，促使工资提高。在工资没有提高的情况下，商品价格的提高意味着降低了穷人养家糊口的能力。亚当·斯密对英、法等国实施消费品税的利弊得失进行了一番比较。

论公债

这是《国富论》的最后一章，旨在考察公债的起源和发展，说明发行公债的利弊得失。

亚当·斯密认为，公债是国家为应急（特别是战争）之需而采取的一种集资办法，通过税收筹集战争军费则需要很长的时间才能到位。另一方面，商人和制造商出于自身利益考虑愿意也有能力提供贷款。既然预期非常时期能够得到贷款，那么一些国家的政府在平时也就放弃了节约。他指出，欧洲各国已经债台高筑，久而久之，国家可能因此而灭亡。

亚当·斯密指出，欧洲各国债务积累的过程大体相仿，一开始都是靠信用贷款，无须委托或抵押任何资金来保证资金偿还。英国所谓的短期公债就是按信用办法借入的，其中一部分无息，另一部分付息。法国没有银行，国家债务有时以60%或70%的折扣出售。当这种做法行不通时，政府为了筹款就势必要委托或抵押国家特定的收入来担保债务的偿还。抵押期限有长有短，短则一年或数年，长则可能永久。当国家税收不足以支付到期贷款利息或本金时，政府就会采取延长税收征收年限的办法。

亚当·斯密回顾了英国政府延长税收期限的历史：从1697年的所谓第一次总抵押或基金，1701年第二次总抵押或基金，直到1711年各种税收都要被永久征收，用来支付向英格兰银行和东印度公司贷款九百一十七万七千九百六十八镑的利息。1715年，几种税收（担保英格兰银行年息的各种税等）合并称为总基金，1717年，其他几种永久征收的税收合并称为一般基金，由此，大部分预支的税收成了支付利息的基金。亚当·斯密力主平衡财政，认为政府贷款应该量力而行，贷款不应超过还款能力，而且旧债未清就不应借新债。可是，他指出，现在欧洲大多数政府都反其道而行之，只知为燃眉之急或一时之需，至于这种势必给后人留下的巨额负担，他们就无暇顾及了。

亚当·斯密结合英国安妮女王时代以来市场利率下降对偿还旧债和举借新债的影响，包括举债形式的变化，数额的累加，等等，批判了认为公债可以作为一项资本积累的错误观点。他指出，这种观点没有注意到如下这样一个事实，就是当某项贷款成立时，即最初公债的债权人带给政府的资本在贷与的那一瞬间，其部分比例的年金已经由资本功能转化为收入的功能了。也就是说，原来用于生产性劳动的资本，可以被用于非生产性劳动了，但不能指望从中得到增值，这是对资本的破坏。在他看来，政府以未作抵押的税收来筹措收入总比举债要好，尽管它会阻碍资本的进一步积累，但不一定会破坏资本。此外，借债总会增加民众的税收负担。

亚当·斯密强调说，土地和资本是全部收入的基本来源。土地税繁多，致使地主收入大大减少，势必减低其改良土地和经营的能力，于农业生产非常不利。如果对资本征税过多，则只会促使其转移到国外。他说，举债的方法只能使国家逐渐衰落。意大利似乎是首先采用举债方法的，其热那亚和威尼斯都因举债而走向衰落；西班牙举债可能最早，它的国力比意大利变得更弱；荷兰的情形与意大利不相上下。亚当·斯密问道："由举债而衰弱、荒废的国家比比皆是，难道唯有英国举债可以独善其身、全然无害吗？"（下卷，第492页）有人以为，别国的税收制度不如英国那样完善，亚当·斯密说，他相信这是事实，但是即便是最贤明的政府，一旦所有合适的税收都被搜刮完之后，都不得不依靠不恰当的税收。他要英国政府不要盲目乐观，巨额债务积累的后果总是破产，不管破产的形式是公开的、实际的，还是虚假的还款。提高货币名义价值，是公债假借偿还之名行破产之实的最常用的伎俩。亚当·斯密对此下策痛加批评，指出它对公对私都没有一点好处。另一种减少铸币含金量的办法同样是不正当的。

亚当·斯密指出，要想减轻或解除英国的债务负担，除非大量增加收入或大量减少支出，别无他法。将英国税收制度推广到爱尔兰和其他殖民地国家，也许会使劳动者的收入大大提高；在英国和其他国家之间，使用适当的交易货币（金银币或纸币甚至实物），有利于便利贸易，但这还远远不够。解除巨额债务负担的出路，在于增加生产、减少支出。这就是亚当·斯密的结论。

《道德情操论》与《国富论》的关系
——驳所谓的"亚当·斯密问题"——

"亚当·斯密问题"？

阅读了《道德情操论》和《国富论》，我们对其博大精深的思想体系及深邃的理论内涵及现实意义有所领悟，同时对这两部著作所体现的共同的人性论基础和社会诉求，也会留下深刻印象。这就是说，在斯密看来，在新时代条件下，所要确立的道德伦理规范以及自由竞争市场经济制度的人性论基础，都是合理利己主义和高尚利他主义的结合，而和谐与共享则是其共同的社会诉求。正是这种共同的哲学基础和社会诉求，决定了斯密所创立的道德情操论和市场经济论的和谐与统一。任何不带偏见的人，在认真阅读和思考之后，都不难得出这样的判断和结论。然而，这个本来十分明白的事实，在一定时空条件下，却遭到了一些人的质疑，甚至演变成一个持续许久且具有一定国际性的所谓的"亚当·斯密问题"。这是怎么一回事？我们究竟应该怎样认识这个"问题"？

（一）由来和演变

亚当·斯密两部著作问世后的几十年间，没有人提出过这两部书之间存在矛盾之类的疑问。最早提出质疑者，是德国旧历史学派的首领们，这一疑问后来又被一些德国学者加以引申和扩大，俨然成了一个确定无疑的问题。

1848 年，即《道德情操论》问世 89 年、《国富论》问世 72 年之后，布鲁诺·希尔德布兰德（Bruno Hildebrand）在《国民经济学的现状和未来》（法兰克福版）中首先向斯密发难，说斯密在《国富论》中论述的是"唯物主义"即人性自私论。接着，1853 年，卡尔·G. A. 克尼斯（Carl G. A. Knies）在《历史方法论的政治经济学》（不伦瑞克版）中第一次提出，斯密 1766 年去了法国，受到法国重农主义首领魁奈的自然秩序观的影响，才在写作《国富论》时改变了观点，从《道德情操论》注重精神追求的利他主义转变为注重个人物质利益的利己主义。1878 年，威托尔德·冯·斯卡尔茨基（Witold Von Skarzynski）在《亚当·斯密作为道德哲学家与国民经济学的创始人》（柏林版）中充分发挥了此类观点，郑重其事地提出了斯密的"理论转变"（Umschwungstheorie）问题。从此，"亚当·斯密问题"这一说法俨然成真，逐渐成了德国国内外一些学者热衷的话题。①

德国历史学派发出质疑亚当·斯密著作的声音，这并不令人感到意外。17 世纪前期 30 年战争（1618—1648 年）后，神圣罗马帝国彻底分裂为众多的相互敌对的独立诸侯国。进入 19 世纪时，德国还是一个由 360 个小邦国组成的国家，拿破仑战争后（1817 年），合并为 38 个小邦国，这时距离统一还很遥远。政治分裂导致其经济落后：没有统一的国内市场；农奴制在 19 世纪初期的德国农村还占着统治地位；在法国大革命和拿破仑战争的压力下，德国（特别是其中的普鲁士）虽然施行了一些农村改革，但并未触动封建土地所有制，只限于宣布取消农民对地主的人身依附关系，容许农民以缴纳巨额赎金的方式摆脱封建义务。1833 年，德意志各邦国关税同盟的成立，促进了德国资本主义的发展。1848 年的革命尽管并不彻底，却也推动了农业的改良。从 19 世纪 50 年代起，德国经济出现了一定程度的高涨。1871 年普法战争后，普鲁士最终实现了德国统一，德国从此走上迅速发展之路。

在这种历史条件下出现的德国历史学派，必然带有强烈的民族主义倾向，他们否认英、法古典经济学具有普遍意义，主张用"国民经济学"代替政治经济学；他们照搬英、法某些经济学说和政策，加上反映德国历史和现实的一些"调料"，搞成一种混合的"杂拌"，即所谓的德国"官方学"，以应国内发展资本主义之需；他们对外大力排斥英、法古典经济学所倡导的自由竞争和自由贸易，竭力鼓吹贸易保护主义；他们否认理论概括的科学意义，力图用历史统计归纳方法代替抽象演绎研究方法；他们不仅为发展资本主义争辩，而且美化封建制度及其残余，论证资产阶级和贵族地主阶级的一致性；他们还宣扬精神因素在经济生活中的决定性作用，尤其强调国家的功能，认为国家是民族精神的最高体现。应该说，"发现"（或者毋宁说"挖掘"和"制造"）经济自由主义大师亚当·斯密著作中的"矛盾"，对于德国历史学

---

① *The Glasgow Edition of the Works and Correspondence of Adam Smith*, *The Theory of Moral Sentiments*, 1984, p. 20。

派来说，不仅有难以抑制的冲动，而且还有足够的思想氛围和社会条件。

让我们回到斯卡尔茨基。需要指出的是，此人的观点又受到一位英国学者 H. T. 伯克尔（H. T. Buckle）错误观点的影响。伯克尔在《英国文明史》（伦敦，1861 年）第二卷中提出了一种理论，认为斯密的两部书之间存在一种特殊的关系。斯卡尔茨基知道这种说法是很成问题的，可是他在回应这一说法（同时他也反对伯克尔对斯密的高度赞扬）时，还是接受了伯克尔的错误观点，并加上了他自己的一些东西。

伯克尔在上述著作第六章论述 18 世纪苏格兰思想时谈及亚当·斯密。伯克尔关于方法论有一种奇怪的想法，他认为那一时期苏格兰哲学家们秉持的是抽象演绎法，而不是经验归纳法。按照伯克尔的说法，亚当·斯密就是这样，不过有一点例外，那就是亚当·斯密遵循的是"一种特殊的抽象演绎法"，即在从若干前提出发进行论证时，有意略去一部分相关资料。基于这种"几何学方法"（伯克尔语），在一种场合，选取一部分前提并从中进行推理，而在另一种不同的场合则以剩下的资料作为另一种推理的前提。伯克尔继续说，其结果，每一种论证本身都是不完整的，它们应被视为相互补充的东西。他认为，我们必须这样来看待《道德情操论》和《国富论》。

伯克尔说："要理解亚当·斯密这位最伟大的苏格兰思想家的哲学，必须将其两部著作合为一体，看作一部著作，因为它们实际上是同一个主题的不同分支。在《道德情操论》中，他研究人性中的同情心一面；而在《国富论》中，他研究其自私的一面。我们所有的人除了具有自利心之外，也都有同情心……对我们行为的动机来说，这是根本的和彻底的分类，因此，很显然，如果亚当·斯密完全实现了他的宏伟设想，那他一定会立即将对人性的研究提升为一门科学……"伯克尔还说："在《道德情操论》中，斯密将我们的行为归结为同情心，而在《国富论》中则归结为自利心。对这两部书稍作浏览就能证实存在着这种基本的区别，我们就会理解它们是相互补充的，因此，要理解其中的任何一部，就必须同时研究两者。"[1] 说斯密两部书互为补充，指出理解这一点会有助于研究斯密的两部书，这些说法都不错，可是将《道德情操论》归结为同情心，而将《国富论》归结为利己心，这就成问

---

[1] *The Glasgow Edition of the Works and Correspondence of Adam Smith*, *The Theory of Moral Sentiments*, 1984, p. 21.

题了。

斯卡尔茨基拒绝接受运用一种逻辑技巧（即指用一种特殊的抽象演绎法）就能使不一致的东西变成一致的想法，这是对的；但他接受伯克尔关于斯密两部书对人的行为提出了相反论证的说法，这就不对了。基于这种不正确的看法，斯卡尔茨基进而得出结论说，斯密不是一个富于独创精神的思想家：他的道德哲学来自哈奇森和休谟，他的经济学则来自法国的学者。斯卡尔茨基又说，斯密在撰写《国富论》时改变了观点，并将这种转变归因于他在1764—1766年期间的法国之行。

苏联一些学者认同"亚当·斯密问题"的存在。卢森贝在《政治经济学史》（该书在20世纪50和60年代对我国很有影响）中说："亚当·斯密在《道德情操论》中研究的是道德世界，在《国富论》中研究的是经济世界。他没有能够把这两个世界联系起来。他研究道德世界的出发点是同情心……他研究经济世界的出发点是利己主义……斯密不能把经济看作是基础，而把观念形态看作是上层建筑。他的二元论是自然的，因为这是受资产阶级的自然的本性所决定的。"[①] 这就不仅坐实了所谓的"亚当·斯密问题"，称之为二元论，而且给出了基于阶级分析方法的解释。受苏联经济学界的影响，此观点在我国经济学界得到了广泛传播。

（二）起点虽各异，基础无不同

应该怎样看待所谓的"亚当·斯密问题"呢？我的回答可以归结为两句话：并非完全空穴来风；但的确是一个虚假判断。

说它不完全是空穴来风，是因为斯密这两部书论述的起点确实不同：《道德情操论》论述的起点是同情心，而《国富论》论述的起点则是自利心或者自爱（self‑love）。

前述已指出，《道德情操论》开宗明义："无论人们会认为某人怎样自私，这个人的天赋中总是明显地存在着这样一些本性，这些本性使他关心别人的命运，把别人的幸福看成是自己的事情，虽然他除了看到别人的幸福而感到高兴以外，一无所得。这种本性就是怜悯或同情，就是当我们看到或逼真地

[①] 卢森贝著、李霞公译：《政治经济学史》，第一卷，生活·读书·新知三联书店，1959年，第243—245页。

想象到他人的不幸遭遇时所产生的感情……这种感情同人性中所有其他的原始感情一样，决不只是品行高尚的人才具备……"（《道德情操论》，第5页）

《国富论》论述的起点则是利己心。斯密说，分工是提高生产率的基本途径，而分工来源于人类本性中互相交换的倾向，即互通有无、物物交易、互相交换。他说这种倾向为人类所共有，也为人类所特有。为什么会有这种倾向呢？因为个人不能完全自立，随时随地需要同胞的协助。然而，仅仅依赖他人的恩惠是不行的，那么怎样才能得到自己所需要的东西呢？"他如果能够刺激他们的利己心，使他们做的事情有利于他，并告诉他们，给他做事，是对他们有利的，那他要达到目的就容易得多了。不论是谁，如果他要与旁人做买卖，首先就要这样提议：请给我以我想要的东西吧，同时你也可以获得你所要的东西。这句话是交易的通义……我们每天所需要的食料和饮料，不是出自屠户、酿酒家或烙面师的恩惠，而是出于他们自利的打算。"（《国富论》（上册），第13—14页）"把资本用来支持产业的人，既以谋取利润为唯一目的，他自然总会努力使他用其资本所支持的产业的生产物能具有最大价值，换言之，能交换最大数量的货币或其他货物。"［《国富论》下册，第27页］

然而，这些只是斯密论述的起点，而不是论述的全部。如果不是浅尝辄止，而是从起点往后一直读下去，知晓了斯密两部书的全部内容，从而全面并准确地理解和把握了斯密学说的本质，那么你就不能不说，所谓的"亚当·斯密问题"只不过是一个虚假的判断、一个伪问题。这是因为，在道德和经济两个不同的领域，斯密论述的起点尽管有所不同，但是贯穿于两书的人性论基础却是一致的，既不是极端利己主义，也不是单纯利他主义，而是合理利己和高尚利他的结合。

《道德情操论》从同情心切入之后，在往后的论述中，但凡涉及人的本性的地方，斯密都毫不含糊地指出了人的本性中利己的一面，指出人的本性是利己和利他的结合。例如，前已提及，斯密说过："毫无疑问，每个人生来首先和主要关心自己，而且，因为他比任何人都更适合关心自己，所以他如果这样做的话是恰当和正确的。"（《道德情操论》，第101—102页）又如，他说："对于人性中的那些自私而又原始的激情来说，我们自己的毫厘之得会显得比另一个和我们没有特殊关系的人的最高利益重要得多……"（《道德情操论》，第164页）。再如，斯密说："个人的身体状况、财富、地位和名誉，被认为是他此生舒适和幸福所依赖的主要对象,对它们的关心,被看成是通常称为谨慎的那种美德的合宜职责。"(《道德情操论》,第 273 页)。最后,让我们再引用一句:"具有最完美德行的因而我们自然极为热爱和最为尊重的人,是这样的人,他既能最充分地控制自己自私的原始感情,又能最敏锐地感受他人富于同情心的原始感情。"(《道德情操论》第 184 页)

不错,斯密在《道德情操论》中猛烈地批判了孟德维尔的极端利己主义,斥之为"放荡不羁的体系"。这是因为,在斯密看来,这个体系所鼓吹的思想观点同合理的利己主义有着原则性的区别,不可同日而语。另一方面,更重要的是,他从来不赞成单纯利他主义,在他看来,"仁慈美德论"虽然高尚,但是并不现实。斯密自己所主张的"合宜美德论",其实质是利己和利他的结合,是指当事人的感情或感受应该同实际存在的或心目中想象的旁观者的感情或感受一致,或者说,斯密"合宜美德论"的本质,就是主体和客体的和谐、主观和客观的统一。可见,通常以为《道德情操论》所倡导的道德观或塑造的所谓"道德人"是单纯的利他主义,这肯定是对斯密观点的一种误解。

同样,《国富论》从利己心切入之后,在往后的经济分析和论述中,一直渗透着他对人的本性的理解,乃是利己和利他的结合。他指出,人的利己之心固然是其经济行为的动机之所在,可是,构成人的本性的不光是这种利己动机,而是一定还有其利他的行为。在斯密看来,这种利他行为也是人的本性的一部分,因为只有人才具有"交换的倾向",即懂得通过交换满足自己的需要。这是人区别于动物的本性之所在,否则就不属于人的范畴(动物就不具有这样的"交换倾向",而只知抢夺),或者至少不是一个健全的人(例如盗窃者),或者只是一个不切实际的空想家(否认等价交换的必要性,只承认赠予是美德)。可见,通常人们以为《国富论》所倡导或塑造的所谓的"经济人"是纯粹的利己主义者,这肯定是对斯密观点的误解。

斯密进而指出,自由竞争市场经济的本质及优越性,从根本上来说,就是它能有效地实现公私利益的协调与结合。这种协调与结合是通过市场经济的各种规律实现的,包括自由竞争、分工协作、等价交换、合理分配和勤俭节约等,对这些规律的论证贯穿于《国富论》的始终。通常人们以为斯密的市场经济观就是单纯的私有经济观(更不消说以为市场经济的本质就是损人利己),也是对斯密观点的误解。

重复地说,斯密所谓的利己之心或自爱之心并非损人利己,而是指与生俱来的个人利益和要求，包括生存权和发展权、合法财产所有权、合法经营权和收益分配权等，这一点在斯密的两部书中都有明确的表达和阐述。那是对封建特权或其他垄断特权的否定，是资本主义发展初期新兴资产阶级的心声和要求。另一方面，斯密所谓的利他之心也并非单纯的无条件的利他主义，它在《道德情操论》中是指有利于自己又有利于别人和社会的一系列行为规范及道德准则，而在《国富论》中则是指在分工和商品经济条件下，商品生产者通过商品交换为别人和社会提供所需要的商品或服务。

还需要重复地说，斯密一直认为，利己和利他都是人的"原始的感情"，两者缺一不可。所谓"原始的感情"，说的就是人与生俱来的本性。关于这两方面的"原始感情"的相互关系，斯密也有精辟的论述。他说："像斯多葛学派的学者常说的那样，每个人首先和主要关心他自己。无论在哪一方面，每个人当然比他人更适宜和更能关心自己。每个人对自己的快乐和痛苦的感受比对他人的快乐和痛苦的感受更为灵敏，前者是原始的感觉，后者则是对那些感觉的反射或同情的想象；前者可以说是实体，后者可以说是影子。"（《道德情操论》，第283页）

以上分析说明，尽管斯密两部书论述的切入点有所不同，但它们的人性论基础和社会诉求是完全一致的，两部书何来矛盾？

除此以外，所谓的"亚当·斯密问题"纯属子虚乌有，我们还可以从以下事实得到印证。

第一，两书都源自斯密的"道德哲学"讲稿，是其庞大的道德哲学整体写作计划的不同部分，而且主题相互配合和相辅相成：《道德情操论》论证了市场经济条件下应该遵行的基本道德规范和行为标准，论证了提升人类美德的必要性和可能性；《国富论》则论证了自由竞争市场经济制度的历史必然性和优越性，指出了发展社会生产力的基本途径和条件，以及相关的体现经济自由主义的基本政策。从这点可以看出，亚当·斯密既是一位伟大的伦理学家，同时也是一位伟大的政治经济学家。

第二，两书的写作、修订和出版是交替进行的。《道德情操论》1759年初版，1761年第二版，1767年第三版，1774年第四版；《国富论》1776年初版，1778年第二版；《道德情操论》1781年第五版；《国富论》1784年第三版，1786年第四版，1789年第五版（最终版）；《道德情操论》1790年第六版（最终版）。

第三，斯密认为，一般道德规范的标准和形成机制和市场经济道德规范的标准和形成机制是类似的。道德标准在于合宜性，在于旁观者与当事人感情的吻合程度与一致性，在于个人的良心与自己心中那个"公正法官"或旁观者的判断的一致性，人们通过感情的比较来体现这种合宜性。市场经济条件下的经济道德在于通过交换实现各自的利益，而这种利益又通过在交换中比较各自所花费的劳动（原始未开化条件下）和其他要素（资本积累和土地私有条件下）来实现。这些标准的实现都要通过利他的途径，通过利他才能实现利己：一个是同情别人以及对得起自己的良心；另一个则是提供别人需要的商品，以满足别人的需要。

第四，斯密认为，一般道德美德和经济美德的内涵是一致的，两者相辅相成。《道德情操论》论证的一般美德是：谨慎，仁慈，正义，自制。斯密赞美这些美德，相信这些美德不但会带来令人愉快的后果，而且还会促进个人幸福以及社会与经济的和谐，其中一些更直接涉及经济生活中的为人处世之道，例如谨慎美德之中的勤俭、节约、真诚和礼貌等。《国富论》论证的经济美德是：勤俭，节约，诚实，自制。斯密同样赞美这些美德，相信它们会促进社会经济的发展和繁荣，也有利于个人培育良好的道德情操。

第五，斯密对"看不见的手"的论述是统一的，其宗旨在于说明，人在追求私利的同时却始料未及地增进了人类的共同福利。斯密在《国富论》中对"看不见的手"的经典论述，我们已经引述过，这里不再赘述（见第四篇"批判重商主义和重农主义"）。现在需要补充说明的是，类似的表述在他先前的《道德情操论》中已经出现了，只是分析的对象和主题有所不同。斯密说，尽管骄傲而冷酷的地主的天性是自私和贪婪的，虽然他们只图自己方便，虽然他们雇用千百人来为自己劳动的唯一目的是满足自己无聊而又贪得无厌的欲望，但是他们的消费总是有限的，他们"不得不把自己所消费不了的东西分给那些为他提供各种服务的穷人"，让他们同他"一样分享他们所做的一切改良的成果。**一只看不见的手**引导他们对自己生活必需品做出几乎同土地在平均分配给全体居民的情况下所能做的一样的分配，从而不知不觉地增进了社会利益，并为不断增多的人口提供生活资料"（《道德情操论》，第229—230页）。很显然，在斯密笔下，"看不见的手"指的是一种不以个人意志为转移的客观存在的规律性或必然性，它既存在于经济生活领域，也存在于一般道德伦理领域。

(三) 研究方法及"理论转变"

前述已指出，伯克尔对斯密两部著作的方法论的看法，是斯卡尔茨基提出"亚当·斯密问题"的一个根据。可是，这个根据却是出自对斯密著作的误解。① 斯密在描述古代哲学的分化时曾经说这种分化来自于考察不同的论据，这些论据有的是或然的或虚假的，有的则是确定无疑的或结论性的。伯克尔误以为这可能暗示着包括斯密在内的苏格兰思想家们完全拒绝了或然的或归纳的论证方法。然而，实际上，关于方法论，斯密在《修辞学和文学讲义》和《哲学论文集》关于天文学的论文中有更多的论述。斯密知道存在着抽象演绎和经验归纳两种研究方法，他明确指出了这两者的区别，并以牛顿的抽象演绎方法和亚里士多德的归纳方法为例，指出了抽象演绎法优越于经验归纳法的地方。前述已指出，斯密说过："牛顿式方法无疑是最哲学的方法，用于道德或者自然哲学等各种学问，都远比亚里士多德的方法富有创意，因而更有魅力。我们认为最不可能说明的各种现象，可以从某个原理［通常是众所周知的原理］出发进行演绎，当我们看到所有的一切被一条线连在一起的，我们感到的欣喜比从那种没有一贯性的做法——所有的现象相互没有关系，分别被说明——中感觉到的要强烈得多。"② 至于斯密自己所运用的研究方法，如前所述，应该说是抽象演绎法与经验归纳法的结合，而以前者为主；不存在斯密排斥经验归纳法的事实，也不存在伯克尔所说的斯密片面运用抽象演绎法的情况。这一判断既适用于《国富论》，也适用于《道德情操论》。

斯卡尔茨基等人还认为斯密的"理论转变"源自他的法国之行。这就是说，此前斯密坚持的是《道德情操论》中的利他主义，法国之行之后就转向了《国富论》中的利己主义。实际上，这种说法也是站不住脚的。斯卡尔茨基应该知道杜格尔德·斯图尔特的《亚当·斯密的生平和著作》，那里面包含着两个重要的同上述说法相抵触的证据：第一，斯图尔特告诉我们，米勒报告说，斯密关于道德哲学的讲义包含着关于经济学的章节，这些构成了日后

---

① 参看：*The Glasgow Edition of the Works and Correspondence of Adam Smith*, *The Theory of Moral Sentiments*, 1984, p. 23—25。
② 亚当·斯密著、朱卫红译：《修辞学与文学讲义》，上海三联书店，2013年，第150页。

《国富论》的内容。第二，斯图尔特描述了 1755 年的一份手稿，其中有斯密 1749 年口授的内容，也有 1750 年后的讲义，这当中包含着他的政治经济学基本原理。这两个事实都出现在斯密法国之行之前。然而，对斯卡尔茨基来说，这些都不能算是证据。他语带嘲讽地说，既然"有价值的讲义"在斯密去世前不久被付之一炬了（斯卡尔茨基还说"这该多么遗憾啊！"），那么，现在提到的这些讲义或手稿还能有什么价值呢？当他引述米勒所说的这份讲义包含《国富论》的内容时，他加了两个惊叹号以示不屑。

斯卡尔茨基所要求的真实证据，在他的书问世 18 年后出现了。一份亚当·斯密《法学演讲》的笔记（抄写于 1766 年）引起了埃德温·坎南的注意，并由他在 1896 年出版了。书名依照斯密对法律学研究的四大对象的看法，改标题为《亚当·斯密关于法律、警察、岁入及军备的演讲》。① 我们现在可以相当肯定地说，这份笔记同斯密 1763—1764 年的法学演讲有关。后来又发现了记录斯密 1762—1763 年法学演讲的笔记。② 斯卡尔茨基会（或者说应该）发现，这些笔记甚至比斯密要求他的朋友在他临终前烧掉的那些原稿更为有效：这些演讲都是在斯密 1764 年赴法国之前进行的。可是，斯卡尔茨基还是会说，即使斯密的原稿还在，记录 18 世纪 60 年代这些演讲的笔记也不一定与它相同：这些笔记一定精心修改过，因此它们缺乏权威性。

实际上，比较一下这两份笔记就可以看到，斯密在 1762—1764 年间对他研究的主题做过积极的探索和诸多变动。我们还有斯密的一份手稿，W. R. 斯考特称之为"《国富论》的早期部分草稿"，发表在《作为学生和教授的亚当·斯密》一书中，那肯定写于 1763 年之前。

这些文献说明，斯密在 1764 年离开苏格兰前往法国时，在研究经济学的道路上已经走得相当远了，这些资料已经为其经济思想发展奠定了深厚的基

---

① 坎南编、陈福生等译：《亚当·斯密关于法律、警察、岁入及军备的演讲》，商务印书馆，1982 年。

② *The Glasgow Edition of the Works and Correspondence of Adam Smith*, *Lectures on Jurisprudence*, Oxford University Press 1978，这部ері为《法学演讲》的《亚当·斯密著作和通信集》第 v 卷，收录了斯密的两份演讲笔记，一份是 1762—1763 年的，另一份是 1763—1764 年的，后者即埃德温·坎南于 1896 年编辑出版的《亚当·斯密关于法律、警察、岁入及军备的演讲》。此外，作为附录，还收录了"《国富论》的'早期草稿'"以及关于分工的两个片段等。

础。斯密的法国之行肯定进一步激发了他的思考,但是说斯密的思想由此发生了根本的转变,则是无稽之谈。

(四) 1763—1764 年《法学演讲》说明了什么?

现在,让我们对刚才提到的斯密 1763—1764 年的《法学演讲》即《亚当·斯密关于法律、警察、岁入及军备的演讲》作一考察,看看在赴法国之前,斯密的经济思想已经达到了怎样的地步,并看看它同后来的《国富论》是个什么关系。

诚如坎南所说的,把《国富论》同这份题为《法学演讲》笔记的后半部分(即后来被称为"经济学"的内容,那时经济学还没有从法律学中独立出来。这部演讲稿的前半部分内容是真正属于现在法律学的内容)对比一下,便可看出两者是非常相似的。《国富论》第一篇的头 3 章(关于分工)相当于演讲中的《价廉与物博》的第 3－6 节。第 4 章(关于货币)相当于第 8 节。第六、第七和第八章(关于物价)相当于第 7 节。第二篇中的第 4 章(关于贷出生息的资本)相当于第 14 节。第三篇(关于各国财富的不同增长)的主题差不多和第 16 节完全相同。第四篇头 8 章(关于重商主义)所讨论的问题和第 9－16 节一样,第五篇(关于岁入)相当于演讲的第三部分,并且吸收了第四部分(关于军备)的很多内容。① 事实是,斯密在这份演讲稿中提出的经济学观点,大部分在后来的《国富论》中都得到了充分的发挥。

第一,关于人类的自然需要。讨论的主题是"怎样才能适当地取得财富和达到富足";"价廉即等于物博",以水和钻石对比为例;要研究如何达到富裕,需要先说明什么是人类的自然需要。人的需要是多方面的,有身体的和生理方面的,也有精神和爱好方面的;总的来说,人类所需要的东西毕竟是有限的,可通过个人的单独劳动来解决。值得注意的是,这里所说的研究主题与《国富论》类似,但《国富论》没有从研究人的需要开始,而是从研究生产开始。这可能同他后来断定并特别强调生产是财富的源泉这一点有关。以水和钻石为例来说明"价廉即物博",包含着以物品数量或稀缺性说明物品价值源泉的观点,这一点在《国富论》中被摈弃了,斯密在那里举出水和钻

---

① 坎南编、陈福生等译:《亚当·斯密关于法律、警察、岁入及军备的演讲》,商务印书馆,1982 年,第 21 页。

石的例子，只是为了区分使用价值和交换价值这两个概念，而关于价值源泉，斯密则有了全然不同的见解。

第二，一切工艺都是为人们的自然需要服务的。农业、制造业、商业和运输业、法律和政府、智慧和道德等，一切东西都是为了改进和增加我们所需要的必需品和便利品。这是第一点的延续，但《国富论》中没有相应的章节集中论及这一点。

第三，富裕起因于分工。在没有分工的野蛮国家，一切东西全是为了满足人类的自然需要，但在国家已经开化、劳动已经分工以后，人们所分配的给养就更加丰富了，所以英国普通工人的生活享受比印第安酋长更优裕。他举出了一系列例证说明这一点，结论是：促进国家富裕的正是分工。这些观点从头到尾，重见于《国富论》第一卷第一篇第1章，没有大的修改。甚至这里提到的其他各点在《国富论》中也没有放过：在文明社会，虽有分工，但没有平等的分工，因为许多工人没有工作；财富的分配并不是依据工作强度的轻重；负担社会最艰难劳动的人所得到的利益反而最少，等等。

第四，分工如何增多产品数量？他归结为三个原因并进行了详细的讨论，包括熟练程度的提高、节省变换工序的时间，以及机器的发明。这些观点和讨论的内容后来都被吸收到《国富论》中了。

第五，什么引起分工？"不能想象分工是人类深谋远虑的结果"；"分工的直接根源乃是人类爱把东西相互交换的癖性。这个癖性只是人类所共有的，其他动物都没有……当人想要获得他所爱好的东西时，他也是把具有充足诱惑力的东西摆在别人面前，从而打动他们的利己观念。可使用以下的话来说明这个心理，'给我所想要的东西，你就也可获得你所想要的东西'，人想要任何东西时，不是像狗一样，把希望寄托在他人的善心上，而是把希望寄托在他人的利己主义上……这个癖性的真正基础是人类天性中普遍存在的喜欢说服别人的这种本质"。这里所说的分工源于人类交换本性的论点，后来原封不动地搬到了《国富论》中，而论证却更精辟了。德国历史学派的学者不是说斯密的"唯物主义"——利己主义思想——是他从重农主义那里学来的吗？这里的论述则证明，情况正好相反，类似观点在他赴法国之前就提出来了。

第六，分工的程度必须和商业的范围相称。这些内容和《国富论》中的"分工受市场限制"一脉相承。值得注意的是，斯密在这里重申了财富源泉的观点："劳动分工是国家财富增长的一个大原因，而国家财富增长的速度，总是和人民的勤劳程度成比例，绝不是和金银的数量成比例，像重商主义可笑的想法那样。至于人民的勤劳，总是和分工的精细程度成比例。"

第七，什么情况决定商品的价格？"每种商品都有两种价格：自然价格和市场价格。这两种价格从表面上看似乎没有相互的关系，但其实确实是息息相关的。这两种价格都受某些情况的支配。"他没有给出相关的定义，而以分别说明"劳动的自然价格"和"货物的市场价格"为限。劳动的自然价格："如果一个人所得的收入，足以维持他在劳动时期的生活，足以支付他的教育费，足以补偿不能长命和营业的风险，那么，他就得到了劳动的自然价格。如果人们能够获得劳动的自然价格，那他们就得到了足够的鼓励，而商品的生产就能和需求相称。"至于"货物的市场价格，视以下三种情况而定"：（1）需求和效用。（2）与需求相比，货物的供给状况：供不应求，价格上涨；供给能够应付，需求就会下降；（3）人们的购买力。这些思想在《国富论》中都大大地发挥了，论证也更充分和更系统化了。

斯密在这一节中还指出，使货物的市场价格永远停留于自然价格之上的事物，都会减少国家的财富。这些事物如下：对工业品所课的各种税，对皮革、鞋、盐、啤酒或酒所课的税；垄断高价，专利品高价。另一方面，使市价跌到自然价格之下的措施也不利于国家财富的增长。例如，对降价出口品的津贴，这些津贴变得容易出售，因而产量也增加了，但是津贴破坏了生产的自然平衡：人们从事这种货物生产的倾向，现在不是和自然需求相称，而是和自然需求与附加的津贴相称。它的影响不但限于这种货物本身，而且还把从事没有得到这么大鼓励的货物的生产的人吸引过去，这样，产业的平衡就被破坏了，还有其他一些不利影响。"因此，总的说来，最好的政策，还是听任事物的自然发展，既不给予津贴，也不对货物课税。"这些论点在《国富论》中都得到了适当的强调和发挥。

第八，关于货币作为价值的尺度与交易的媒介。斯密以实例指出，货币的出现缘于克服实物交换的困难和不方便，金银块和金银铸币具有作为交换工具的条件。这些论述几乎也都吸收到《国富论》中了。

第九，国家的富裕不在于货币。"货币并不是价值的真正尺度，价值的真正尺度乃是劳动。""一个国家的富裕不在于用以实现货物流通的货币的数量，而在于生活必需品的丰富。"设立银行旨在提供货币或者信贷以方便商品交换，但不要给予某个银行以垄断权力。"富裕不在于货币而在于货物，原因是货币不能当作生活必需品,而货物则能用来维持我们的生存。"相反的观点必然带来不良的后果,这些后果包括:禁止铸币出口,所谓贸易差额论,关于国内消费没有一种是有害的看法(例如孟德维尔关于个人恶行即是公共福利的观点),约翰·罗的冒险计划及其失败。除了最后这一点,其他各点在《国富论》中都被反复强调和发挥了。

第十,利息和汇兑。人们通常认为利息率决定于金银的价值,而金银的价值又决定于金银的数量,但实际上利息率决定于财货的数量。如果有力量放贷的人较少,而需要借款的人较多,则利息率必定高涨;反之,如果存货丰足,使许多人有力量贷款,则利息率自必成比例地下降。这个观点同样见之于《国富论》。关于汇兑的观点,在《国富论》中没有提及。

第十一,富裕所以不能迅速加快的原因:一是天然的阻碍,二是政府的原因。关于天然的阻碍,斯密是指有些国家在分工之前无力积累资本,因而不能通过分工提高生产率。这一点在《国富论》中得到了反映。关于政府的原因,要么软弱,无力保护民众的财产和生产积极性;等到政府强大了,它又发动战争,使民众的生命财富处于被外敌侵扰的危险之中,也谈不上积累资本和发展生产。再就是政府采取的各种"残暴措施"的影响:首先,对发展农业的各种不利制度或措施:听任大量土地集中在个别私人手中,奴隶耕作,佃农耕作,什一税,封建诸侯让国王向他们的佃户进行摊派。其次,几种情况使土地垄断继续存在:长子继承权,在封建制度下转移财产的手续非常麻烦,禁止谷物出口,谷贱伤农,等等。再次,对发展制造业不利的措施:奴隶制等。最后,还有各种传统的思想或认识的障碍:在野蛮社会中,除了战争,其他一切都不是高尚的,其中有些至今还没有消除,例如,鄙视人类生存欲望;鄙视交换;鄙视商人,尤其看不起小商贩;有关法律的契约不完备;交通不变;集市在历史上曾经起过好作用,但现在已不合时宜;享有特权的商业中心城市;进口税和出口税;一切专利和独占权;学徒法,等等。所有这一切的内容和观点,在《国富论》中统统可以见到,而且都得到了系统的发挥和论证。

第十二,论岁入。论列了各种税收的利弊得失:财产税,消费税,公债,等等。这些内容后来在《国富论》中都得到了系统的论述。

第十三,商业对于人民习俗的影响。好的一面是重诺言守时间。不好的影响包括:它使人们的见识变得狭窄;教育大受忽视;使人豪气消沉,一点没有尚武精神。这些内容虽在《国富论》中没有单独的位置,但大都被吸收到《国富论》论述"青年教育机构的费用"这一节之中了。

现在我们可以说,斯密的这份赴法国之前的《法学演讲》,就其涉及的经济学的内容而言,只是一个简略的骨架,很多提法或看法还不够成熟,甚至还没有从法律学框架中分离出来。相比之下,返回英国之后,经过十多年的艰苦努力,斯密终于打磨完成的《国富论》,则是一部构成政治经济学体系雏形的鸿篇巨制,先前在《法学演讲》中提出的不少观点在这里都得到了充分的阐述和发挥。

然而,我们要强调指出的是,在斯密从前到后的思想观点发展变化中,完全看不到斯卡尔茨基等人所说的那种从利他主义向利己主义的"转变",相反地,特别如上述第五点所说的,斯密关于分工来源于人类的交换倾向,关于以利己之心促成交换的思想,早在《法学演讲》中就已经明确提出了,后来的《国富论》几乎原封不动地搬了过去,哪有什么"转变"?!这再次表明,"亚当·斯密问题"的确是一个没有任何根据的伪命题,所谓的"亚当·斯密问题",可以休矣!

结束语　亚当·斯密的遗产及其现实意义

第一，亚当·斯密对人类文明的最大贡献，莫过于经济自由主义学说体系的创立。这一学说体系，彻底否定和批判了重商主义（资本原始积累时期的国家干预主义），总结了当时先进生产方式（工场手工业）的基本经验，吸收了前人的思想成果，提出了比较系统和完备的经济发展理论。这个理论的核心是以公私利益协调论为支柱的市场经济论，和以自由竞争、自由经营、自由贸易为主要诉求的政策主张。这套理论和主张顺应时代发展潮流，反映了当时的社会经济发展客观规律，并代表了当时先进生产力的发展方向，因而在长达一个半世纪之久的历史时期内，一直是西方主要资本主义国家社会经济发展的指导思想的理论基础和政策依据。

具有先进的生产方式和雄厚的经济实力，占有看似无限的国内外市场的空间和潜力，是英、法等先进资本主义国家能够成功实施经济自由主义政策的两个基本条件和支柱，也是亚当·斯密学说体系这面旗帜在历经多次经济危机而不倒的根本原因。可是，到了20世纪30年代，这两个基本条件和支柱不可逆转地发生了巨大而深刻的变化，终于酿成了空前严重的世界性经济危机。这场危机宣告了自由竞争市场经济制度的破产，同时也结束了斯密经济理论的支配地位，显示了斯密"自由放任"经济学的历史局限性。

亚当·斯密学说对重商主义是一种否定，取亚当·斯密学说而代之的凯恩斯主义，则是否定之否定。重商主义是资本原始积累时期的国家干预主义，斯密学说是近代资本主义发展时期的经济自由主义，凯恩斯主义则是当代资本主义发展时期的国家干预主义。第一个否定是历史的进步，第二个否定也不例外。但现代经济学的发展并没有到此终止，凯恩斯主义因为不能应对新的挑战而在20世纪80年代受到了新自由主义的挑战和批判，以至于最终形成了将经济自由主义和国家干预主义融为一体的新的经济学体系，也就是我们通常所说的主张"看不见的手"和"看得见的手"两手都得有、两手都得硬的经济学思潮和体系。

这种历史发展演变的事实提醒我们，切不可将亚当·斯密的经济学说定于一尊，事实上它只是近现代经济学发展中的一个阶段，尽管是极其重要的阶段，但它毕竟不是全部。可是，另一方面，我们也必须注意到，尽管发生了这些巨大深刻的变化，亚当·斯密市场经济学说的核心却没有受到触动，反而在不同历史时期都被保留下来并发扬光大了。这里说的就是斯密关于市场经济制度本质上是一种使公私利益得以协调的制度的观点，这是斯密市场经济理论的"硬核"。至于为什么市场经济能够形成这一"硬核"，在斯密看来，那是同人类特有的"交换倾向"密不可分的，而这种倾向又同人的本性结合在一起的，这种本性在斯密看来既非单纯利己，也非单纯利他，而是合理利己和高尚利他的结合。不难理解，如果一种经济制度能够这样紧密地同人的本性结为一体，其生命力当然也就与人同在了。

市场经济的环境和条件一直在变化。市场的范围和容量，经济体的实力，投资倾向和消费倾向，持币以随时应对交易、投机和谨慎之需的"灵活偏好"，市场价格水平和社会就业水平，等等，无一不处在动态变化之中。动态变化是绝对的、无条件的，静态是有条件的、暂时的，然而，市场经济制度作为公私利益协调的机制却不仅没有变化，反而被凯恩斯从过去局限于"微观"层面进而扩大并应用到"宏观"层面了。在凯恩斯看来，长期萧条和危机的根本原因在于社会总供求失衡，更准确地说，社会总需求不足，因而摆脱萧条和危机的出路在于提升社会总需求，以实现总需求和总供给的均衡。而供求均衡正是自亚当·斯密以来古典经济学的基本框架和基本主张，他们没有想到和看到的是，在自由竞争条件下，微观层次的供求均衡发展到一定限度，居然会造成宏观层次的供求失衡。凯恩斯看到了这一点，从理论上作了论证，并且提出了一套应对之策。从这个意义上说，凯恩斯经济学不是对斯密经济学的否定，反而本质上是对其核心思想及其基本框架的继承和发展。

挣脱了计划经济制度的羁绊，走上中国特色社会主义的市场经济之路，我们所期待的和要求的是什么？我以为，从根本上说，就是这个公私利益相协调的机制；而难以实现这种协调，总是供给不足和短缺，正是计划经济体制的根本缺陷之所在。既然国富民强是社会主义的题中应有之义，那么，实现公私利益的协调与结合，就是一项必须实现的目标和任务。事实已经证明，计划经济制度不是达此目标的有效途径，而市场经济体制则不然，其道理（无论是历史根据还是逻辑理由）早已包含在斯密的市场经济论中，它的真理性也已为历史和现实所证实。从这个意义上说，斯密经济学对于我国进行的以建立社会主义市场经济为根本方向的改革开放事业，仍然具有现实的借鉴意义和价值。也就是说，坚持市场经济改革方向一百年不动摇，应是我们坚定不移的选择，至于具体的政策举措，则应视具体情况而定。我们的原则应该是，在资源配置上要让市场起决定作用，同时要更好地发挥政府的作用。我们要的是"看不见的手"和"看得见的手"这两手都得有同时又都得硬。

第二，亚当·斯密对人类文明所做的另一个重大贡献，是他提出的道德情操论。提出这个理论本身，就是对时代呼唤的回应：在市场经济条件下应该倡导和遵循怎样的道德规范？面对英国资本主义发展初期阶段的社会现实，面对传统与时尚等各种思想和倾向并存的混乱局面，斯密以其坚定的立场、敏锐的观察、深邃的思考和鞭辟入里的分析及论证，摈弃了貌似高尚的单纯利他主义传统说教，鞭挞了极端利己主义歪风，树立了构成其道德情操论基础的"合宜美德论"。这种美德论的核心思想是强调和谐：当事人与旁观者感觉的和谐，个人与集体感觉的和谐，个人情感与国家和民族需要的和谐，还有个人自己言论和行为的和谐，等等。与此相适应的美德应当是：和蔼可亲和令人尊敬，正义和仁慈，良心和自尊，等等。这种和谐及美德在斯密看来既是市场经济之需要，又是发展市场经济的精神动力，市场经济本身就是对公私利益的协调与结合。

至于这种"合宜美德论"的最终根源，在斯密看来还是在于人的本性，即合理利己和高尚利他的结合，两者互为因果，缺一不可，否则就不是一个具有完美德行的人；这种原始本性是与生俱来的，又是在日后生活和成长过程中逐渐养成和不断充实并提高的。毫无疑问，这种基于人的本性又适应市场经济发展需要的美德论，既体现了对个人合理要求的尊重，又树立了为国为民的高尚目标，代表着一种既切合实际又保持先进的精神追求，是时代发展的最强音。所以，自它问世以来，两个半世纪过去了，仍一直受到社会公众的广泛接受和欢迎，这是完全可以理解的。即使像我国这样刚刚走上市场经济发展道路、与现代文明逐渐接轨的国家的民众，一旦接触到斯密的《道德情操论》，也会深感其同我们比较熟悉的《国富论》一样精彩，这是完全合乎规律的，也是完全可以理解的。

然而，同样不可忽视的是，斯密的道德伦理学说同其经济学说一样，也具有一定的局限性。在一定程度上继承哈奇森的道德感学说和休谟的效用学说的同时，斯密仍将其道德伦理观置于感觉论的基础之上，而与强调实践作用的理论相背离，这一点在当时就受到理性主义伦理学家托马斯·里德（1710—1796年）的尖锐批判。他说："作为道德赞许对象的德行，其形式本质与核心并不在于我们以审慎的方式谋求私益，也不在于我们对他人展现仁爱之情，不在于其特性可以为我们或他人带来效用与快乐，也不在于我们对他人的激情和情感感同身受，也不在于我们依照别人的情绪来调整自己的行为。德行的本质在于以全部良知来认真生活，也就是说，要尽心竭力，明确我们的责任并以其而行。"① 这种理性主义伦理学强调人的责任感以及据此所做的实际行动，而不是局限于人的主观感受，因而它要比感觉道德论更胜一筹。

如果同欧洲大陆的以宣扬理性主义为特征的启蒙运动相比，苏格兰伦理学家们的学说的局限性更加明显。恩格斯说过："在法国为行将到来的革命启发过人们头脑的那些伟大人物本身都是非常革命的，他们不承认任何外界的权威，不管这种权威是什么样的。宗教、自然观、社会、国家制度，一切都受到了最无情的批判；一切都必须在理性的法庭面前为自己的存在作辩护或者放弃存在的权利。思维着的悟性成了衡量一切的唯一尺度……现在我们知道，这个理性王国不过是资产阶级理想化的王国；永恒的正义在资产阶级的司法中得到了实现；平等归结为法律面前的资产阶级的平等；被宣布为最主要的人权之一的是资产阶级的所有权，而理性的国家，卢梭的社会契约，在实践中表现为而且也只能表现为资产阶级的民主共和国。18世纪的伟大思想家们也和他们的一切先驱者一样，没有能够超出他们自己的时代所给予他们的限制。"② 这种限制在斯密身上表现得更明显：对于经由1688年资产阶级和贵族相妥协的"光荣革命"而建立起来的君主立宪制，亚当·斯密是拥护的。

不过，无论如何，斯密的"合宜美德论"强调社会道德规范应该适应市场经济发展的需要，强调人的本性在于合理利己和高尚利他的结合，强调应

---

① 转引自亚历山大·布罗迪编、贾宁译：《苏格兰的启蒙运动》，浙江大学出版社，2010年，第141页。

② 恩格斯：《反杜林论》，人民出版社，第14—15页。

该以此为基础来确立和倡导各种美德,都是完全正确的;如果充实以对人的行为的实践要求又摈弃其政治上的保守倾向,它会显得更加完美。在我看来,斯密的道德伦理学说的这些基本面和主要诉求,对我们现在倡导和践行社会主义核心价值观具有一定的参考和借鉴意义,尽管国情、世情大不相同,时代条件也不可同日而语。例如,将物质文明建设与精神文明建设相结合,以收相互促进之效;又如,既尊重合理个人利益和诉求,又强调服从集体和国家需要,力求实现两者相结合;再如,既坚决批判极端利己主义歪风,又坚决摈弃脱离实际的空洞的利他主义说教,等等。在我看来,我们所倡导的社会主义核心价值观的核心,应该就是利己和利他的结合,其哲学基础应该就是人性论,其经济学基础应该就是社会主义市场经济制度所体现的公私利益协调论。

第三,亚当·斯密的《道德情操论》和《国富论》拥有共同的人性论基础,即认为人的本性是利己性和利他性的结合。我们知道,提出人性问题并加深对人性的认识和理解,是包括苏格兰在内的启蒙运动的重要成果之一。在反封建的背景下,肯定人的独立本性及其作用具有历史的进步意义。我们还知道,将人性问题置于新时代哲学研究的核心地位,认为关于人的科学是其他科学的唯一牢固基础,是苏格兰启蒙思想的一大特点。休谟说:"在我们的哲学研究中,我们可以希望借以获得成功的唯一途径,即是抛开我们一向所采用的那种可厌的迂回曲折的老方法,不再在边界上一会儿攻取一个城堡,一会儿占领一个村落,而是直捣这些科学的首都或心脏,即人性本身;一旦在研究中掌握了人性以后,我们在其他各方面就有希望轻而易举地取得胜利了。"[①] 我们还注意到,认为关于人的科学必须建立在经验和观察的基础之上,而不是法国启蒙思想家强调的理性的基础之上,是苏格兰启蒙思想家的一大特点。休谟说:"关于人的科学是其他科学的唯一牢固的基础,而我们对这个科学本身所能给予的唯一牢固的基础,又必须建立在经验和观察之上。"[②] 不过,苏格兰的学者们通常又将人的道德规范归结为基于经验和观察之上的激情和感觉,主要是自私心和同情心。认为这"两心"兼而有之,便是苏格兰启蒙思想家们一般所坚持的"人性论"的内涵。

苏格兰启蒙运动的这些基本观念,正是亚当·斯密学说体系的哲学基础。

---

① 休谟著、关文运译:《人性论》,商务印书馆,1983年,第7页。
② 同①,第8页。

正是这种"人性论"决定了斯密两部著作的一致性,也注定了它们具有久远的历史意义和科学价值。因为人的本性,就像斯密《道德情操论》和《国富论》所论证的那样,具有稳定性和普遍性。显然,认同斯密的"人性论",是认同其"两论"统一性的基础和前提。

认同人性的存在,本来不是一件难事。无论就自然属性还是社会属性来说,人都具有与生俱来的、区别于非人世界的本性或特性。而且,围绕人性善恶等问题,从古至今,中外思想家们提出过各种各样的"人性论":性善论,性恶论,性无善恶论,性善、性恶相混论,等等,不一而足。社会生活的发展既要求在借鉴前人认识的基础上不断深化对人性的认识,同时也要为这种深化创造客观环境和条件。可是,在过去一个很长的时期,出于众所周知的原因,"人性论"在我国竟然成为一个理论和认识上的禁区。权威的论据是:只有具体的人性,没有抽象的人性;在阶级社会里就是只有带着阶级性的人性,而没有什么超阶级的人性,或者说,在阶级社会里,人性的问题就是阶级性的问题,人性和阶级性是一致的。显而易见,这是以阶级性抹杀人性,取消了共性和个性关系问题的本身。与此同时,硬给"人性论"扣上资产阶级大帽子,视若洪水猛兽,打入十八层地狱,而给"阶级论"涂上无产阶级的光环,视为绝对真理,奉为圭臬。实践(特别是十年"文革"浩劫)证明,这种"阶级论"早已沦为不讲人性、践踏人性、为专制主义张目的工具。其实,这种阶级论既是对正常的阶级性的扭曲,更是对无产阶级的阶级性的亵渎。按照无产阶级革命伟大导师的教诲,以解放全人类为己任的无产阶级深知只有解放全人类才能最终解放自己,因此,它必然具有最广阔的胸怀、最无私的境界,因而应该最讲人性才对。看起来,重新认识并认同人性,对于我国这样一个在历史上未曾完成启蒙使命的国度来说,还是一项亟待补交答卷的现实课题。

斯密的"人性论"贯穿在他整个市场经济观和道德情操观之中,因此,斯密"两论"的统一性还建立在他对市场经济及其道德规范的统一理解之中。如前所述,在斯密看来,自由竞争市场经济之所以优越,就在于它是一种能使公私利益相协调和统一的机制;"合宜美德论"之所以可取,也在于它符合使个人与他人的感觉(利益)协调统一的要求。换句话说,它们都体现或实现了合理利己与高尚利他相结合的人性。这就说明,不仅认同斯密信奉的"人性论",而且认同斯密的市场经济与道德情操的统一性,才能更深刻地理解和把握斯密"两论"的统一性；如果不是这样认识问题，而是将斯密的"两论"割裂开来，像"亚当·斯密问题"的制造者所鼓吹的那样，认为《道德情操论》树立的是利他主义的"道德人"，而《国富论》树立的是利己主义的"经济人"，那就势必将斯密的"两论"分割和对立起来了。如果以这种错误观念为基础去认识现实经济生活，就必然会得出极其有害的结论。例如，有人公然主张，利己主义就是市场经济的道德标准，或者说"市场经济无公德"，在这些人眼里，"经济人"压倒了"道德人"；反过来，有人认为，在市场经济条件下，就应该大力倡导利他主义，以抵制市场经济的消极作用，"道德人"此时又似乎压倒了"经济人"。为什么这"两人"在这些人眼里总是不能统一呢？说到底，还是不认同斯密的市场经济论和道德情操论的统一性。他们总是顽固地认为，市场经济就是私有经济，"经济人"的本质就是自私自利，而追求个人利益最大化就是指导其行为的不二信条，这样的"经济人"居然成为现代经济分析的一个不容置疑的假定前提；另一方面，有些人总是认为"道德人"就应该是纯粹的利他主义者，大公无私应该是其本质特征，于是这样的"道德人"往往被树为道德楷模，于是在我们的现实生活中就出现了这样看似矛盾的现象：在我们不遗余力地大力弘扬利他主义的同时，损人利己、假冒伪劣、坑蒙拐骗之风却屡禁不止、愈演愈烈，造成了经济看似繁荣和道德普遍滑坡的尴尬局面。可悲的是，在一些理论家看来，他们这样想、这样说，是在发挥和应用经济学大师亚当·斯密的学说，岂不知这同大师学说的初衷完全背道而驰。

进一步说，构成斯密"两论"共同基础的人性论，还体现在他对经济所有权、经济运作方式、收入分配以及道德规范的统一理解之中。也就是说，在斯密看来，他所揭示的生产、交换和收入分配规律是"自然而然"的，他所揭示的道德规范也是"自然而然"的。所谓的"自然而然"，在斯密那里，就是合乎客观规律，而合乎客观规律必然合乎人性，客观规律性和人性在斯密学说中高度统一起来了。

斯密说："劳动所有权是一切其他所有权的主要基础，所以，这种所有权是最神圣不可侵犯的。"[《国富论》，上册，第115页] 斯密对资本所有权之神圣不可侵犯的强调，更是无以复加。在他看来，除了劳动以外，资本就是增进财富的最重要的前提条件了，资本数量、投资的顺序、投资的领域等，直接决定着劳动生产率的提高和国民财富的数量及水平。他认为，劳动所有权和资本所有权都是人的不可剥夺的权利，必须加以保护和尊重。唯有土地所有权应该加以否定，因为它是世袭的、垄断的，不是劳动和资本积累的成果，是不自然的、不合乎人性的。同样道理，抢夺与偷窃，不是人的属性；将单纯赠予奉为圭臬的仁慈，尽管高尚但并不现实，只有等价交换才是自然而然的、合乎人性的；另一方面，只有自由竞争、自由经营和自由贸易才是自然而然的、合乎人性的，而垄断，无论是国家垄断（重商主义）还是私人垄断，都是不自然的、不合乎人性的：垄断阻碍生产领域和市场价格的竞争，妨碍技术进步，不利于提高劳动生产率和技术发明，不利于竞争性市场价格的形成，还会加大垄断者和广大民众的收入差距，等等，应该尽快予以取消。斯密赞成北美殖民地独立，这也是一个重要理由：英国对北美殖民地生产经营和贸易的垄断与控制，极不利于殖民地经济的发展，不合乎经济发展客观规律的要求。至于收入分配，在斯密看来，工资是劳动的报酬，利息是资本的报酬，利润是企业家的报酬，而且高低多寡，各有其道，一切都是"自然而然的"，合乎规律，也合乎人性。唯有土地地租例外，它是依靠对土地世袭垄断而取得的不劳而获，是对劳动生产物的第一个扣除，它以谷物高价为前提，从而与社会其他各个阶级的利益相冲突；它以土地垄断为条件，阻碍自由竞争和自由贸易，不利于技术进步，不利于提高劳动生产率，也不利于市场供求关系的调节，使商品市场价格与自然价格相接近，等等。总之，土地垄断和地租同发展经济的客观规律相违背，与利己又利他的人性格格不入。

在道德领域，斯密大力倡导自由平等，不承认任何权威，只认同利己与利他相结合的"合宜"才是美德，在这个标准面前，人人平等，名誉、地位、财富等都被视为身外之物，不足挂齿，不管你是帝王将相、才子佳人，还是富商巨贾、平民百姓，一视同仁。同样，面对斯密的生产性劳动和非生产性劳动学说，任何行业、任何人，不论地位高低，不管出身贵贱，人人平等，都得接受是否是财富创造者的检验，这不仅是一个经济标准，也是一个道德尺度。斯密提出这些学说该需要何等勇气！在固守旧传统者看来，这既违背以往的常理又显得残酷无情，然而，斯密学说毕竟符合时代潮流，它被历史和现实所接受是不可阻挡的。

最后，我想说，坚持市场经济改革方向不动摇，坚持和谐共享的道德规范不动摇，坚持经济发展与道德建设相统一不动摇，应是我们从亚当·斯密著作中汲取的最宝贵的启示吧！